人工智能 人才培养系列

深度学习

基于 Python 语言和 TensorFlow 平台

视频讲解版

◎ 谢琼 编著

人民邮电出版社

北京

图书在版编目（CIP）数据

深度学习：基于Python语言和TensorFlow平台：视频讲解版 / 谢琼编著. -- 北京：人民邮电出版社，2018.8
ISBN 978-7-115-48362-1

Ⅰ. ①深… Ⅱ. ①谢… Ⅲ. ①软件工具－程序设计②人工智能－算法 Ⅳ. ①TP311.561②TP18

中国版本图书馆CIP数据核字(2018)第086200号

内 容 提 要

本书从人工智能发展的简要历程和深度学习概念的介绍开始，深入浅出地讲解了如何使用人工智能神经网络（尤其是当前最具潜力与热度的深度学习理论和技术）来解决实际问题。认真阅读完本书，即可掌握深度学习技术的基础知识、重要概念、主要方法和部分最佳实践，并具备足够继续往下深造的自学能力。

本书中的案例均是结合生活中真实场景的鲜活实例，配合从零开始循序渐进的讲解，并尽量避开枯燥的数学理论和烦琐的推导过程，非常适合希望快速入门的学习者和技术人员，也适合希望简要了解人工智能、神经网络、深度学习基本概念和思维方法的读者。

♦ 编　著　谢　琼
　 责任编辑　刘　博
　 责任印制　沈　蓉　彭志环
♦ 人民邮电出版社出版发行　　北京市丰台区成寿寺路 11 号
　 邮编　100164　　电子邮件　315@ptpress.com.cn
　 网址　http://www.ptpress.com.cn
　 北京捷迅佳彩印刷有限公司印刷
♦ 开本：787×1092　1/16
　 印张：13.75　　　　　　　2018 年 8 月第 1 版
　 字数：368 千字　　　　　　2024 年 8 月北京第 8 次印刷

定价：49.80 元

读者服务热线：(010)81055256　印装质量热线：(010)81055316
反盗版热线：(010)81055315

人工智能（Artificial Intelligence，AI）从孕育、诞生至今，已经有近 80 年历史了。近 80 年的光阴，虽然在历史的长河中不过是浪花一朵，但如果以人的一生来说，已经是进入耄耋之年了。但奇迹般的是，随着深度学习技术的横空出世，人工智能又神奇地焕发出了再一次的"青春"。深度学习系统 AlphaGo 及其升级版本一再战胜围棋领域的多位世界冠军级选手，最后甚至到了一败难求、人类选手只能仰视的地步，不能不说这是引起了世人广泛关注人工智能领域的决定性事件。指纹识别、人脸识别、无人驾驶等应用了深度学习方法而又贴近人们日常生活的技术，可以说深刻地改变了人类的生活和消费方式，也因此让人工智能更加深入人心，激起了人工智能（尤其是深度学习领域）的学习热潮。

笔者从小学三年级开始学习计算机，初中时就有机会接触第一个人工智能应用 Animals，这是一款通过人的训练，不断向人提问，来猜测人心中所想的一种动物的程序。程序每次猜错后，会要求人提供一个可以纠正其判断逻辑的新问题，从而猜测得越来越准，能猜的动物越来越多。后来笔者也接触过当时最热的人工智能语言之一——Prolog 语言。从那时起，笔者和大多数人工智能领域专家等都认为人工智能始终是要在人的指导下进行学习的，甚至到 IBM 公司的 DeepBlue（深蓝）系统战胜了围棋世界冠军卡斯帕罗夫后仍没有改变这个观点。然而，深度学习的出现，颠覆了大多数人的看法，尤其是 AlphaGo Zero 系统，只在了解围棋基本下棋规则的基础上，完全不依赖人类的围棋知识，进行不到一天的自我学习，就能对围棋、国际象棋、日本将棋等最高水平的人类选手，甚至是 AlphaGo 这个它的前任实现完美超越。这充分证明了人工智能能够不依赖人类，从零开始，自己分析事物的逻辑，提取数据的特征，解决超出人脑计算和思考能力之外的问题。

因此，虽然计算机还缺少人类所具有的很多思考模式、逻辑创新、情感产生和变化的能力，但是在处理一些基于经验的、需要海量处理和计算（如图片、语音、视频的识别等）的机械任务上，人工智能已经具备条件帮助人类去更快、更准地完成。而以大数据为基础的逻辑判断和行为决断（如无人驾驶和医疗机器人），是深度学习下一步发展的目标。

当前对几款主流的深度学习框架（如谷歌的 TensorFlow、微软的 CNTK、新锐 MXNet 及老牌的 Theano 和 Caffe、另辟蹊径的 Torch 等）的学习，无论是在国内还是在国外，可以说是如火如荼。然而，由于深度学习技术的基础属于人工智能中神经网络相关的知识范畴，而神经网络的研究又基于线性代数、矩阵运算、微积分、图论、概率论等复杂的数学理论，市面上出版的一些书也是开篇就讲这些数学理论基础，这让很多初学者望而生畏。另外，这些深度学习框架的最新文档大多为英文，并且直接讲类似 MNIST 的较复杂图像识别范例。诚然，图像识别是深度学习中最激动人心的创新应用之一，也是本次人工智能大潮的焦点，但对初学者来说，骤然跨过这么高的门槛反而会增加入门的难度，并影响学习的信心。

本书就是为了解决初学者可能遇到的门槛问题而著。书中精选了几个最贴近生活的、浅显易懂的实际问题，采用手把手实例讲解的方式，帮助初学者少走弯路，迈好踏入深度学习殿堂的第一步，打好进一步提高的知识基础，也树立继续进阶学习的充足信心。本书中的实例讲解均基于使用Python 语言的 TensorFlow 框架，只需稍具 Python 语言编程的基础，通过阅读本书，就可以迅速掌握用深度学习技术解决实际问题的方法，并具备举一反三的能力。没有任何编程基础或无意学习编程开发的读者，也可以通过本书了解深度学习的概念和它的科学思维方法。本书第 2 章中还为有兴趣学编程的读者准备了快速编程入门的内容，学习后基本能够看懂本书所有实例中的代码。

最后，作为入门书籍，根据笔者常年进行企业培训和在线教育的经验，太过追求严谨和精确的概念定义或深陷于数学理论的推导，反而会影响初学者对相关知识的理解。因此，本书尽量减少对纯数学理论的研究探讨，对概念和一些理论知识也做了一定简化易懂的处理，这样有益于读者快速掌握基础知识和加强进一步自学深造的能力。本书在章节上也进行了精心的编排，确保读者能够循序渐进地学习；各个概念和知识点的引入也是精心穿插在合适的章节位置中，既能避免读者死记硬背大量理论知识，又能保证学习相关技术前拥有必需的知识基础。

本书提供了配套视频文件和其他配套资源，读者可到人邮教育社区（www.ryjiaoyu.com）下载。

由于编写时间仓促、编写水平有限，书中疏漏或不妥之处在所难免，请广大读者、同仁不吝指教，予以指正。另外，如有任何关于本书的建议或疑问等，欢迎发送电子邮件到topget@sina.com 进行交流。

编　者

2018 年 1 月

目 录 CONTENTS

01 第1章 人工智能极简历史

本书的内容重点不在于人工智能的历史，但了解人工智能的发展历程和主要理论、关键技术、重要事件出现的经纬，对于后面理解深度学习的知识无疑是有帮助的。因此，本章试图用最简要的描述，勾勒出人工智能发展至今近 80 年的历史大脉络。

1.1 重要的奠基时期

人类利用机器来帮助自身工作的愿望由来已久,但人工智能并不是凭空产生的,它的诞生有着深刻的历史背景和先决条件。总结起来说,人工智能诞生的关键要素有下面几个。

1.1.1 神经元的研究和人工神经元模型的提出

人类对大脑的研究由来已久,在 19 世纪末到 20 世纪初,在大脑神经系统的研究方面获得了突破性的进展。1906 年,西班牙神经组织学家、被誉为现代神经科学之父的圣地亚哥·拉蒙-卡哈尔(Santiago Ramóny Cajal)因对人脑神经系统的突出贡献获得当年的诺贝尔生理学或医学奖。他明确阐述了神经元(也叫作神经细胞)的独立性和神经元之间通过树枝状触角相互连接的关系,奠定了生物神经网络(Biological Neural Networks)的基础,也为人工神经网络(Artificial Neural Network,常简称为神经网络)提供了可参考的重要依据。

图 1.1 是一个典型的单个生物神经元结构的示意图。每个神经元除包括细胞体和细胞核以外,一般还包括树枝状的树突和较长的一条轴突。树突和轴突都与其他神经元相连接,连接形成的组织叫作突触。树突是神经元的输入部分,也就是接收信号的结构;轴突是神经元的输出部分,也就是输出信号的结构。

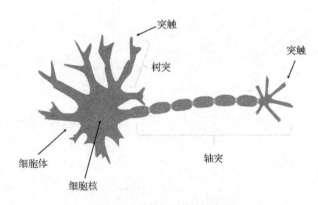

图 1.1　生物神经元结构示意图

如图 1.2 中示意的,不同神经元之间通过突触相互连接,形成了生物神经网络。这是神经系统的主要构成形式。

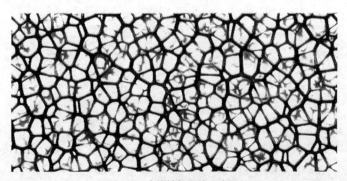

图 1.2　生物神经网络示意图

1943 年，神经学家沃伦·麦卡洛克（Warren McCulloch）和年轻的数学家沃尔特·皮茨（Walter Pitts）这一对绝妙的组合提出了一个人工神经元的模型——麦卡洛克-皮茨神经元模型（McCulloch-Pitts Neuron Model），一般简称为 MP 模型，如图 1.3 所示。

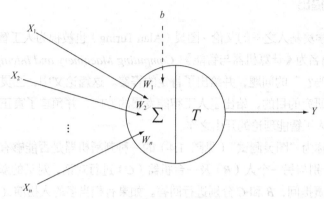

图 1.3　MP 模型描述的人工神经元示意图

图 1.3 圆圈中是一个人工神经元（后面简称神经元）。与生物神经元的树突类似，每个神经元可以接受多个输入，也就是图中的 X_1、X_2，直至 X_n，每个 X 输入到神经元后，会进行放大或缩小，也就是乘上一个权重值 W，即图中的 W_1 至 W_n，然后进行相加求和操作，也就是图中的 Σ 符号所表示的操作。Σ 操作求得的值再经过一个门限函数 T，得到最终的输出值 Y，Y 也就形似生物神经元的轴突。门限函数 T 后来一般叫作激活函数（Activation Function）。在后来的模型中，也常常在 Σ 操作后再加上一个偏移量 b 来增加模型的适应性，也就是图中虚线箭头所示的部分。

每一个神经元的输出又可以作为下一个神经元的输入，因此，多个神经元就可以组成现代意义上的人工神经网络。

MP 模型的提出无疑是人工智能史上最具有开创性的事件之一，具有极其深远的影响。迄今为止，神经网络的基本元素间仍然在使用该模型。它的意义在于，给出了一个可实际参照实施的神经网络的最小构件，在此基础上，神经网络就可以像拼插积木一样堆积而成。

1.1.2　计算机和程序的出现

1930 年，美国科学家范内瓦·布什造出世界上首台模拟电子计算机。1945 年末至 1946 年初，世界上第一台数字计算机埃尼阿克诞生在美国宾夕法尼亚大学，ENIAC 是 Electronic Numerical Integrator And Calculator（电子数字积分计算机）的缩写。1951 年，第一台实现了"计算机之父"冯·诺依曼提出的冯·诺依曼体系结构的计算机 EDVAC (Electronic Discrete Variable Automatic Computer，离散变量自动电子计算机) 问世。冯·诺依曼体系结构主要有 3 个创新：一是首次用二进制代替了十进制数字；二是提出了程序存储在数字计算机内运行的方式；三是提出了计算机中运算器、控制器、存储器、输入设备和输出设备这五大基本组成部件。至今为止，哪怕是最先进的计算机，仍在使用冯·诺依曼体系结构。

计算机和程序的出现，使得人工智能的实现有了硬件和软件基础（虽然当时还没有完整的软件的概念）。通俗地说，人类拥有计算机后，相当于拥有了第二个大脑，可以帮助人类思考和计算，所以后来也把计算机叫作"电脑"。而这第二个大脑所做的事情，已经具备了人工智能的雏形。人工智能的主要特征包括思维和行为，而从一定意义上来说，程序就是人类思维的体现，执行程序就是计算机的行为方式。

1.1.3　图灵测试的提出

被视为计算机科学奠基人之一的艾伦·图灵（Alan Turing）也被视为人工智能之父，这是因为他在 1950 年发表了一篇名为《计算机器与智能》（*Computing Machinery and Intelligence*）的论文，里面提出了"机器能思考吗？"的问题，并给出了肯定的答案。这篇论文中，图灵驳斥了一些反对的观点，描述了人工智能研究的目的，给出了人工智能发展的方向，并预言了真正具有思维能力的机器的出现，被广泛视为人工智能理论的开山之作。

图灵还提出了被称为"图灵测试"（见图 1.4）的一种判断机器是否能够有思维的测试方法，即由一个人（*A*）同时分别与另一个人（*B*）及一台机器（*C*）进行对话，对话的双方互不见面，仅以文字方式进行，由 *A* 负责提问，*B* 和 *C* 分别进行回答。如果有相当多的人扮演 *A* 的角色并问了一系列问题后，其中有一定比例的人无法判断出 *B* 和 *C* 哪个是人哪个是机器，那么就说明机器具备了智能。

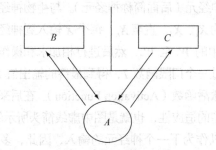

图 1.4　图灵测试示意图

图灵预言，在 20 世纪末，一定会有计算机通过图灵测试。到了 2014 年，终于有人，或者应该说是有机器通过了从 1991 年开始的年度图灵测试，它就是由俄罗斯人弗拉基米尔·维西罗夫（Vladimir Veselov）开发的人工智能聊天机器人软件——尤金·古斯特曼（Eugene Goostman）。图灵的预言终于实现了。

图灵的贡献主要在于：坚定地确认了人工智能成功的可能性，并确定了一个判断人工智能成功与否的标准。

1.2　人工智能的诞生

说到人工智能的诞生，就不能不提到达特茅斯会议（Dartmouth Conference）。1956 年夏天，以约翰·麦卡锡（John McCarthy，计算机与认知科学家，也被誉为人工智能之父）、马文·明斯基（Marvin Minsky，人工智能与认知学专家）、克劳德·香农（Claude Shannon，信息论的创始人）、艾伦·纽厄尔（Allen Newell，计算机科学家）、赫伯特·西蒙（Herbert Simon，诺贝尔经济学奖得主）、纳撒尼尔·罗切斯特（Nathaniel Rochester，IBM 公司初代通用计算机的设计师）等为首的一批当时科学界的年轻才俊在美国的达特茅斯开会，会议名称为人工智能夏季研讨会（Summer Research Project on Artificial Intelligence）。在会议上，大家一起研究探讨了用机器模拟智能的一系列有关问题，并首次正式提出了"人工智能"这一术语，它标志着"人工智能"（Artificial Intelligence，AI）这门新兴学科的正式诞生，此后业界普遍认为 1956 年是人工智能的元年。

1.3 第一个快速发展期

人工智能诞生后，很快经历了一个快速发展的阶段。

1957—1958 年，美国神经学家弗兰克·罗森布拉特（Frank Rosenblatt）成功地实现了一种他后来正式命名为感知机（Perceptron）的机器研发。这种感知机能够对放在它的感应器之前的图像进行一定的判断并做出反馈。他研发所基于的模型就是 MP 模型，并且做了一定的改进。罗森布拉特提出了两层的感知机模型，建立了第一个真正的人工神经网络，之后又提出了包含隐藏层在内的三层感知机模型。罗森布拉特还给出了一种感知机自行学习的方法，即给出一批包括输入和输出实例的训练数据集，感知机依据以下方式进行学习：对比每组输入/输出数据，如果感知机的输出值比训练数据集中的输出值低，则增加它对应的权重，否则减少它的权重。感知机模型的出现，使人类历史上开始了真正意义上的机器学习时代。

1958 年，来自麻省理工学院的人工智能研究先驱约翰·麦卡锡（John McCarthy）发明了第一款面向人工智能的高级计算机语言 LISP，LISP 名称源自列表处理（List Processing）的英文缩写。在 LISP 语言中，率先实现了多个在当时比较先进的技术，包括树形数据结构、自动存储管理、动态类型、条件表达式、递归运算等。LISP 是一种函数式程序设计语言，所有运算都能以函数作用于参数的方式来实现。LISP 的这些特点，使得它先天就符合当时人工智能运算的需要，也使它成为长期以来人工智能领域的主要语言之一。

1959 年，美国自适应信号处理和神经网络创始人之一的伯纳德·威德罗（Bernard Widrow）和他的学生马辛·霍夫（Marcian Hoff）提出了自适应线性元件（Adaptive Linear Element，Adaline）。它是感知机的变化形式，也是机器学习的创始模型之一。它与感知机的主要不同之处在于，Adaline 神经元有一个线性激活函数，它允许输出的是任意值，而不仅仅只是像感知机和 MP 模型中那样只能输出 0 或 1 两种结果。

在这个阶段，人们对于人工智能的前景过于乐观，认为用感知机模型构建出的神经网络，可以很快形成和人脑一样的思维来解决问题。因此，世界范围内的很多实验室纷纷投入这方面的研究，并且各国政府和军方也投入大量科研资金进行支持。

1.4 人工智能的第一个寒冬

马文·明斯基是达特茅斯会议的组织者之一，是人工智能的创始人之一，对于人工智能的发展做出了卓越的贡献。1970 年，明斯基获得了计算机科学界最高奖项——图灵奖（Turing Award），同时他也是第一位获此殊荣的人工智能学家。然而，也正是明斯基，被公认为是造成人工智能第一个寒冬的最重要因素之一。

1969 年，明斯基和西蒙·派珀特（Seymour Papert）出版了 *Perceptron* 一书，从数学角度证明了关于单层感知机的计算具有根本的局限性，指出感知机的处理能力有限，只能解决线性问题，无法解决非线性问题，甚至连异或（计算机科学中的一种运算，记作 XOR，其特点是 1 XOR 1 = 1, 0 XOR

0 = 0，1 XOR 0 = 1，0 XOR 0 = 0）这种基础的计算问题也无法解决，并在多层感知机的讨论中，认为单层感知机的所有局限性在多层感知机中同样是不可能解决的，因而得出了基于感知机的研究注定将要失败的结论。这很大程度上导致了在 20 世纪 70 年代末开始的很长一段时间内，大多数人工智能研究者们放弃了神经网络这一研究方向。

另外，在当时的计算机能力水平下，无法支持哪怕是极简单的问题来用神经网络的方式去解决。因此，在耗费了巨额的投资和很长时间的研究后，由于理论上的缺陷和硬件环境的不足，仍然没有能够带来具有实用价值的人工智能系统的出现。1973 年，著名数学家詹姆斯·莱特希尔（James Lighthill）向英国科学研究委员会提交报告，介绍了人工智能研究的现状，他得出结论称："迄今为止，AI 各领域的发现并没有带来像预期一样的重大影响。"最终各国政府和投资人对 AI 研究的热情急剧下降，美国和英国政府开始停止对 AI 领域的研究提供支持，标志着人工智能的第一个寒冬开始了。

1.5 人工智能研究的沉默探索与复苏

在 AI 的第一个寒冬过程中，人们对 AI 的研究并没有完全停止，总有一些信念坚定的人在坚持。但是，这次 AI 所遇到的挫折也给之前对 AI 抱过高期望值的研究者降了温，研究者们更理性地思考 AI 所能够做到的事情，开始收缩 AI 系统的目标和 AI 研究的范围，将其局限在最有可能发挥当时条件下 AI 系统能力的方向上。现在回过头去看，在这个阶段及后面的沉默探索过程中，很多研究成果对后来神经网络的发展是具有相当重要的作用的，有一些甚至是决定性的。

20 世纪 60 年代末，人们开始了关于专家系统的研究，专家系统是汇聚了某个领域内的专家知识和经验，由计算机系统进行推理和推断，帮助和辅助人类进行决策的系统。专家系统至今仍活跃于人工智能领域，是人工智能领域的一个重要分支，被广泛应用于自然语言处理、数学、物理、化学、地质、气象、医疗、农业等行业。1972 年，面向专家系统应用的高级计算机语言 Prolog 面世。Prolog 是一款支持知识获取、知识存储和管理的计算机语言。当时其他的大多数语言还是聚焦于计算与流程的控制上，基本上还是以顺序执行的程序为主；而 Prolog 语言没有所谓的执行顺序，它主要的使用方式是由人来提出问题，机器根据知识库来回答问题。这种形式和现在基于事件产生反馈的非顺序化编程方式非常相似，这在当时，甚至现在也是属于比较先进的一种方式。

图 1.5 中，第一个线框中是一段用 Prolog 语言编成的实例代码，前 3 行分别定义了 3 件事实，即亚当（adam）是男人，夏娃（eve）是女人，蛇（snake）是动物；最后一行定义了一条规则，即如果 X 是男人，Y 是女人，那么 X 和 Y 相爱。第二个线框中是前面 Prolog 代码执行时，我们做出的提问，例如，当问到亚当夏娃是否相爱时，系统会回答"true"（是）；当问到夏娃和蛇是否相爱时，系统会回答"false"（否）。这就是一个典型的把知识灌输给计算机系统后进行使用的例子，其中事实和规则都是知识，而提问和获得答案的过程就是对专家系统知识库的应用。

专家系统和以 Prolog 为代表的人工智能语言的出现，标志着人们把对知识认知和应用作为人工智能研究的重要方向之一；从此之后，对于知识表达形式的研究，以及如何利用知识进行推理和计划决策等研究，逐步被人们重视起来，并对后来的人工智能领域产生了深远的影响。

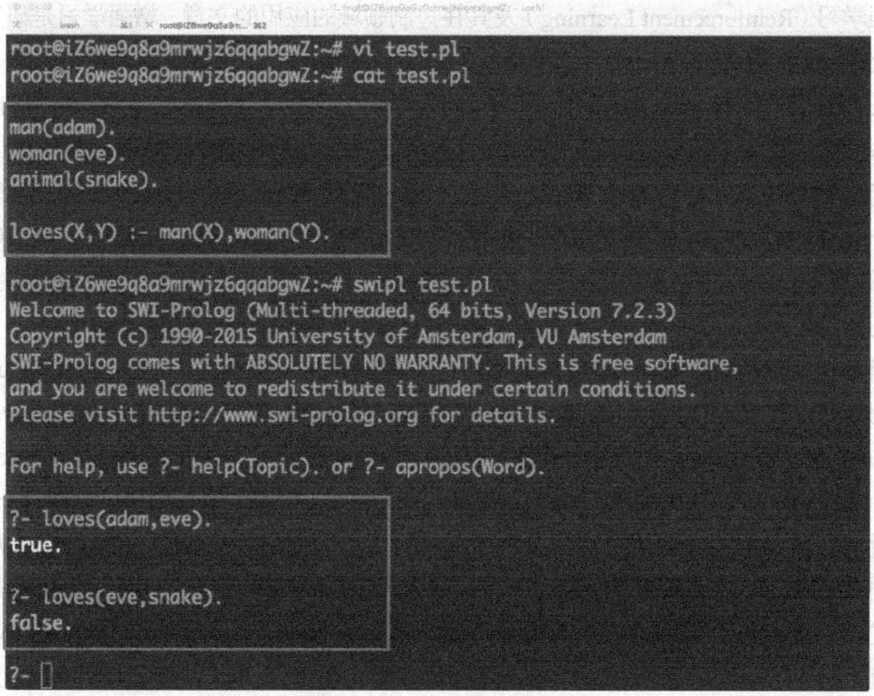

图 1.5　Prolog 代码示意图

1972 年，芬兰科学家托伊沃·科霍宁（Teuvo Kohonen）提出了自组织特征映射（Self-organizing Feature Map，SOFM）网络，这是一个支持无监督学习（Unsupervised Learning）的神经网络模型，能够识别环境特征并自动分类。无监督学习是人们收集数据，让神经网络自己去发现规律并做出处理的机器学习方法，是现在乃至未来人工智能研究的重要方向之一。

1974 年，保罗·沃波斯（Paul Werbos）第一次提出了后来对神经网络的发展腾飞具有重要意义的反向传播算法（Back-propagation Algorithm，简称 BP 算法）。该算法是根据神经网络的计算结果误差来调整神经网络参数以达到训练神经网络目的的方法。但由于处于 AI 的寒冬期中，该方法在当时没有得到足够的重视。

1976 年，美国认知学家、神经学家史蒂芬·格罗斯伯格（Stephen Grossberg）和他的伙伴女神经学家盖尔·卡彭特（Gail Carpenter）提出了一种自适应共振理论（Adaptive Resonance Theory，ART）。在这个理论中，提出了一些支持有监督和无监督学习的神经网络，来模仿人脑的方式处理模式识别和预测等问题。

1982 年，美国物理学家约翰·约瑟夫·霍普菲尔德（John Joseph Hopfield）提出了一种具有反馈机制的神经网络，被称为霍普菲尔德网络（Hopfield Network）。霍普菲尔德首次引入了能量函数的概念，形成了神经网络一种新的计算方法；用非线性动力学方法研究神经网络的特性，提出了判断神经网络稳定性的依据，并指出了神经网络中信息存储的方式。霍普菲尔德提出了动力方程和学习方程，对神经网络算法提供了重要公式和参数，使神经网络的构造和学习有了理论指导。1984 年，霍普菲尔德用运算放大器模拟神经元，用电子线路模拟神经元之间的连接，成功实现了自己提出的模型，从而重新激发了很多研究者对神经网络的研究热情，有力地推动了神经网络的研究。

1983 年，安德鲁·G. 巴托（Andrew G. Barto）、理查德·S. 萨顿（Richard S. Sutton）等人发表

了关于增强学习（Reinforcement Learning）及其在控制领域的应用的文章。增强学习是研究机器如何在不断变化的环境中相应地做出最合适的反应的方法，主要通过让机器不断调整自己的行为以求获得更好的长效回报（Long-term Reward）来实现机器学习。增强学习现在结合深度学习的其他方法，已经成为深度学习领域中非常热门的一个分支，被广泛应用于无人驾驶、电子竞技等方面。

1985 年，大卫·艾克利（David Ackley）、杰弗里·辛顿（Geoffrey Hinton）和特里·塞吉诺斯基（Terry Sejnowski）等人基于霍普菲尔德神经网络加入了随机机制，提出了玻尔兹曼机（Boltzmann Machine）的模型，这个模型由于引入了随机振动的机制，一定程度上具备了让神经网络摆脱局部最优解的能力。

1986 年，大卫·鲁姆哈特（David Rumelhart）和詹姆斯·麦克莱兰（James McClelland）在《并行分布式处理：对认知微结构的探索》（*Parallel Distributed Processing：Explorations in the Microstructure of Cognition*）一文中，重新提出了反向传播学习算法（Back-propagation Learning Algorithm，简称 BP 算法）并给出了完整的数学推导过程。BP 算法正式出现的意义在于，对于如何更高效地训练神经网络，让神经网络更有序地进行学习，提供了有效的、可遵循的理论和方法，这在以后神经网络（尤其是深度学习）领域是一个里程碑式的事件，至今 BP 方法仍然是训练多层神经网络的最主要、最有效的方法。在同一时期，辛顿、罗纳德·威廉姆斯（Ronald Williams）、大卫·帕克（David Parker）和杨立昆（Yann LeCun）等人也分别做出了关于 BP 算法的独立研究或类似的贡献。

这一时期的重要成果还包括多层前馈神经网络（Multilayer Feedforward Neural Network）模型的提出和梯度下降算法等数学和概率论方法被应用于神经网络的学习中。多层前馈神经网络是一个包含输入层、多个隐藏层和输出层在内的神经网络（见图 1.6），所谓的前馈指的是神经网络中的各层均只从上一层接收信号并向下一层输出信号，即每层只向前传递信号而不向后反馈；梯度下降算法则被作为训练神经网络的反向传播算法的基础之一。另一重要的贡献是，基于不同研究人员及多方面对多层神经网络的研究，基本上推翻了明斯基对于多层感知机无法实现解决非线性问题的预测，这给神经网络的研究者们继续按此方向研究下去提供了极大的信心。

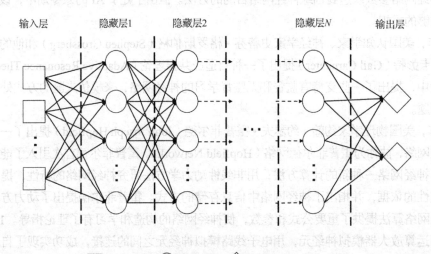

图 1.6　典型的多层前馈神经网络结构图

1.6 人工智能的第二个冬天

人工智能的第二个冬天相比第一个来说，没有显得那么突出。这主要是由于下面两个原因。

- 经过 AI 第一次泡沫的破灭，大多数人都低调了很多，对于 AI 的前景期望值明显降低；
- 这一次并没有遭遇类似第一次 AI 寒冬时对于感知机的全盘否定式的理论上的挫折。

因此，在 AI 经历再一次低潮的时候，并没有引起人们太大的反应。继续研究的人也还在坚定前行，当然也有很多人去拥抱当时更热门的其他研究领域。AI 的第二个冬天也没有一个明显的时间范围，有观点认为是从 1987 年华尔街金融危机带来的对人工智能投资大幅缩减开始的。AI 的第二个冬天的原因之一是仍然没有能够体现 AI 价值的实际应用出现，或者说人工智能的研究成果与投资方的期待值仍然无法匹配；另一个主要的原因是个人计算机（Personal Computer，PC）的出现。

1981 年，IBM 公司推出了第一台真正意义上的个人计算机。自此之后，基于个人计算机进行的各种研究及应用软件的发展，使得很多人忘记了人工智能，尤其是神经网络。人们把极大精力投入到利用个人计算机越来越强大的能力，通过编程开发来解决各类问题上。这个时期确实给人类历史特别是信息技术（Information Technology，IT）行业带来了蓬勃发展，促进了各行各业的自动化、信息化，但跟人工智能和神经网络关系并不大。

还有，虽然计算机是深刻影响人类生活方式的划时代发明之一，但在当时，包括最强大的巨型机在内的所有计算机的运算能力仍然与使用神经网络解决问题所需要的能力相差甚远。另外，当时计算机软件的发展水平及人们对计算机软件的驾驭能力，也与人工智能的需求有着不小的差距。

因此，在 20 世纪八九十年代中，人工智能被不断涌现的其他技术和热点所掩盖，鲜有发声的机会，陷入了一个不大不小的低潮期。但就在这个低潮期中，还发生了 1997 年 IBM 公司的人工智能系统"深蓝"（DeepBlue）战胜了国际象棋世界冠军卡斯帕罗夫这样的事件。虽然"深蓝"当时采用的技术还是基于类似于优化过的穷举方法，但这种在人类实际生活中获得成功的案例，已经预示着 AI 的第二次黎明即将到来。

1.7 再一次腾飞

就像黑暗中的钻石等到光线照射的时候就会无比绚烂一样，人工智能终于等到了蓬勃发展的历史时机，沉默耕耘了多年的研究者们成了这一次大潮的弄潮儿。

AI 的这一次腾飞也不是无缘无故发生的，而是依赖于下面几个主要的因素。

1.7.1 计算机综合计算能力的大幅提升

计算机从诞生至今，经过人们的不断努力，各方面能力得到了大幅的提升。其中与人工智能发展紧密相关的包括 5 个方面。

- 计算机进行计算与处理的核心——CPU 的处理速度以 2010 年与 1975 年相比增长了 6～7 个数量级（10^6～10^7），并且多核 CPU 的出现，事实上进一步提升了 CPU 的处理能力。
- GPU（Graphics Processing Unit，图形处理单元，也就是显卡中的主要功能部件）的出现，大幅提升了计算机的科学运算能力。GPU 的产生主要是为了高速处理大量的图形图像，而这需要大量的浮点数（一般所说的小数）运算，CPU 处理整数运算速度尚可但对浮点数的运算能力很一般，而 GPU 设计时的主要目标之一就是应对浮点数的运算；另外，由于图形处理要求巨量数据超高速的运算，因此 GPU 一般均采用大量的并发运算单元来进行同时运算以满足其要求。而浮点数运算能力和大量并发运算能力恰恰是人工智能（尤其是神经网络）运算最需要的能力。因此，GPU 的出现和其能力的快速提升，可以说是大大促进了人工智能发展的速度。从图 1.7 中可以看出，从 2002 年到 2014 年，GPU 的理论浮点计算能力已经上升了数千倍。

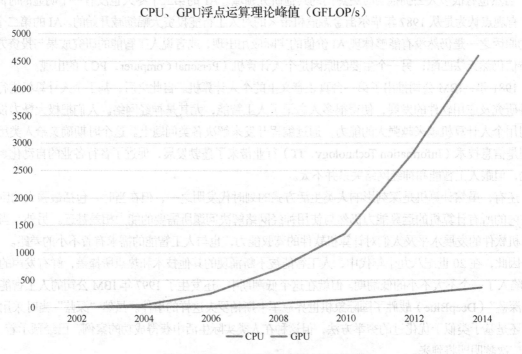

图 1.7　CPU、GPU 浮点运算能力理论峰值图

- 神经网络的计算需要大量的存储数据，包括训练数据、计算过程中间数据和输出数据等，例如，现在自然语言处理的原始训练数据一般均在几百兆字节至几个吉字节（在计算机存储中，一般 1TB≈1000GB，1GB≈1000MB，1MB≈1000KB，1KB≈1000B，B 代表 Byte，即字节，1 个字节代表一个 8 位的二进制数字）；而进行较大分辨率的图像识别所需的数据就更多，往往有几十个 GB 到 1TB 以上，这就要求计算机内存和外存（主要是硬盘）足够大，另外还要访问速度足够快，才能支持神经网络的运算。幸好，计算机的发展超出了我们的期望，一般计算机的内存从 20 世纪 70 年代的几十 KB 大小快速发展到现在常见的几十 GB，访问速度也有了指数级的提升。

- 计算机软件发展至今，已经非常成熟，人们对于软件的驾驭能力也越来越成熟。计算机软件方面值得一提的是，现在在人工智能领域最常用的计算机语言 Python。Python 于 1989 年发明，到现在已经成为最受欢迎的语言。2017 年 IEEE（Institute of Electrical and Electronics Engineers，电气和电子工程师协会）发布的年度编程语言排行榜中，Python 高居首位。Python 由于其免费、开源的特点，受到开发人员的喜爱，许多开发者为其编写了不同用途的第三方代码包和库，使其功能在基本的计算机语言功能基础上迅速扩充；另外，由于 Python 易于上手、编写方便，许多科学研究者也喜欢使用 Python 来进行科学计算。因此，Python 逐步成为人工智能领域中最热门的语言，而 Python 语言的越来越成熟也反过来推动了人工智能的发展。

● 云计算技术的出现与 GPU 的出现类似,也大幅提升了计算机系统的计算能力。云计算的核心本质是调度网络上具备运算能力的计算机,并行协同处理某些计算任务,以求实现人们所能掌控的计算能力不再被计算机所处的地理位置和单台计算机的运算能力所限制。

1.7.2 大数据的出现

大数据(BigData)概念的出现,无疑也是推动人工智能(尤其是机器学习领域)发展的重要因素,甚至可以说是捅破的最后一层窗户纸也不为过。

以前的人工智能研究,即使有了理论方法也很难研制出有实际价值的系统,其主要原因之一就是缺少大量的训练数据。尤其是机器学习,更需要用海量的训练数据来进行训练才能够使系统的准确率达到实用的要求。

经过 IT 行业几十年的发展,人们对于数据的存储和管理水平不断进步。这期间,大型关系数据库技术为人们积累数据、运用数据提供了重要的支撑。现在数据库技术经过几代发展,已经向多元化、多型态化进一步发展。数据存储与管理技术的进步,促进了大型应用系统的实用化,例如政府部门的政务处理系统、银行的金融管理系统、电信行业的营业系统和计费系统、企业内部的资源管理系统等,都得到了大范围的应用;这反过来也推进了海量资源和用户数据的积累。据测算,人类在 2013 年的数据存储总量已经达到 80EB(1EB ≈ 1000PB,1PB ≈ 1000TB),而到了 2015 年,已经达到了 300EB;预计到 2020 年,人类数字化的数据总量将达到 35ZB(1ZB ≈ 1000EB)。海量的数据让研究人员不再缺乏机器学习训练数据的来源。

人们在大数据技术的发展过程中,并非仅仅得到了数据本身,还成功提升了自己处理数据、从数据中进行发掘/发现、对数据进行分类合并、快速从原始数据中提取有效的训练数据的能力。

1.7.3 神经网络研究的成熟化

现代社会某项科技的发展,离不开其研究者和关注者心态的成熟,这一点在人工智能这个领域体现得尤其明显。人工智能经历了两次寒冬,但寒风抹去泡沫对这个领域的发展并非坏事,留下来的人们都谨慎了许多,也务实了许多,把研究向更能体现人工智能价值的方向进行,例如图像识别、自然语言处理等。这期间,对于后来人工智能腾飞起到重大作用的事件包括以下几个。

● 反向传播学习算法研究进一步成熟,在前面所介绍的 1986 年提出的反向传播算法基础上,人们又对其在神经网络中多层、多个不同类型的隐藏层等情况下,进行了大量的实验验证,并改进了其随机性和适应性。如前所述,反向传播算法对于神经网络的训练是具有历史性意义的,因为它大幅缩减了神经网络训练所需的时间。

● 在 20 世纪 60 年代就有了卷积网络的最初思想,但到 1989 年,Yann LeCun 发明了具有实际研究价值的第一个卷积神经网络(Convolutional Neural Network,CNN)模型 LeNet。卷积网络是前馈神经网络中的一种类型,最主要的特点是引入了卷积层、池化层这些新的隐藏层类型。卷积层特别适合对图像这种不同位置的像素点之间存在关联关系的数据进行特征提取,而池化层则用于对图片降低分辨率以便减少计算量。因此卷积神经网络的发明对于图像识别具有重要意义;由于卷积层具有特征提取和特征抽象能力,它对于后面深度学习的发明也有重要的启发意义。

- 早在 20 世纪 80 年代，已经有了循环神经网络（Recurrent Neural Network，RNN）的思想，这种网络与原来的纯前馈神经网络不同，引入了时序的概念，信号在神经网络中传递时，在下一时刻可以反向往回传递，也就是说，某一时刻某个神经元的输出，在下一时刻可能成为同一神经元的输入，这就是它命名中"循环"两个字的由来。循环神经网络特别适合解决与出现顺序有关的问题，例如自然语言处理中的语音识别，因为一句话中后一个单词是什么往往与之前已出现的词语有很大关系，所以判断人说的某个词往往要根据前面出现的词来辅助。但后来人们又发现，这种关系与单词之间的距离或者说时间顺序的联系并不是固定的，有时候距离很远也有很大影响，有时候距离很近但影响不大。因此，1997 年，赛普·霍克赖特（Sepp Hochreiter）和于尔根·施米德胡贝（Jürgen Schmidhuber）提出了能够控制时间依赖性长短的新型循环神经网络——长短期记忆网络（Long Short-Term Memory Network，LSTMN），成功解决了这一类问题。2000 年，菲力克斯·热尔（Felix Gers）的团队提出了一种改进的方案。

- 2006 年，辛顿等人提出了深度学习的概念。深度学习并非是一种单一的技术或理论，而是结合了神经网络多项理论和成果的一套综合性方法，简单地说可以用一句话概括：深度学习是在多层的神经网络中，从原始数据开始，通过机器自主进行学习并获得解决问题的知识的方法。深度学习最主要的特点是机器自主从原始数据开始逐步将低层次的特征提取、组合成高层次的特征，并在此基础上进行训练学习，获得预测同类问题答案的能力。也就是说，AI 已经具备了自主发现特征的能力，原来必须依靠人类指导来进行学习的机器，终于可以自己去学习了，这是人工智能发展史上一个划时代的进步，是最激动人心的成果之一。现在，深度学习已经成为人工智能领域中最活跃的方向。

- 以卷积网络和深度学习理论的出现为基础，人工智能的研究者们敏锐地找到了最合适的突破点：计算机视觉。计算机视觉是指人工智能系统进行的图像识别与分类、视频中的动作识别、图片中的物体分界、图像视频理解与描述文字生成、图像内容抽取与合成、图画风格替换、网络图片智能搜索等一系列与图形或视频处理等有关的行为。由于计算机视觉需要处理的都是海量数据，人脑难以应付这么大量而又需要高速处理的任务，而这正是卷积网络和深度学习理论上最擅长的方向，并且又具备了前面所述的软硬件条件，所以在后面可以看到，很多人工智能取得的成就都是与计算机视觉紧密相关的。

在上面所说的各种因素的合力推进下，沉寂已久的人工智能在 21 世纪第一个十年前后突然爆发了，这可以说在大多数人意料之外，但回过头看也在情理之中。

广泛被界内认可是，这一次人工智能大发展的起点为 2012 年，在 ImageNet 工程举办的年度图像识别大赛（Annual ImageNet Large Scale Visual Recognition Challenge）上，包括亚历克斯·克里泽夫斯基（Alex Krizhevsky）和辛顿等人在内的团体推出的 AlexNet 神经网络，获得了当年的冠军。ImageNet 项目是一个大量收集图片数据用于智能图像识别研究的可视化数据库项目。从 2010 年开始，ImageNet 每年都举办这个年度图像识别大赛。2012 年，AlexNet 在比赛中识别图像的 top-5 错误率（即系统给出的可能性最高的前 5 个预测结果全部错误）仅有 16%左右，远远低于其他参赛的系统，距第二名足有 10 个百分点以上。AlexNet 就是一个采用了深度学习技术的、使用了 GPU 并发运算加速的多层卷积神经网络，这也是在这项比赛中第一个采用了深度学习技术的系统。AlexNet 在训练时，使用的 CPU 能力相较于 1998 年 LeNet 使用的高了 1000 倍以上，并且使用了 GPU 进行加速，使用的训练数据量较 LeNet 高了 10^7 倍，可以说在充分利用了之前的各项人工智能研究成果之外，也有当时各项客观支撑条件发展的功劳。AlexNet 取得一鸣惊人的成功后，在人工智能界引起了巨大反响和关注，很多大公司和有实力的研究团队加入到深度学习的研发领域中来，在后来的新系统中，已经将 top-1 错误率（只判断一次的错误概率）从 AlexNet 的 50%～60% 提升到 80% 以上。

如果说 AlexNet 的出现还仅仅是在 IT 业界获得了较大反响，那么让人工智能的能力广泛为世人所知，无疑是 2016 年，谷歌旗下 DeepMind 公司研发的 AlphaGo 成为第一个击败围棋世界冠军的人工智能系统。2016 年 3 月，AlphaGo 与围棋世界冠军、职业九段李世石进行了五番棋大战，最后 4 比 1 取胜。之后，AlphaGo 在网络上与中、日、韩等多国围棋高手进行了几十局对弈，无一败绩。2017 年中，经过进一步训练的 AlphaGo 与世界排名第一的柯洁对战 3 局，全部取胜。现在，几乎所有围棋选手都承认无法战胜人工智能，并且看不到胜机，甚至有围棋界元老认为 AlphaGo 可以对目前人类最高水平的选手让两子以上。然而，人工智能的研究并没有止步，2017 年 10 月，DeepMind 团队公布了 AlphaGo 的最新进化版本 AlphaGoZero。之前的 AlphaGo 是以职业棋手棋谱作为训练的主要数据来源之一进行了大量的训练而成的；而 AlphaGoZero 已经摒弃了人类的知识，仅在知晓下棋基本规则的情况下，从零开始训练（这也是名称中 Zero 的由来之因），经过不到 1 天训练，就能对战围棋、国际象棋、日本将棋等最高水平的人类选手，甚至是 AlphaGo 这个它的前任实现完胜。

AlphaGo 就是采用了深度学习的分支——增强学习技术来训练的神经网络系统。AlphaGo 的出现，完全激发起了世人对人工智能的关注，让人深深感觉到人工智能的强大实力。围棋与国际象棋不同，每一步的下法以现在计算机的能力，也难以在正常时间内穷举来判断优劣，人类研究的人工智能在围棋领域实现的突破，具有极大的象征意义，代表着人工智能不仅已经可以有实用的、有价值的系统应用，而且已经可以超越人类自身的极限，对人类生活和社会的发展必将带来巨大的影响。于是，科技界的巨头公司也纷纷投入或加大投入到人工智能的研发中来。

现在，人工智能尤其是深度学习的热潮方兴未艾。在指纹识别、人脸识别、网络图像视频鉴别、疾病诊断、天气预报、无人驾驶、无人机、机器人、机器翻译、客户关怀等方向上，取得了大量成果，并迅速应用于实际生活中。这也是这一次人工智能腾飞与前几次 AI 泡沫相比最大的不同，即出现了真正有价值的系统而不仅仅是实验成果。也因此，这一次 AI 的大发展给人以更坚实、更有底气的感觉，它的发展前景一片光明。

1.8　未来展望

目前，人工智能虽然已经取得了引人瞩目的成功，但这还远远不是它的巅峰，还有巨大的发展潜力。

人工智能可以从某种程度上分成 3 类，弱人工智能（Artificial Narrow Intelligence）、通用人工智能（Artificial General Intelligence）和超人工智能（Artificial Super Intelligence）。弱人工智能是指机器的智能在一些特定领域（或具体任务）上接近或超越人类的水平；通用人工智能是指机器在所有需要智能的方面具备和人一样解决各种问题的能力；超人工智能是指机器具备全方面超越人脑的能力，包括思维、创造性和社交能力。目前，人类取得的成果还局限在弱人工智能方面，但对通用人工智能的研究已经在进展中了。

对于神经网络的研究，也在不断进化中，例如对本次人工智能发展居功不小的反向传播算法，它的创始人之一辛顿最近已经对它提出了质疑，认为它不是人脑思考的方法（这也是人工神经网络和生物神经网络的最大区别之一），并提出了新的研究方向。无论其研究结果如何，不断地质疑、不断地进步是科学界正能量的体现。也祝愿人工智能行业能够获得更大的发展，更好地造福人类。下面列举近年来人工智能已经获得一定成功并很有希望获得更大成功的一些成果和一些有趣的案例作为本节的收尾。

- 由 Richard Zhang 等人研发的运用深度学习技术自动给黑白照片上色的系统（见图 1.8），使用了 8 个以上卷积层的多层神经网络，效果非常不错。

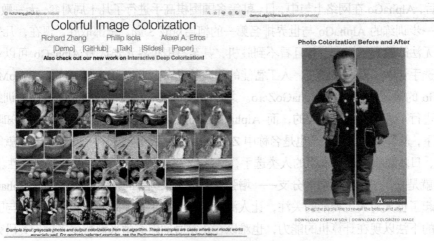

图 1.8　用人工智能技术给黑白照片上色

- 著名的显卡生产公司英伟达（NVIDIA）提供的 GPU 对于人工智能特别是深度学习的发展起了很大的推动作用。英伟达公司也研发了一款"自动驾驶端到端深度学习系统"（End-to-End Deep Learning for Self-Driving Cars），如图 1.9 所示。在这个系统中，使用多层的卷积神经网络，从放在汽车前面的一个摄像头获取的最原始的图像数据为输入去学习自动驾驶的命令。

图 1.9　自动驾驶端到端深度学习系统

- Scott Reed、ZeynepAkata、Xinchen Yan、Lajanugen Logeswaran、BerntSchiele 和 Honglak Lee 等人 2016 年提交的论文 *Generative Adversarial Text to Image Synthesis*（见图 1.10）中，提出了用一种很有前景的深度学习神经网络——生成式对抗网络（Generative Adversarial Network，GAN）来实现根据文字内容生成图片的方法。

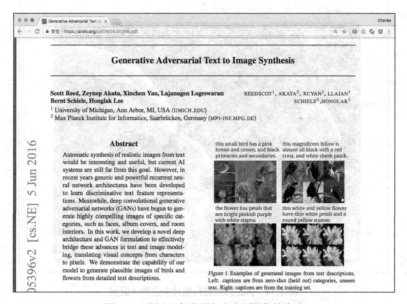

图 1.10　用人工智能进行文字到图像的生成

- 斯坦福大学学生 Karpathy 等人做的在网页浏览器中实现训练深度学习神经网络来进行图片分类与识别的项目（见图 1.11）。

图 1.11　人工智能实现图像分类的生成

● 谷歌、微软、亚马逊、MathWorks 等大公司都对图像中的物体识别或定位做了很多研究并已取得很多成果，图 1.12 是来自 Javier Rey 的探讨计算机视觉中这几个问题的一篇博文。

图 1.12 人工智能进行图片中的物体识别

● 所谓计算机视觉中的语义分界，指的是从一张图片中，划分出各个物体的边界范围。图 1.13 就示意了来自麻省理工学院科学与人工智能实验室研制的系统从一张照片中，成功标记出了汽车、草坪、树、天空、道路等物体的边界范围。

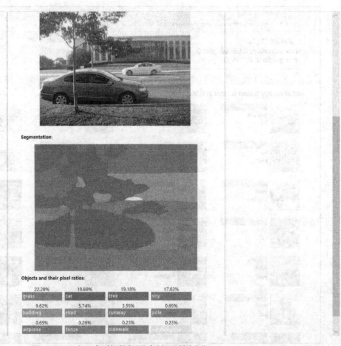

图 1.13 人工智能进行语义边界的划分

● Yannis M.Assael、Brendan Shillingford、Shimon Whiteson 和 Nando de Freitas 等人提出的唇语识别系统 LipNet 是使用了深度学习的神经网络，虽然论文方面出现了一些波折，但作为一个深度学习应用，成功地把从视频中识别唇语的准确度达到了 90%以上，已经超过了一般的人类识别水平，不能不说在实用化方面是有价值的（见图 1.14）。

Results

Scenario	Epoch	CER	WER	BLEU
Unseen speakers [C]	N/A	N/A	N/A	N/A
Unseen speakers	178	6.19%	14.19%	88.21%
Overlapped speakers [C]	N/A	N/A	N/A	N/A
Overlapped speakers	368	1.56%	3.38%	96.93%

Notes:

● [C] means using curriculum learning.
● N/A means either the training is in progress or haven't been performed.
● Your contribution in sharing the results of this model is highly appreciated :)

Dependencies

● Keras 2.0+
● Tensorflow 1.0+

图 1.14　LipNet 某一个落地项目的网站

● 人工智能系统在艺术领域也有了不凡的造诣，图 1.15 和图 1.16 分别是笔者在某网站利用人工智能进行基于模板的自动绘画系统中随便涂抹后由系统自动生成的卡通风格风景画，还挺像模像样的。

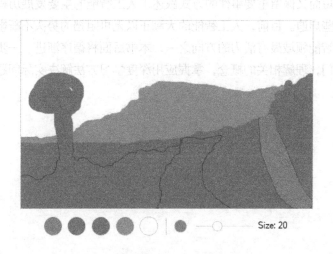

图 1.15　修改人工智能画的范围模式

● 谷歌的机器翻译系统 GNMTS（Google Neural Machine Translation System）使用了基于深度学习的技术来训练系统，2016 年宣布，在英语到法语互译、英语到西班牙语互译方面，已经非常逼近人类的翻译水平，如果 6 分是满分，机器翻译与人工翻译的已达到 5.4 和 5.5 这样的分数水平；中英文互译最差，但也在 4.6 和 5.0 这样的分数对比水平上。虽然这可能和实际使用系统的感觉还有差异，但不可否认比之前要提升了不少。

图 1.16　用人工智能画的卡通风格画

1.9　本章小结：历史指引未来

本章用尽可能简短而又保留重要事件的方式叙述了人工智能的主要发展历程。人工智能的起起伏伏或许能给我们一些启迪。目前，人工智能的大潮正以无可阻挡的势头不断影响着我们的生活。深度学习是现在人工智能领域最有活力的方向之一，本书后面将循序渐进、一步一步地通过实例讲解，帮助大家快速入门，理解相关的概念，掌握应用深度学习方法解决实际问题的能力，并具备进一步自学提高的基础。

02 第2章 开发环境准备

　　本书后续的讲解将基于谷歌公司的深度学习框架 TensorFlow，这是目前同类框架中最热门、使用最广泛的一个。TensorFlow 的开发主要是使用 Python 语言，所以本章将先讲解如何安装 Python 和 TensorFlow。另外，为了方便读者搭建一个高效的开发环境，本书还会介绍几种相关工具软件的安装。对于不熟悉 Python 语言的读者，本章最后一节还准备了有关 Python 语言编程的快速入门知识。

2.1　安装 Python

Python 是一门解释型的高级计算机语言。所谓解释型，指的是计算机对用 Python 编写的程序不是预先编译成机器代码，而是在执行时逐条对命令进行翻译并逐条执行的。对比编译型语言来说，解释型语言速度会慢一些，但是一般编写程序时会更方便、快捷。Python 在英语中是"蟒蛇"的意思，这个名字的由来据说是发明者 Guido van Rossum 受喜爱的一个英国剧团 Monty Python 的名字启发而来。Python 语言写法简洁、优雅而又使用方便，受到很多人的喜爱，从 1989 年面世至今，已经发展成为使用最广泛的计算机语言之一。由于 Python 的开放性，多年来很多人为 Python 编写了第三方代码包或代码库，Python 的功能越来越强大；其中就包括用于数学和科学计算的代码包，因此很多科学家也喜欢用 Python 来编写程序，这也是目前人工智能领域诸多系统使用 Python 来进行开发的重要原因之一。

Python 语言发展到现在，有两个主要分支版本，即 Python 2.x 系列和 Python 3.x 系列，其中 Python 2.x 系列最新的版本是 2.7，也是这个系列计划中的最后一个版本。Python 2.7 版本是 Python 的一个经典版本，很多早期使用 Python 的开发者至今仍然愿意继续使用这个版本来进行开发；另外一个使用 Python 2.x 版本的原因是之前很多第三方代码库也是为 Python 2.x 版本开发的，但随着为 Python 3.x 开发的代码库逐渐丰富，这个问题慢慢已经不再重要。Python 3.x 版本与 Python 2.x 版本相比有了比较明显的改进，写法更加规范，解决了很多遗留问题，最重要的是解决了 Python 2.x 版本中的编码问题，也就是中文的兼容问题被解决了。所以建议如果没有特殊情况，一定要使用 Python 3.x 系列的最新版本。有些操作系统（例如苹果计算机的 Mac OS 操作系统和一些 Linux 操作系统）已经预装了 Python 2.x 的版本，那么需要加装 Python 3.x 的最新版本。

下面将分操作系统介绍安装 Python 的过程。

2.1.1　Windows 操作系统下安装 Python

Windows 操作系统下一般没有预装 Python，因此需要先到 Python 的官方网站去下载 Python 的安装包。用网页浏览器打开 Python 的官网首页，如图 2.1 所示。

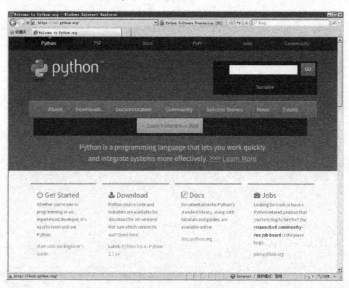

图 2.1　Python 官网首页

单击左上方导航栏中的"Downloads"（即下载）链接按钮，即可进入下载页面，如图 2.2 所示。

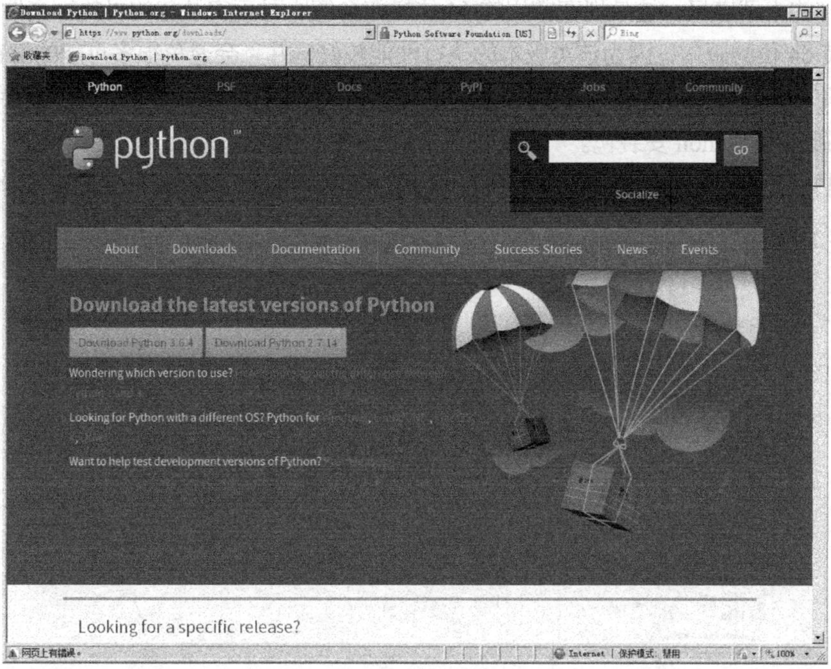

图 2.2　Python 官网下载页面

在下载页面中，可以看到两个明显的黄色按钮，分别是下载 Python 3.x 系列和 Python 2.x 系列的链接按钮，单击类似"Download Python 3.6.4"文字的按钮，即可进入下载 Python 3.x 版本的页面（见图 2.3）。注意由于 Python 的不断更新，版本号可能有所不同，一般选择最新的稳定版本下载即可，不推荐下载测试版本的 Python。

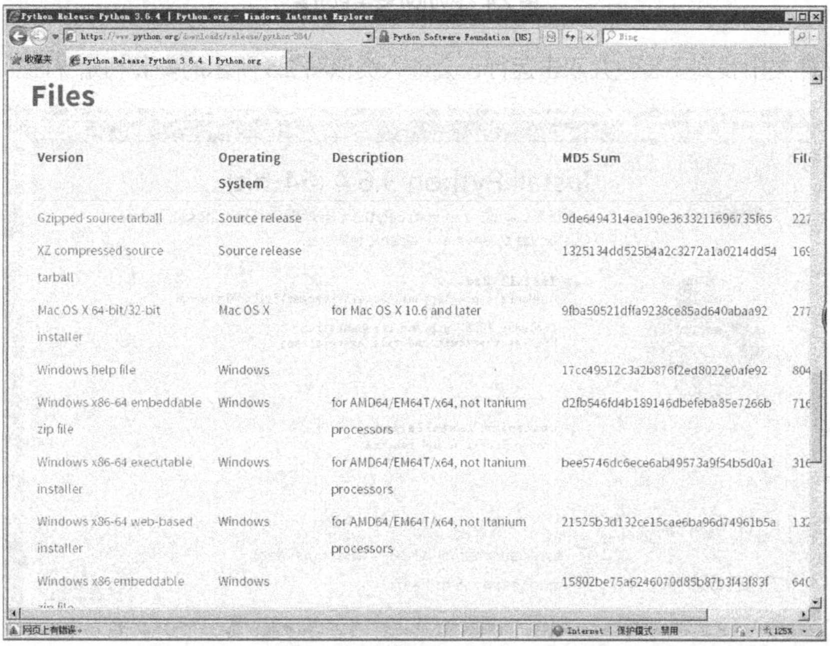

图 2.3　Python 官网下载页面中的文件列表

在图 2.3 所示的页面中，向下拖动滚动条找到文件列表中类似"Windows x86-64 executable installer"字样的下载链接，这是现在常用的 64 位操作系统所对应安装包的可执行文件的下载链接。强烈建议安装 64 位的版本，因为该类版本的执行性能较好，并且会避免很多可能的潜在问题。当然这要求计算机安装的 Windows 7/8/10 操作系统本身就是 64 位的。如果是 32 位的操作系统，那么只能下载 32 位版本的 Python 安装包。

单击刚才的下载链接，将安装包下载到本地计算机上，如图 2.4 所示。

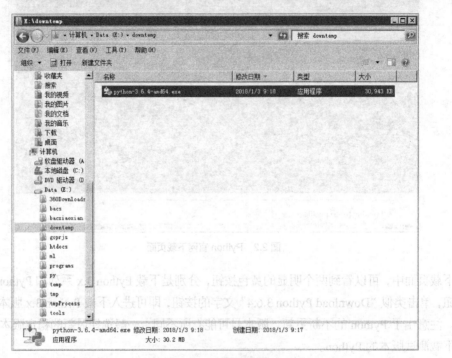

图 2.4　Python 安装包位置

在下载文件夹中找到安装包并双击运行，会进入类似图 2.5 所示的安装初始界面。

图 2.5　Python 安装初始界面

在图 2.5 所示的这个安装界面中，要注意把最下面的"Add Python 3.6 to PATH"选择框勾选上，这样才能确保以后用命令行方式运行 Python 程序时更方便。另外，Python 默认是安装到每个 Windows 用户的个人文件夹下，这样 Python 的安装路径会比较复杂，因此建议要选择安装到一个简单的文件夹下，例如 C 盘的 python 3。所以在这个页面中，要在上面两个选项中选择下方的"Customize installation"进行个性化安装，进入图 2.6 所示的页面。

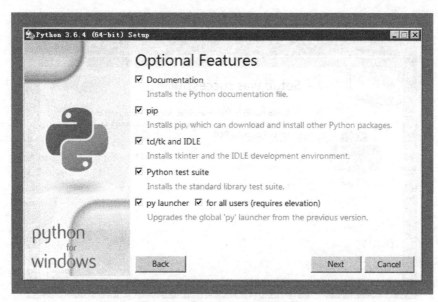

图 2.6　第二个 Python 安装选项界面

这里还没有设置安装的文件夹，只是一些选项，特别要注意"pip"前的选择框一定要勾选上，这是 Python 第三方代码库的安装工具，后面安装 TensorFlow 和其他一些依赖包都需要用到它。其他选项也可以都选上，然后单击"Next"按钮进入下一个页面，如图 2.7 所示。

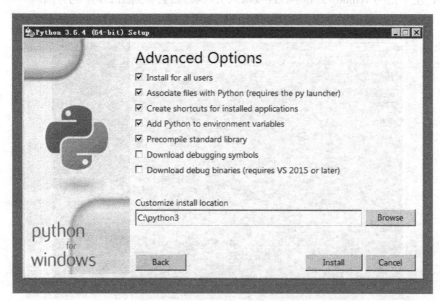

图 2.7　第三个 Python 安装选项界面

在这个页面中，在 Customize install location 下方的安装路径输入框中，建议将原来复杂的安装文件夹位置改为类似 "C:\python3" 这样的简单路径，这样设置便于以后寻找。上面的选项中，"Add Python to environment variables" 一定要勾选上，其他几个也建议都勾选上，然后单击 "Install" 按钮，就可以静等安装结束了。

当看到图 2.8 所示的界面出现，就表示安装已经成功了，此时单击 "Close" 按钮关闭安装程序即可。

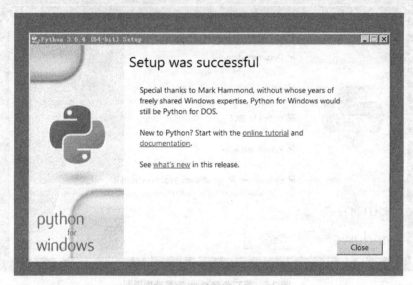

图 2.8　Python 安装成功提示界面

下面再验证安装情况。从 "开始" 菜单中选择 "附件" 中的 "命令提示符" 可以执行程序，也可以直接在单击 "开始" 菜单后出现的输入框中输入 "cmd" 或 "命令提示符"（在 Windows 10 中可以单击任务栏左下角的 Windows 图标后直接输入），执行后会看到图 2.9 中的界面。

图 2.9　启动 CMD 命令行终端界面

　　这就是历代 Windows 版本中都有的 CMD 命令行终端界面，现在中文 Windows 中叫"命令提示符"界面，我们在后面有时直接用 CMD 界面来代表它。在 CMD 界面中用键盘输入"python"，然后按 Enter 键执行命令，交互式命令行界面如图 2.10 所示。

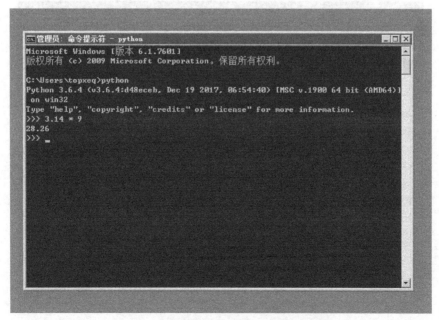

图 2.10　启动 Python 交互式命令行界面

　　可以看到，图 2.10 中会有 Python 语言的一些版本信息出现，并出现">>>"的命令提示符，这是 Python 的一个即时交互式命令行界面。这个界面能够出现，代表着 Python 已经顺利安装。我们可以在这个交互式界面中尝试随便输入一个算式，例如 3.14 * 9，按 Enter 键（后面将省略提示按 Enter 键这一步）后就可以看到 Python 对这个算式的计算结果，如图 2.11 所示。

图 2.11　在 Python 交互式命令行界面输入代码

在 Python 交互式命令行界面中，输入 quit()，即可退出并返回到 Windows 的命令提示符界面，如图 2.12 所示。

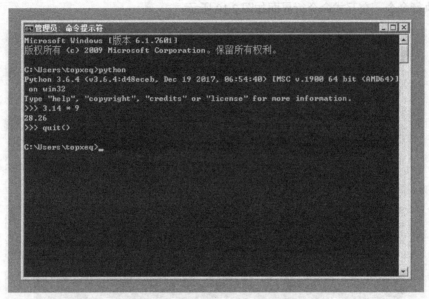

图 2.12　退出 Python 交互式命令行界面

下面我们再看一看如何执行 Python 程序。

打开 Windows 的"记事本"程序（也可以在"开始"菜单的"附件"中找到或在"开始"菜单中直接输入"记事本"），输入下面的代码：

```
print(3.14 * 8)
```

在"记事本"的"文件"菜单中选择"另存为"命令来进行保存，如图 2.13 所示。

图 2.13　用"记事本"保存文件时选择 UTF-8 编码

在接下来的界面中，选择保存到某个文件夹，例如桌面文件夹，文件名改成 test.py，注意 Python 程序文件都应该以 ".py" 作为文件后缀（也叫文件的扩展名），这样 Python 程序才能识别；最后要特别注意的是文件的编码一定要选择 "UTF-8"，因为 Python 3.x 系列默认是支持国际字符集 Unicode 的，而 UTF-8 是 Unicode 中最常用的一种文件编码格式，不仅支持中文编码，对其他各种国际字符集也支持得很好。用菜单中的 "另存为" 命令来保存的原因还在于，Windows 的 "记事本" 默认是用系统编码（在中文 Windows 下一般是 GB2312 编码，在 "编码" 下拉框中会显示为 "ANSI"）来保存的，这样会给后面带来潜在的各种编码问题，所以一定要记住用 UTF-8 编码来保存 Python 的程序文件。

各个选项选择好后，就可以单击 "保存" 按钮来保存程序文件了。保存后，打开桌面文件夹，就可以看到有一个命名为 "test.py" 的文件在里面了，直接在桌面上也可以看到这个文件的图标，如图 2.14 所示。

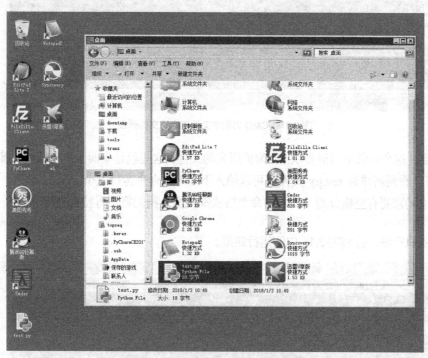

图 2.14　保存文件后的结果示意图

打开命令提示符界面，命令提示符默认会将工作目录设置为正在使用 Windows 的用户的个人文件夹下，此时直接输入下面的命令就可以进入用户桌面目录（注意，计算机中一般 "目录" 和 "文件夹" 是同一个概念。在开发中，有些人习惯使用 "目录"（directory）这个词，本书在后面也将大量使用 "目录" 的说法）。

```
cd Desktop
```

cd 是 "change directory" 的意思，也就是改变当前的工作目录，注意命令和目录名的大小写。按 Enter 键后即可看到图 2.15 的界面，已经处于用户的桌面目录下了，可以输入 "dir" 命令查看这个目录下的所有文件。命令提示光标 "_" 前面一般就是所处的工作目录的完整路径，例如图 2.15 所示的 C:\Users\topxeq\Desktop，这是 Windows 对路径的表达方式，代表在硬盘 C 盘中的用户目录下的 topxeq 这个用户的桌面文件夹。

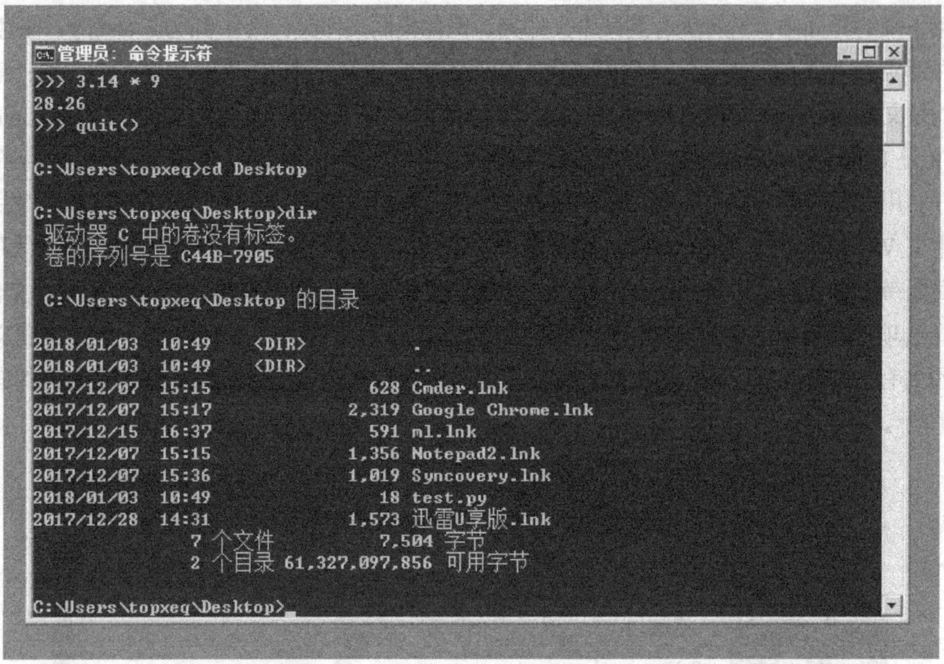

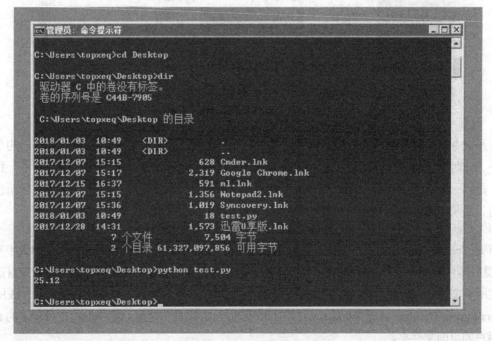

图 2.15 CMD 界面中文件夹中的文件列表

可以看到，这个目录下有很多以.lnk 为扩展名的文件，这些就是桌面上各个软件快捷方式的"真身"，另外可以看到新建的 test.py 文件。可以输入下面的命令来运行这个 Python 程序，注意命令和后面的参数之间需要有空格分割（后面的命令格式都类似，我们将不再特别提醒）。

```
python test.py
```

上述命令执行后，得到图 2.16 中的运行结果。

图 2.16 Python 程序的运行结果

可以看到，我们刚才写的程序已经被执行了，即 Python 已经把要计算的 3.14 乘以 8 这个算式计算出来，并将结果输出到命令行界面上了。本书后面的 Python 程序执行，大部分会用到这样的命令行执行方式。

再看一看刚刚执行的代码。

```
print(3.14 * 8)
```

其中，"*"在计算机中被用来代替一般的乘号"×"以免和英语的 x 字母混淆，"print"则是 Python 常用的一个功能函数（计算机语言中，常用"函数"来代表执行一段程序的代码，与数学中函数的概念不完全一样，有时候也叫"方法"），函数后面需用小括号来把函数需要执行的参数括起来，即使不需要任何参数的函数，也需要跟着一对小括号。print 函数的作用是，把后面的参数值输出到命令行界面上，如果参数是一个表达式，会先计算后把结果输出。

至此为止，Windows 操作系统下 Python 的安装已经顺利完成，接下来可以进行下一步 TensorFlow 的安装了。

2.1.2　Mac OS X 操作系统下安装 Python

Mac OS X 操作系统下一般已经预装了 Python 2.x 的版本，需要安装 Python 3.x 的版本。与 Windows 操作系统下的安装类似，直接去 Python 的官网下载页面中选择对应 Mac OS X 的版本（见图 2.17），下载并安装即可。

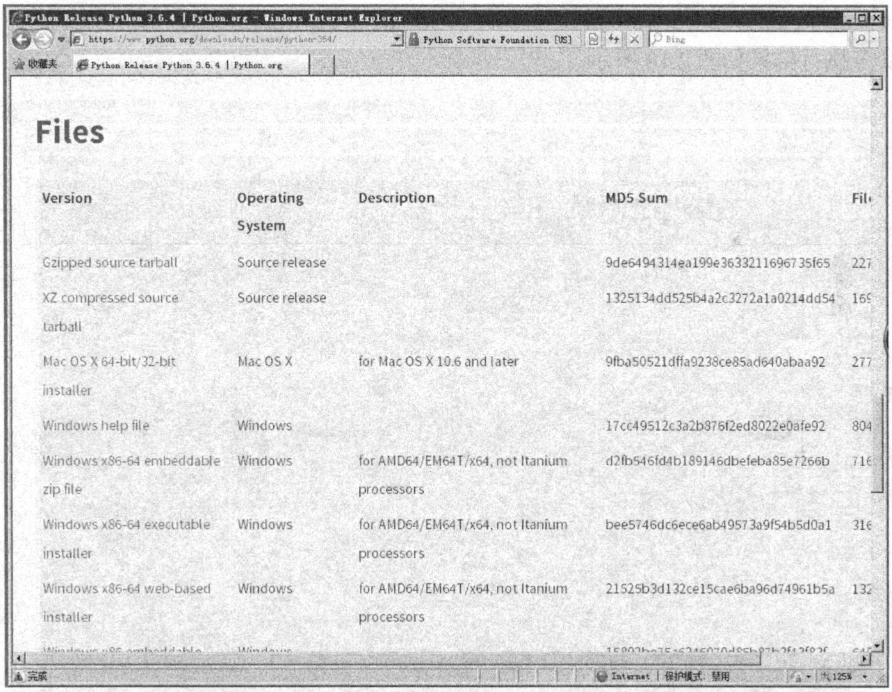

图 2.17　Python 官网下载页面中对应 Mac 操作系统的安装包

需要注意的是，由于 Mac OS X 操作系统一般预装了 Python 的 2.x 版本，所以在命令行终端界面中直接输入"python"来执行时，默认启动的是 2.x 版本。需要用"python 3"命令来执行 3.x 版本的 Python 程序。

2.1.3　Linux 操作系统下安装 Python

Linux 操作系统下安装 Python 比较简单，直接用包管理工具来安装即可。

在 Ubuntu 等 Debian 系列的 Linux 操作系统中，直接用 apt 管理工具安装，输入命令：

```
apt install python3
```

在 CentOS 系统中，需输入命令：

```
yum install python3
```

注意，使用 apt 或 yum 安装第三方包时，有可能需要 root 权限，需要用 sudo 命令来执行。例如：

```
sudo apt install python3
```

另外要注意，与 Mac OS X 操作系统一样，如果原来安装过 Python 2.x 的版本，执行 Python 程序时可能需要用 python 3 来执行。

2.2　安装 TensorFlow

安装好 Python 后，就可以用附带安装的 Python 第三方包安装工具 pip 来安装 TensorFlow 了，注意有些环境下需要运行 pip3 才能启动 pip 对应 python 3.x 的版本。另外，因为 Windows、Mac OS X、Linux 操作系统下命令行模式的操作都基本一致，所以本书后面不再按操作系统分别介绍操作。

在安装 TensorFlow 前，可以先确认 pip 的版本是否为最新，用下面的命令可以查看 pip 的版本。

```
pip --version
```

上述命令执行结果如图 2.18 所示。

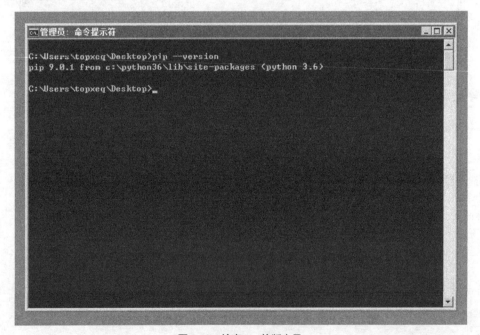

图 2.18　检查 pip 的版本号

可以看到 pip 的版本为 9.0.1，可以用 pip install pip --upgrade 这个命令来升级 pip 自身到最新版本，如图 2.19 所示。

图 2.19 更新 pip 的结果

出现图 2.19 中的提示信息，说明 pip 已经是最新版本，可以用 pip install tensorflow 命令来安装 TensorFlow 了，注意 tensorflow 全小写就可以。如图 2.20 所示，pip 会安装最新的 TensorFlow 版本和它所需要的所有的依赖包，例如用于科学计算的 numpy 和用于参数编码传递 protobuf 等。当出现"Successfully installed tensorflow-1.4.0"的字样时，就表明已经成功安装 TensorFlow。注意最新的版本号随着 TensorFlow 的不断更新可能会有所不同，安装最新版本的即可，本书后续将不再特别说明，目前 TensorFlow 最新的版本是 1.12，与 1.4 版、1.5 版没有大的区别。

图 2.20 TensorFlow 安装结果

下面来验证安装情况。输入 Python 命令进入 Python 交互式命令行界面，然后输入 import tensorflow 命令，再输入 print(tensorflow.__version__)命令（注意 version 前后分别是两个下画线字符），如果出现类似图 2.21 中的输出，就代表 TensorFlow 完全安装成功了。

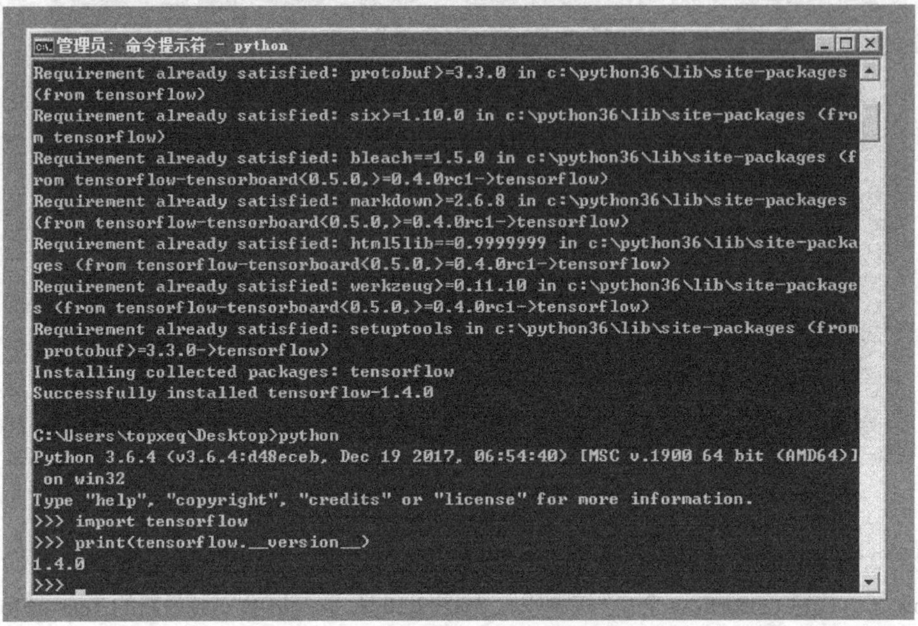

图 2.21　CMD 界面中 TensorFlow 程序执行结果

如果后面在运行 TensorFlow 程序时，出现"ImportError: DLL load failed: 找不到指定的模块"的错误提示，那么表示需要安装"Microsoft Visual C++ 2015 Redistributable"，请自行搜索下载安装即可。

其中，输出的 1.4.0 是代表所安装的 Tensorflow 的版本。

到这里为止，Tensorflow 所需的基本环境就都已经安装完毕了。但基本的环境使用起来不是很方便，为了打造更高效的开发环境，我们建议安装一些更便捷的工具。下面将逐个介绍这些工具的安装。

2.3　打造更舒适的开发环境

前面已经介绍了如何安装 TensorFlow 开发的基本环境，但如果就这样进行开发，会有很多不便之处，尤其是对于需要进行大量开发和研究的人，夸张一点来说，这样的环境无异于刀耕火种。本节我们就看看如何来通过安装一些工具和修改一些设置来改善开发环境。本书中基于 Windows 7 操作系统的界面做讲解，Windows 8 和 Windows 10 操作系统中的界面也大同小异。另外，注意本书中介绍的工具和所有代码一般均可以到人邮教育社区（www.ryjiaoyu.com）下载对应的压缩包来获取。

2.3.1　修改 Windows 资源管理器的一些显示设置

在 Windows 操作系统下我们单击任何一个文件夹，打开的其实都是 Windows 资源管理器的界面，我们需要做一些设置，让它更符合开发的习惯。

首先如图 2.22 所示，单击资源管理器左上方的"组织"下拉按钮，选择"文件夹和搜索选项"命令。

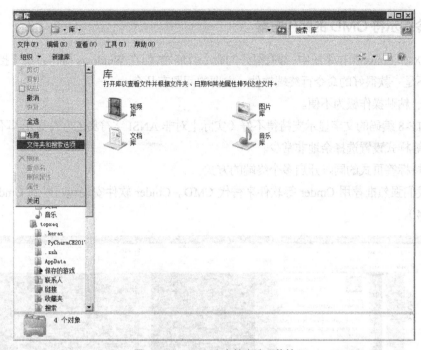

图 2.22　Windows 文件夹选项菜单

在如图 2.23 所示的界面中，切换到"查看"选项卡，将其中的"隐藏已知文件类型的扩展名"前的复选框设置成不选中。

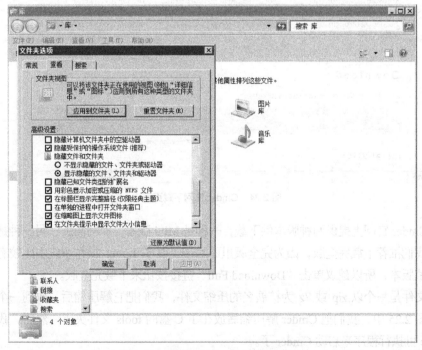

图 2.23　修改 Windows 文件夹显示选项

这样我们就能清楚地看到一些文件的扩展名，例如 Python 文件 test.py 文件名后面的 ".py" 部分。

2.3.2 命令提示符 CMD 的替代方案

Mac OS X 和 Linux 操作系统中，都有很好的命令行终端，但在 Windows 操作系统下提供的 CMD，一直以来就不是一款很好的命令行终端软件，主要的问题有几个。

- 复制、粘贴操作极为不便。
- 对 UTF-8 编码的文字显示支持得不好（实际上对非 ANSI 字符集的字符显示都不好）。
- 字体等样式设置选择余地非常少。
- 不支持标签页式的同时开启多个终端的方式。

因此，我们强烈推荐用 Cmder 等软件来替代 CMD。Cmder 软件安装包可以到 Cmder 官网上下载（见图 2.24）。

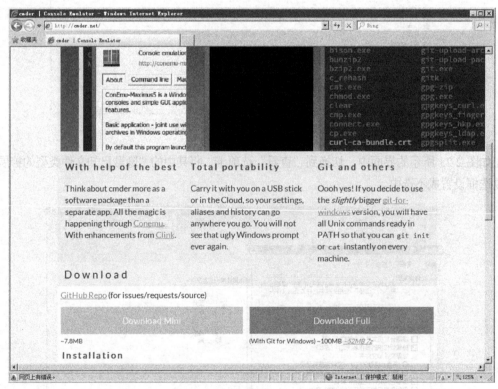

图 2.24　Cmder 官网下载页面

注意，Cmder 官网上提供两种版本供下载，一种是 Mini 版本，即精简版；另一种是 Full 版本，即完全版。我们推荐下载完全版，因为完全版里面附带了很多 Linux 操作系统中比较有用的命令的 Windows 移植版本，所以建议单击 "Download Full" 链接按钮来下载完全版。

下载的文件是一个以.zip 或.7z 为扩展名的压缩文件，我们把它解压缩后，放到一个常用的文件夹下，例如图 2.25 中，我们把 Cmder 解压缩后放在了 C 盘的 tools 文件夹下。然后，我们就可以双击 Cmder.exe 可执行程序来启动 Cmder 了。

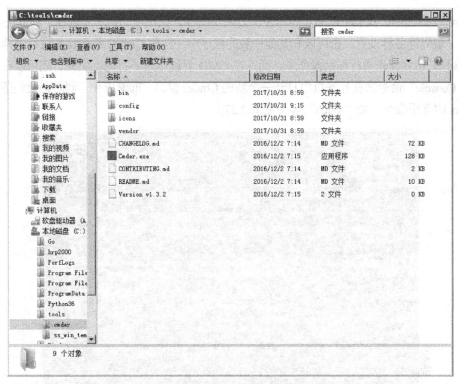

图 2.25　Cmder 安装包解压后文件夹内容

　　启动 Cmder 后，可以看到如图 2.26 一样，已经有一个半透明的 Cmder 界面出现了。我们可以在任务栏中用鼠标右键单击 Cmder 的图标，选择"将此程序锁定到任务栏"命令，这样以后就可以在任务栏中直接单击它的图标来启动了。

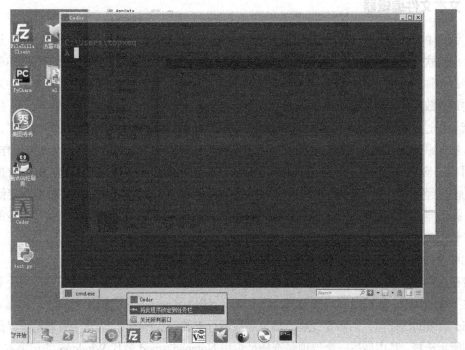

图 2.26　Cmder 界面

　　在 Cmder 界面中，我们可以单击窗口左上方的小图标，在出现的菜单中选择"Settings"命令来进行字体、编码等各种设置。也可以和其他一般的程序中一样用 Ctrl+C 组合键来进行选择文本的复制，用 Ctrl+V 组合键来进行粘贴操作了，而这在 CMD 界面中是不行的。另外，还可以在菜单中选择"New Console"命令来在标签页中打开一个新的 Cmder 窗口，非常方便。同时，我们还可以使用一些 Linux 的常用命令，如"touch"等（见图 2.27）。

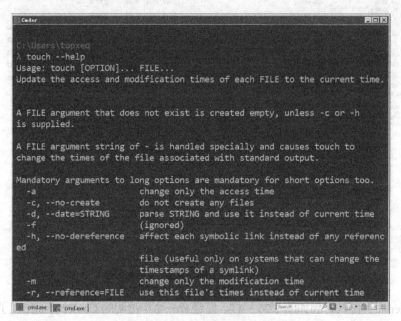

图 2.27　在 Cmder 界面中执行 Linux 命令

2.3.3　文本文件编辑器

　　我们编写 Python 程序，前面的例子中直接使用了 Windows 操作系统中的"记事本"，这是一款文本文件编辑软件。我们后面将介绍使用更适合编写 Python 程序的软件，但有时编写简单的程序或者对程序做少许修改时，也可以用文本编辑软件来做。另外，我们也会经常用到文本文件来存储神经网络的训练数据。这时候，拥有一款功能完善的文本编辑软件会大大提高工作效率，而"记事本"的功能就显得过于薄弱了。所以我们建议使用一些专业的文本编辑软件来替代"记事本"，例如在 Windows 操作系统上，我们推荐一款简单易用的免费软件 Notepad2-mod；在 Mac OS X 操作系统上，推荐使用 Mac 应用商店中的免费软件 TextWrangler，这是一款强大的文本编辑软件 BBEdit 的免费版本，但功能已经足够，甚至超越了很多专业的收费软件；在 Linux 操作系统上，推荐直接使用 Vim 或 GVim 编辑器。下面以 Windows 操作系统下的 Notepad2-mod 为例介绍为什么要使用专业的文本编辑软件来替代该操作系统自带的编辑器。

　　我们可以去 Notepad2mod 官网下载它的最新版本，如图 2.28 所示。

　　直接在官网首页右侧找到下载安装包的链接（"Download Installer"字样），单击即可下载。如果遇到无法下载的情况，还可以到人邮教育社区（www.ryjiaoyu.com）下载本书对应的压缩包。下载后，如果是 .zip 后缀的压缩包，则需要先解压缩，然后运行安装包。在图 2.29 这个安装选项界面中，建议按截图所示选择，其中最后一个选项是选择是否用 Notepad2-mod 替代 Windows 的记事本，可以根据自己的需要决定是否勾选。选择好选项后，单击"Install"按钮即可一路完成安装。

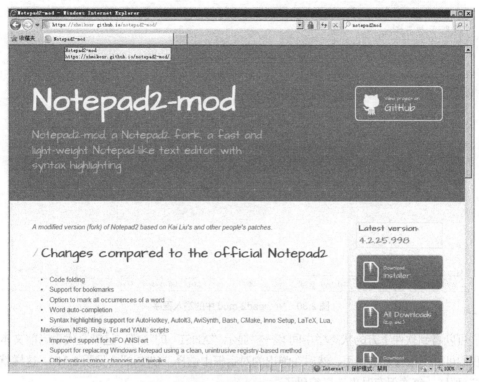

图 2.28　Notepad2-mod 官网

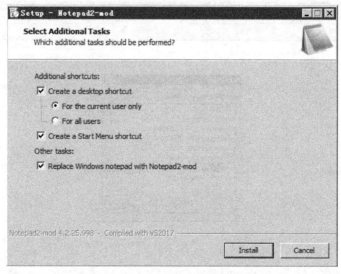

图 2.29　Notepad2-mod 安装选项界面

安装完毕后，我们单击桌面上的 Notepad2-mod 图标或者从"开始"菜单中找到 Notepad2-mod 软件单击运行后，就可以看到类似"记事本"的文本编辑窗口，尝试在其中输入下面这行代码。

```
print(18 + 19)
```

输入后，应该得到图 2.30 中的界面。

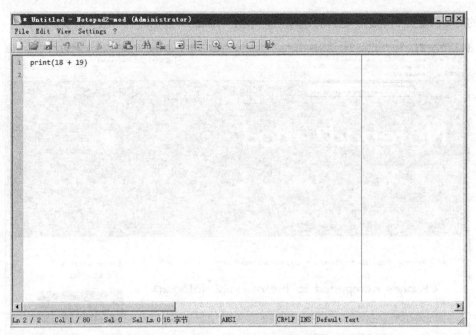

图 2.30　Notepad2-mod 中的输入程序

　　我们可以看到软件下方的状态栏中间有一栏显示"ANSI"的字样，这就是代表当前文本文件的编码。我们可以用鼠标双击这里，然后在弹出的对话框中选择"UTF-8"（见图 2.31），这样就不用像"记事本"那样，每次保存时再选择编码了。

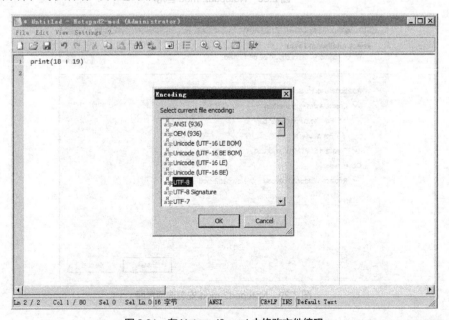

图 2.31　在 Notepad2-mod 中修改文件编码

　　我们选择保存文件，例如保存到桌面上命名为 test1.py，并像以前的例子那样在命令行界面中执行这个 Python 程序，只不过记得用 Cmder 界面代替 Windows 的 CMD 界面，得到如图 2.32 一样的结果。

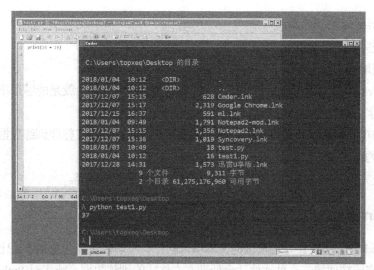

图 2.32　在 Cmder 中执行程序

刚才我们改变文件编码的方式，只能改变当时正在编辑的文件的编码，由于我们后面所有的 Python 程序和训练数据文本文件都要求是 UTF-8 格式，所以我们需要把 Notepad2-mod 默认的文件编码从 ANSI 改成 UTF-8，这样就不用每一次都设置一下了。在 Notepad2-mod 的 "File" 菜单中，找到 "Encoding" 设置编码的子菜单，然后如图 2.33 所示，选择 "Default" 命令就可以选择默认的文本编码了，这里我们要选择 "UTF-8" 命令。

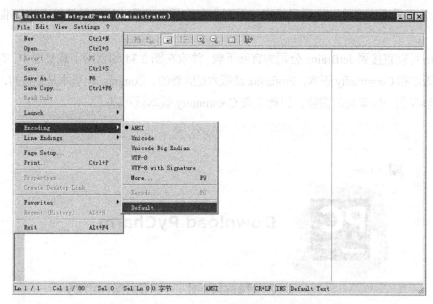

图 2.33　Notepad2-mod 修改默认文件编码菜单

为了方便，我们还可以在 "View" 菜单中把 "Word Wrap" 即自动折行的选项勾选上，然后在 "Default Font" 中选择好自己喜欢的默认字体，最后在 "Settings" 菜单中选择 "Save Settings Now" 命令把这些设置保存下来，以后就再也不用每次都设置这些选项了。

与 "记事本" 相比，Notepad2-mod 这类专业的文本编辑软件有下面这些增强功能是在程序开发中比较实用的。

- 能够显示每一行文字的行号。
- 具备比较完善的自动折行功能。
- 支持方便地对文本的编码进行转换。
- 具备对 Python 语言（也包括其他语言）的语法高亮显示功能，就是能够用不同颜色区别程序中不同类型的文字、数字等。
- 支持使用正则表达式来进行高级的文本查找和替换，这一点在整理训练数据或者结果数据的时候是非常有用的。
- 具备比较完善的文本样式设置功能，如对字体、颜色的调整等。

2.3.4　Python 语言专用的开发工具

Notepad2-mod 这一类软件是轻量级的文本编辑软件。所谓轻量级，是指软件比较小、运行速度比较快，使用起来比较便捷。这种软件适合处理文本格式的训练数据，或者对 Python 程序文件（其实也是文本文件）做一些简单的修改。但对于经常性的开发和较大的程序来说，是不太够用的。我们做 Python 程序开发一般要使用专业的开发工具，这类专用于某个计算机语言的工具叫作集成开发环境（Integrated Development Environment，IDE），IDE 最主要的功能是提供一个编写程序、调试程序的一站式开发环境。

Python 语言的集成开发环境有很多，但综合来说，JetBrains 公司提供的 PyCharm 无疑是其中的佼佼者，这也是我们推荐的开发工具。JetBrains 公司最早是由于推出 IntelliJ IDEA 这款大受好评的 Java 语言开发工具而出名的，之后又推出一系列语言的开发工具，始终保持较高的水准，PyCharm 也是其中之一。

PyCharm 可以直接到 JetBrains 公司的官网下载。注意在图 2.34 的官网下载页面中，有两个版本：Professional 版本和 Community 版本，Professional 版本是收费的，Community 版本是免费的，Community 版本已经足够我们一般开发的需要，因此下载 Community 版本就可以了。

图 2.34　PyCharm 官网下载页面

下载安装时，注意图 2.35 中的设置要勾选上 "Download and install JRE x86 by JetBrains" 复选框，以确保在安装过程中装上 PyCharm 需要的 Java 运行环境。

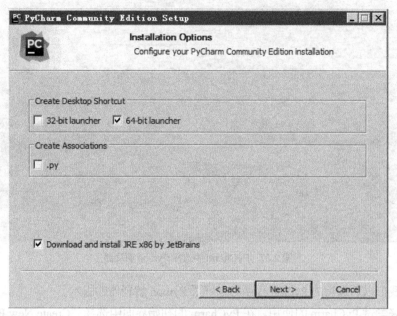

图 2.35　PyCharm 安装时选择安装 JRE

PyCharm 安装完成后，运行时要在图 2.36 的界面中右下角的 Configure 下拉菜单中找到 Settings 进行一些基本设置。

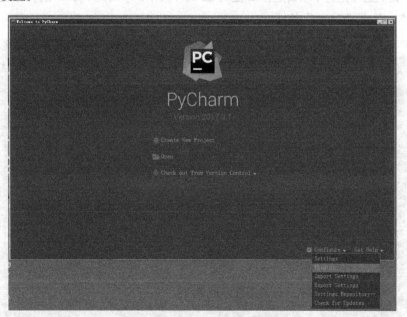

图 2.36　PyCharm 软件初始界面

最主要的是要在设置页面左侧导航栏中找到并单击 "Project Interpreter" 一项，然后在右侧详细设置中的 "Project Interpreter" 下拉项中选择我们安装的 Python 3.x 的相应版本，如图 2.37 所示。

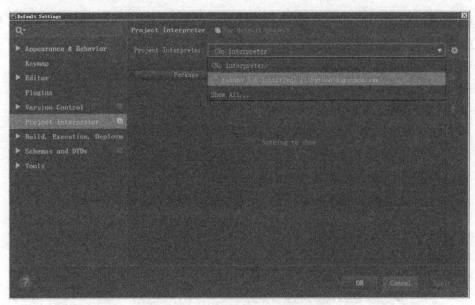

图 2.37　PyCharm 中选择 Python 解释器

这样就为我们以后编写的 Python 程序指定好了 Python 解释器的版本。

下面我们来尝试 PyCharm 的使用。在 PyCharm 的初始界面中选择"Create New Project"来创建一个开发工程项目（所谓的开发工程项目，可以简单理解成为了完成一个目标而编写的所有程序，而 IDE 会提供管理这些工程项目的功能），这个项目也会被保存到以后存放所有实例代码的位置。如图 2.38 所示，我们选择把这个项目建在 C 盘的 ml 文件夹下，项目的 Python 解释器选用已经安装的 Python 3.6 版本，单击"Create"按钮。

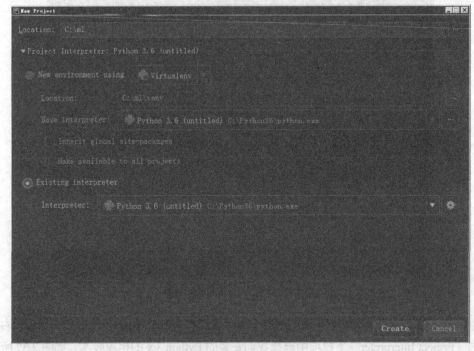

图 2.38　PyCharm 新建工程项目

创建项目后，就会切换到项目管理的页面，如图 2.39 所示。

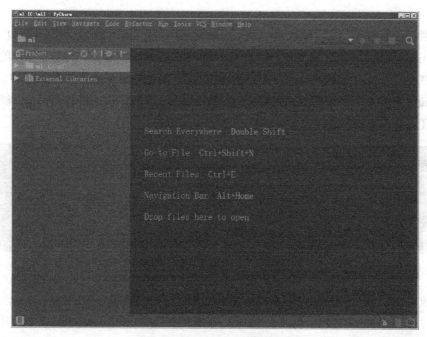

图 2.39　PyCharm 项目管理界面

这里可以看到，界面左侧是一个导航栏，ml 文件夹就是我们的项目文件以后要存放的位置。用右键单击 ml 文件夹，可以新建一个 Python 程序文件，如图 2.40 所示。

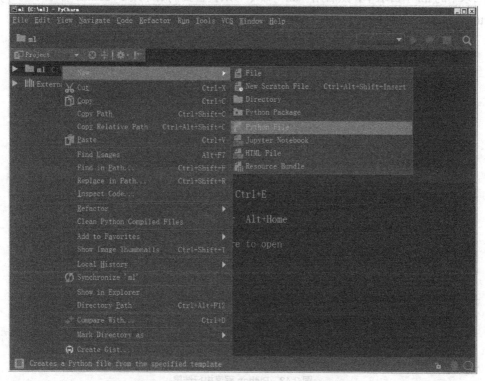

图 2.40　在 PyCharm 中新建 Python 程序文件

我们也将其命名为 test.py，如图 2.41 所示。".py"可以不用输入，PyCharm 会自动为文件加上后缀名。

新建文件后，在右侧的文件编辑框中就可以编辑文件内容了。我们可以如图 2.41 中一样输入 print(16 * 21)这行代码，注意在输入括号的时候，会弹出提示框，这就是对编程很有用的代码提示功能，像这里就给出了 print 函数的参数应该怎么写的提示；而在编写 print 代码的过程中，随着我们的输入，PyCharm 也会提示有哪些与输入有关的函数可以用。丰富、完善的代码提示功能也是我们选用专业开发工具的最主要原因之一。

图 2.41　PyCharm 中输入程序

保存该文件后，可以在 Cmder 界面中尝试运行该程序文件。注意，一般改变工作目录是使用"cd"命令，例如"cd \Users\abc"，路径前面类似"C:"这样的硬盘符号（简称盘符）可以不用输入，而且如果要改变所处的硬盘，需要直接使用"C:"这样的命令，直接用"cd C:\Users"这样的命令是无法从另一个硬盘切换到 C 盘上来的。由图 2.42 可以看到，一开始的工作目录在 E 盘，我们使用"c:"命令（注意盘符的大小写无所谓）先把工作目录切换到 C 盘，再用"cd \ml"命令把工作目录切换到 C 盘根目录下的 ml 子目录下，然后用"dir"命令可以查看我们刚才用 PyCharm 编写的 test.py 程序，用"python test.py"命令来执行程序，便得到了期待的计算结果。

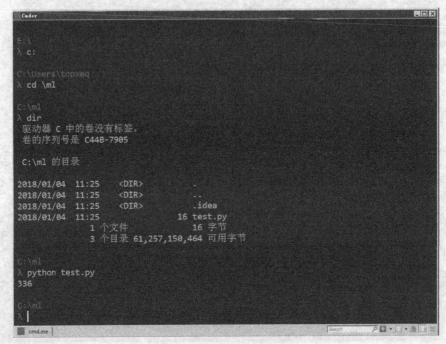

图 2.42　Python 程序执行结果

至此，我们的开发环境就基本安装完毕了。熟悉编程开发者可以直接看下一章的内容；如果为不了解编程者，建议看看下一节，这样即使不学编程，也可以大致看懂本书中的代码内容，以便继续了解一些深度学习的思路。

2.4　知识背景准备

本节的内容主要是面向不准备学习编程开发而又想了解深度学习的人，或者希望快速学习编写 Python 简单程序的人。一般来说，理解了本节的知识，至少可以看懂本书后面的所有例子，如果喜欢动手，也可以自己简单编写一些 Python 程序。当然，还可以运用深度学习的方法解决一些简单问题。

2.4.1　怎样输入 Python 程序

前面在介绍安装 Python 的时候，已经介绍过如何用 Notepad2-mod 这样的文本文件编辑软件来输入和保存 Python 程序，也介绍了如何用 PyCharm 这样的专业编程工具来输入和保存 Python 程序，后面我们还是主要用这两种方法来输入程序。需要特别注意的是，一定要用 UTF-8 编码来保存 Python 程序，这在 PyCharm 中是默认的文件编码，也就是说不需要每次手动设置，而在 Notepad2-mod 中前面已经介绍过如何把文件的默认编码设置成为 UTF-8。另外，注意保存的时候要记得自己保存文件的位置，由于我们后面都要用命令行的形式来执行程序，而命令行中输入带有空格的文件夹名（目录名）不太方便，所以建议保存的文件夹都用不带空格的英文或数字命名。最后，注意所有程序中用到的标点符号如无特殊情况，都是英文的标点，误输了中文标点会导致程序运行错误。

2.4.2　怎样执行 Python 程序

前面安装 Python 的介绍中，也介绍了如何启动命令行界面来执行 Python 程序，后面也会继续用这种方法来执行 Python 程序。我们一般会说"用命令行执行这个程序"，其实指的是下面几个步骤。

- 用 Notepad2-mod 或 PyCharm 保存 Python 程序文件并记住保存的目录位置。
- 启动命令行界面，无论是 Cmder 界面还是 CMD 界面均可。
- 如果需要的话，用"c:"或"d:"命令把工作硬盘切换到 C 盘或 D 盘等。
- 用"cd \ml"或"cd \Users\abc\Desktop"等命令把工作目录切换到前面保存 Python 程序文件的文件夹。
- 可以用"dir"命令来查看文件夹下的文件列表以确认程序文件是否存在。
- 用类似"python test.py"这样的命令来执行 Python 文件。

那么，我们后面如果说"print(1+2+3) 这段代码执行的结果应该是 6"，其实指的是下面几个步骤。

- 用 Notepad2-mod 或 PyCharm 输入 print(1+2+3)这段代码并保存为任意一个由自己命名的程序文件。
- 用命令行方式执行这个 Python 程序。
- 查看命令行界面中程序的输出结果，与我们预期的结果做对比。

有时候我们要简单测试一两行程序，也可以启动 Python 的交互式命令行界面，然后直接一行一行输入代码就可以执行。启动 Python 交互式命令行界面的方法是在命令行界面中，直接执行命令"python"即可。退出 Python 交互式命令行界面的方法是在其中输入"quit()"命令。所以对于后面简单的例子，我们可以自行选择用保存文件并执行的方式还是用交互式命令行界面中执行的方式来运行。为了方便叙述，我们后面对于一些简单的代码及其运行结果，有时候也会使用类似下面这样直接截取在 Python 交互式命令行界面中逐行输入代码并获得执行结果的方式来展示。

```
>>> a = 16
>>> b = 18.9
>>> print(a)
16
>>> print(b)
18.9
>>>
```

其中开头带提示符">>>"的行是我们输入的代码，没有">>>"开头的行代表是上一条程序执行的结果输出，很好辨认。注意有一些语句执行后是没有输出的，例如 a＝16 这条语句就没有输出。

知道了怎样输入 Python 程序和怎样执行 Python 程序并查看结果，我们下面来看看编写 Python 程序所需要的一些基础知识。

2.4.3 变量

编程中最常用到的概念之一就是变量（variable），由于其存放的内容可以随时改变，所以将其称为"变量"。变量中存放的内容一般有 3 种：整数、小数和文字。往变量中存内容的过程叫作"给变量赋值"，常见写法如下：

```
a = 19
```

上面这条程序语句（编程中，一般把每一行称为一条语句或一句话，当然也有一行中写多条语句或者一条语句写了几行的情况。注意，自动折行的行还算一行）的意思是，把 19 这个数字存进 a 变量中。注意，这里的等号"="和数学方程式中的等号意思完全不同，数学上的"="意思是等号两边的数值是相等的，而编程中的"="则代表把等号右边的数字存到等号左边的变量中，类似于数学证明过程中"令 a 等于 19"这种说法，所以在编程中也经常说"让 a 等于 19"。我们来看看下面的代码与数学意义的区别：

```
a = 19
a = a + 1
print(a)
```

上述这两行代码执行的结果是：变量 a 中变成了 20 这个数。因为我们介绍过变量中存放的内容是可以变的，一开始我们"让 a 等于 19"，然后第二行程序又"让 a 等于 a+1"，这时候其实是把 a 当时的值加上 1 再存放到 a 中，那么这时 a 中的值实际上就变成了 20。在这个例子中，我们也可以看到，给变量赋的值可以是单纯的数字，也可以是一个表达式。如果是表达式，程序执行时会自动把这个表达式计算后的结果赋值给等号左边的变量。

如果我们输入下面代码：

```
b = 9.18
```

那么就表示把 9.18 这个小数存到命名为 b 的变量中。刚才介绍过，Python 中的变量赋值是区分类型的，主要有整数、小数和文字 3 种。在这里，我们给 b 变量赋值时输入了一个小数，Python 会自动根据给变量赋的值来确定变量的类型。

如图 2.43 所示，我们在 Python 的交互式命令行界面中，输入了上面给 a 和 b 赋值的两行代码，又用 type(a) 来查看变量 a 的类型，发现其是 "int" 类型，int 即 integer（整数）的简写。而用 type(b) 查看则发现变量 b 是 "float" 类型，float 就是计算机中对小数的叫法，由于计算机中一般是通过小数的小数点 "浮动" 来获得更大的数值范围，因此一般叫作 "浮点数"。然后我们又定义了一个变量 c，让它等于 a+b，查看变量 c 的类型发现也是浮点数，用 print 函数来输出 c 的值，看到 c 中存储的是 28.18 这个浮点数，也就是 a 与 b 的和，与我们的预期相同。

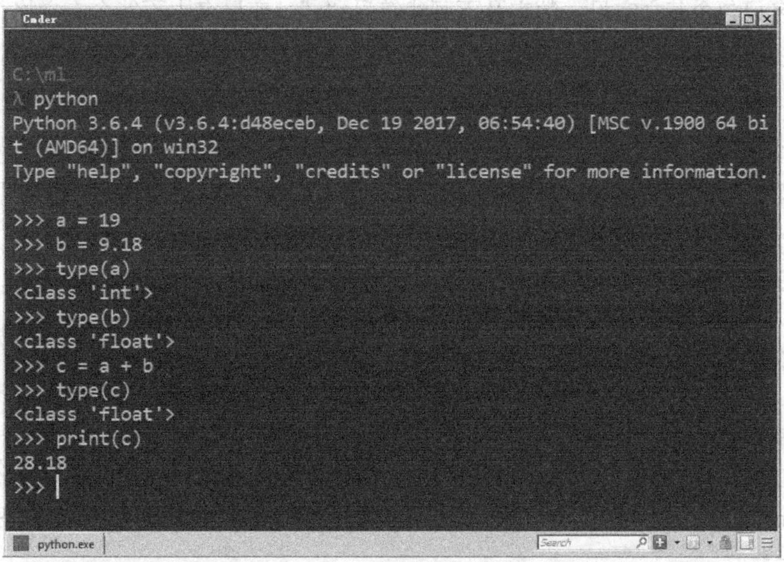

```
Cmder                                              _ □ X
C:\ml
λ python
Python 3.6.4 (v3.6.4:d48eceb, Dec 19 2017, 06:54:40) [MSC v.1900 64 bi
t (AMD64)] on win32
Type "help", "copyright", "credits" or "license" for more information.

>>> a = 19
>>> b = 9.18
>>> type(a)
<class 'int'>
>>> type(b)
<class 'float'>
>>> c = a + b
>>> type(c)
<class 'float'>
>>> print(c)
28.18
>>>

python.exe                              Search
```

图 2.43　赋值语句执行结果

我们再看图 2.44 中的一段代码。

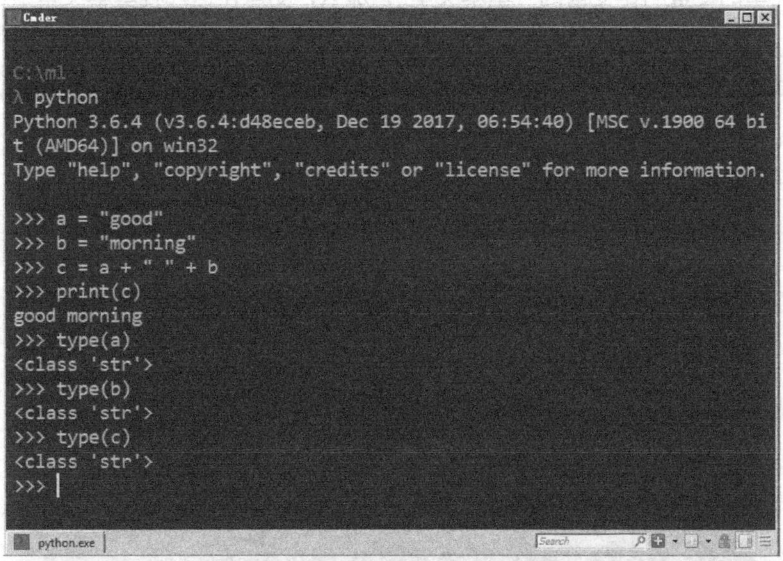

```
Cmder                                              _ □ X
C:\ml
λ python
Python 3.6.4 (v3.6.4:d48eceb, Dec 19 2017, 06:54:40) [MSC v.1900 64 bi
t (AMD64)] on win32
Type "help", "copyright", "credits" or "license" for more information.

>>> a = "good"
>>> b = "morning"
>>> c = a + " " + b
>>> print(c)
good morning
>>> type(a)
<class 'str'>
>>> type(b)
<class 'str'>
>>> type(c)
<class 'str'>
>>>

python.exe                              Search
```

图 2.44　字符串变量赋值执行结果截图

这次我们给变量 a 赋值的是一段带双引号的文字，这就是 Python 语言中的文字变量。在编程中，我们一般把文字叫作字符串（string），形象地理解就是 "一串字符"，这里我们可以看到用 type 函数来查看变量 a、b、c 的类型发现都是 "str" 类型，也就是 string 的简写。而字符串也可以用加号来 "相加"，但是和数字相加不同，字符串的相加其实是把几个字符串连起来，所以我们用 print 函数来查看变量 c 的值时，得到的输出结果是 "good"、"morning" 和它们之间的一个空格连起来的 "good morning"。注意给字符串类型的变量赋值时，都要在字符串前后加上双引号，否则计算机无法判断是变量的名字还是一个字符串。如果字符串中本身含有双引号，要在这个双引号前加上一个反斜杠 "\" 来避免混淆。

接下来，介绍给变量取名的问题。变量的名称应该都是由英文字母开头的，并且为了避免混淆，建议整个变量名只包含英文字母、数字及下画线符号 "_"。变量名中不能含有空格，如果需要表达分隔之意，可以用下画线符号 "_" 来代替。下面几个变量名的书写是正确的。

```
x
myFirstName
plan_for_2017
```

注意其中第二行的写法也是一种常见的变量命名方式，即在一个变量名中含有几个单词时，可以不使用下画线来分隔，而使用英文字母大小写的变化来表示单词间的分界。

下面几个变量名是不正确的。

```
12                  （变量名不能用数字开头）
codeName 张三        （变量名不能含有中文）
a#6                 （变量名不能含有大多数英文字符和数字之外的特殊字符，建议最多只用下画线 "_"）
this red apple      （变量名字中不能有空格）
```

需要注意的是，系统中对变量名的大小写是 "敏感" 的，就是说以相同字母命名变量但大小写不同时，Python 会认为它们是不同的变量，例如下面几个变量都将被认为是不同的变量。

```
theredapple
TheRedApple
theRedApple
THEREDAPPLE
```

前面 3 种类型的变量叫作变量的 "基本类型"，那么，变量在这几种基本类型上还可组合起来组成 "复合类型"。复合类型的变量常用的有数组和字典两种。

- 数组：数组（array），顾名思义就是表示一组数字，如图 2.45 所示。

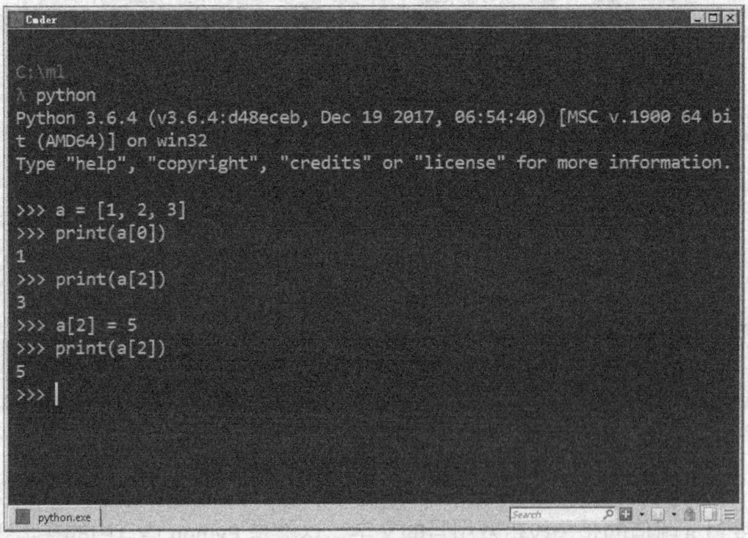

图 2.45　定义数组

在图 2.45 所示的命令行中，我们在第一条语句中定义了一个变量 a 来存放数组，表达数组的方式就是把一组数字用中括号 "[]" 括起来，数字之间用英文逗号 "," 分隔开。执行完语句 a=[1,2,3] 后，变量 a 中就保存了一个包含 1、2、3 这 3 个数字的数组。

我们想要查看数组中某个具体数字时，要用 "a[0]" 这种方式，a 后面紧跟的中括号内的数字叫作 "下标"，代表取第几个数字，计算机中习惯数字从 0 开始，所以 print(a[0]) 这条语句实际上输出了数组 a 中的第一个数字 1，而 print(a[2]) 这条语句输出了数组 a 中的最后一个数字，也就是第三个数字 3。

如果想要改变数组中某个数字的值，只需直接给带下标的数组变量赋值，例如图 2.45 中 a[2] = 5 这条语句，就把数组 a 的第三个数字重新赋值成为 5，在接下来的 print(a[2]) 这条语句的输出结果上看，确实已经改变了 a[2] 的值。

- 字典：数组是通过下标来代表其中某一个数值的，也就是通过数字来索引的；而字典这种变量类型与我们常用的外语字典一样，是通过文字来索引的。下面这个例子，如图 2.46 所示。

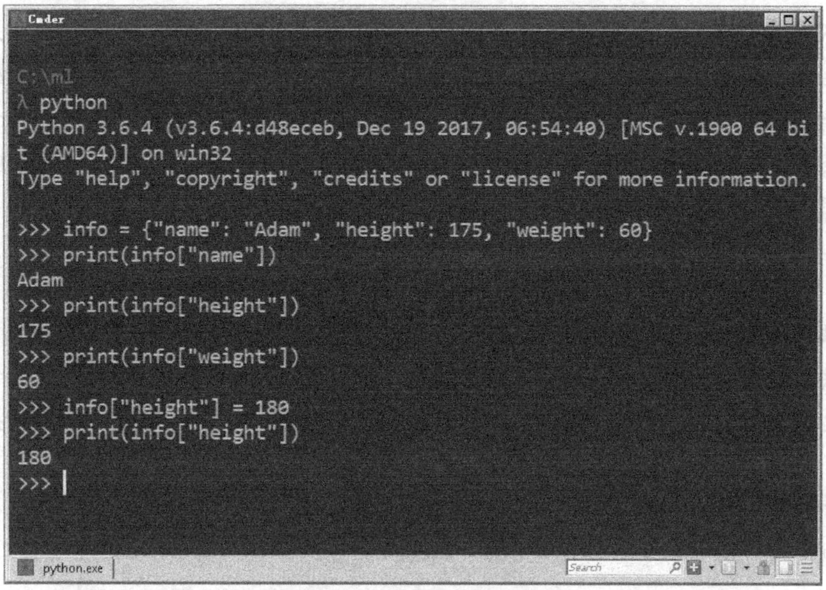

图 2.46 字典赋值执行结果

图 2.46 中，info = {"name": "Adam", "height": 175, "weight": 60} 这条语句就定义了 info 这一个字典变量，其中存储了某人的姓名(name)、身高（height）和体重（weight）3 个信息。定义字典变量的时候，要用大括号 "{}" 括起来，所有文字也就是字符串要用双引号括起来，所以其中的 name、height、weight 这 3 个文字索引都用双引号括起来了；Adam 也是一个字符串，所以也括起来；数字无须括起来；info 由于是变量名称，也不需要括起来。索引的字符串和具体的值之间，要用冒号 ":" 分隔开，两个数值之间再用逗号 "," 分开。

引用字典中的某一个值的时候，和数组类似也是用下标的形式，不过这回下标不是数字了，而是改成了字符串，例如图 2.46 中的 print(info["height"]) 就输出了这个人的身高 175。同样的，如果要修改字典中某个值，就用类似于 info["height"] = 180 这样的方法给字典中某个下标赋值。

除了变量以外，编程中实际上还有 "常量" 的概念，常量可以理解成不变的量。有些计算机语言认为不需要常量，因为用变量就可以代表常量，只是不去改变它就行了。

2.4.4 函数（方法）

我们在前面已经多次用到过 print 这个函数，函数又叫"方法"（method），但有时候"方法"这个词太不显眼，所以本书中一般还是用"函数"这个说法。函数是我们预先写好的一段完成某个功能的代码，然后给它取个名字来使用它，开发者一般将这种"使用"叫作"调用"。调用 print 函数的作用，就是把 print 函数中参数（parameter）的值在命令行界面上输出，例如：

```
print(1+2)
```

这条语句会输出：

```
3
```

函数后面必须带有一个小括号，其中可以有一定数量的"参数"，具体有多少个参数要根据函数需要而定，例如 print 函数只需要有一个参数就可以完成它的功能；有些函数不需要任何参数，那么只需要有一对空的小括号。

编写函数的目的，一般是因为有一段代码需要经常重复使用，为了避免每次都要重新写一遍的麻烦，就一次性编写好一个函数，以后每次只要"调用"该函数就行了。大多数函数会在执行完毕后输出一个结果，调用这个函数的程序可以用获得的这个结果来做下一步的处理，函数输出结果的过程一般叫作"返回"某个结果，输出的结果一般称为"返回值"，例如前面用到的 type(a)这样的函数，就是把其中 a 这个参数的变量类型输出，一般叫作"返回 a 的变量类型"；而 type 函数的返回值是一个字符串类型的变量，代表了传入 type 函数的参数的变量类型。

Python 中已经帮我们编写好了很多类似 print 这样常用的函数，我们直接用就行了，这些函数叫作 Python 的"内置函数"。例如，str()就是 Python 中另一个函数。直接写代码：

```
print("我的身高是" + 175)
```

执行时会出现错误，因为"我的身高是"这是一个字符串，而后面的"175"是一个数字，数字和字符串是无法直接用加号"+"相加的。这时候就可以用函数 str()把 175 这个数字转换成字符串，具体代码：

```
print("我的身高是" + str(175))
```

这样执行语句后就可以得到预期的结果了，如图 2.47 所示。

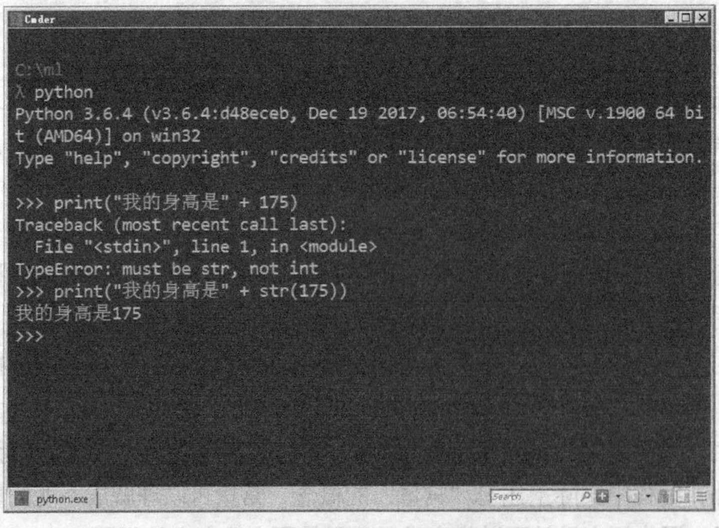

图 2.47 数字转换为字符串执行结果

图 2.47 中，第一次执行 print("我的身高是" + 175)语句时，Python 报告出现了错误，而第二次把 175 作为 str 函数的参数，str 函数就会把 175 转换成字符串 "175"，这样两个字符串相加就是它们相连后的结果了。

我们也可以自行编写函数，本书中因为基本没有用到，所以具体方法暂时不做说明，在最后一章的实例中有自定义函数的示例可供学习。

2.4.5 对象

面向对象（Object Oriented）的编程方法可以说是近几十年来对计算机编程影响最大的方法论。Python 语言也受到了这种影响，整个 Python 3.x 系列版本的语言设计都是基于面向对象的方法的。

所谓"对象"，英语是 object，可以理解成一种分类方法，例如对于"人"我们就可以分为"男人"和"女人"两类，那么"男人"就叫作一个"对象类"，"女人"当然也是一个对象类。某一个具体的男人，例如"亚当"，就叫作对象类"男人"的一个"对象实例"，简称"实例"；那么"夏娃"当然就是对象类"女人"的一个实例了。前面的"人"也可以看作是一个对象类，我们一般把它叫作是"男人"和"女人"这两个对象类的"父对象类"，而"男人"和"女人"就是"人"的子对象类。一般来说，子对象类具有父对象类的所有特征，而父对象类不一定有子对象类的所有特征。有时候，我们定义"人"这个对象类只是为了把"男人"和"女人"两个对象类放在一起便于管理，由于"人"对象类包含了"男人"和"女人"两种对象类，所以我们也可以把它叫作一个"包"（package），一个包中可以包含很多个对象类。人们在实际开发中，提到"对象"这个词，有时是指"对象类"，有时是指"对象实例"，需要我们根据上下文来判断。

使用对象来对事物进行分类的目的是：把与事物有关的数据和行为都合并在一个对象类中，这样看起来逻辑更清晰、管理起来更方便。这么说可能比较抽象。实际上我们定义一个对象类，主要是为了把与它有关的变量和函数集中起来管理。我们看一个具体的例子以便更好地理解。在 Python 交互式环境中输入代码：

```
importsys
```

该代码的作用是导入一个叫作 "sys" 的对象类，import 是 "导入" 的意思。Python 中虽然内置了一些对象（整数、字符串都是对象），但剩余大多数即使是 Python 安装后自带的对象（或者叫包，一个包有时候可能含有多个对象）也需要在使用前以这种方法来导入。其余第三方提供的包，当然也需要导入。

"sys" 是一个包含了与 Python 语言系统相关的变量和函数的对象类包，以后对这些对象类包都直接称为 "对象包" 或更简单的 "包"。导入 sys 对象包后，可以如图 2.48 中这样来使用 sys 包中已经定义好的变量和函数。

如图 2.48 所示，我们使用某个对象的变量和函数时，都要在对象名称后面加一个小数点 "."，再写变量或函数的名称，例如 sys.version 就代表一个变量，里面存放了 Python 的版本号，可以使用 print(sys.version)语句把它输出。而 sys.getwindowsversion()则是一个函数，因为其后面有一对空的小括号，说明它是一个不需要任何参数的函数，作用是获取 Windows 操作系统的内部版本号。最后，我们用了 sys 对象带有一个参数的函数 sys.exit(0)，它的作用是从当前程序退出，并把它的参数（这里是 0）返回给调用它的上级程序。一般来说，如果我们在命令行界面中执行程序，它的上级程序就是操作系统本身。

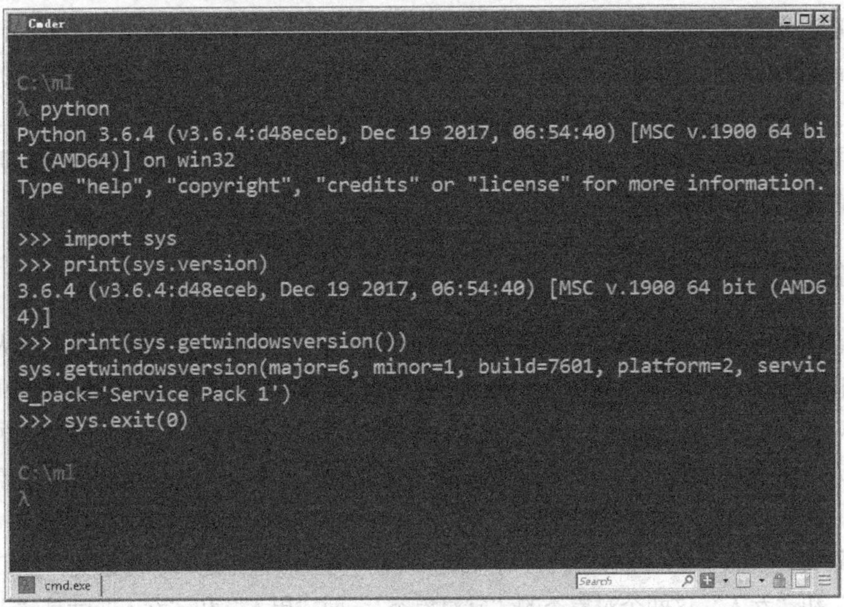

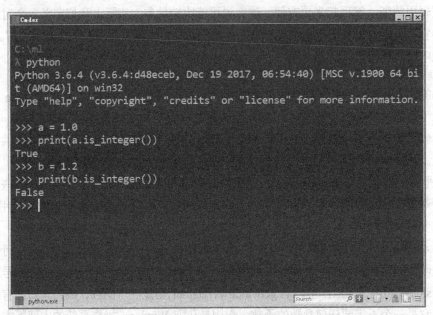

图 2.48　使用 sys 包中函数的执行结果

我们一般把对象的变量称为对象的"属性"或"成员变量"，把对象的函数称为对象的"成员方法"或"成员函数"。这也好理解，变量和函数都是这个对象的成员（member）。

最后介绍对象类的成员与对象实例的成员间的区别。前面我们说的成员变量和成员函数其实都是对象类的成员。但有时候，某些成员不是针对对象类的，而是针对对象实例的。下面看看图 2.49 中的这个例子。

图 2.49　对象实例的成员函数

前面说过，数字也是一种对象，那么图 2.49 中 a = 1.0 这条语句实际上的作用是新建了一个浮点数对象类的实例 a，然后把 1.0 这个数值存放在实例 a 中，而浮点数的对象实例是可以调用"is_integer()"

这个成员函数的，它的作用是判断当前存的数值是否是一个整数（也就是说小数点后面是 0），所以我们可以看到图 2.49 中判断 a 是一个整数（is_integer 函数返回 "True"，表示判断成立），而 b 因为数值是 1.2，所以判断它不是一个整数（is_integer 函数返回 "False"，表示判断不成立）。

在这个例子中可以看到，浮点数作为一个对象类来说，是不会有 is_integer() 这个成员函数的，因为浮点数是所有的小数的总称，如果不知道具体是哪个数，是无法来判断是否是整数的，也就是无法调用 is_integer() 这个函数；只有对某个浮点数的实例，也就是说确定了数字是什么，例如上面的 a 和 b 都是确定了数值的浮点数的实例，才能调用 is_integer() 去判断它是否是整数。

另外，由于在 Python 中所有东西都可以理解成对象，所有类型的变量也都可以理解成存储的对象，所以我们有时候也把具体的某个变量叫作某个对象；当然，变量一般都是对象实例。

如果到这里还能够理解，那么恭喜你已经掌握了面向对象编程的大部分概念。

2.4.6　条件判断与分支

在 Python 中，我们输入的程序是一行一行的，Python 执行程序时，一般也是从上到下一行一行顺序执行的。但也有时候会出现不是这样顺序执行的情况，常见的非顺序执行的情况包括所谓的 "条件判断分支" 和 "循环"。下面我们直接用一个例子来解释什么叫作_x000d_条件判断分支。

```
a = 10
b = 15

if a > b:
    print(a - b)
else:
    print(b - a)
```

我们输入上面这一段代码时，注意其中有缩进的地方要用一个 "Tab" 来实现（也就是按一次键盘上的 "Tab" 键），执行这段代码后得到结果是 5，如果让 a=15，b=10，得到的结果也是一样的。这就是条件判断分支的作用。代码中从 "if"（英语中 "如果" 的意思）开始是一个条件判断语句，其含义是：如果 a>b，那么就执行紧接下来缩进的一段代码，这里是 print(a - b)，也就是输出 a-b 的结果数值；否则执行 else（英语 "否则" 的意思）下面缩进的代码，即 print(b - a)，也就是输出 b-a 的结果数值。所以整段代码的作用实际上相当于输出了一个 a-b 的绝对值。注意条件判断语句 if 和 else 的结尾，都需要加上一个冒号 ":"，这是 Python 中编写条件判断分支的一个约定。

可以看到，程序从开始顺序执行到 "if" 开头的语句时，就出现了所谓的 "分支" 情况，程序会判断一个条件 "a 是否大于 b"，满足条件则走紧接着的程序分支，不满足条件则走 "else" 下面这个分支，无论走哪个分支，执行完该分支代码后，不会再执行其他分支的程序语句。如果条件判断后还有其他语句，则会继续顺序往下执行。

条件判断分支还有一种情况，看看下面的例子。

```
a = 10
b = 10

if a > b:
    print(a - b)
elif a < b:
    print(b - a)
else:
    print("a=b")
```

和前一个例子不同的是，多了一个"elif"的判断分支语句，elif 是 else if 的简写，整段条件分支代码的含义是：如果 a>b，就执行 print(a - b)；否则继续进行判断，如果 a<b，就执行 print(b - a)，否则就执行最后这句 print("a=b")，也就是当 a=b 的时候（a 既不小于 b 也不大于 b，那就只能等于 b）输出 "a=b" 这一个字符串。

注意，条件分支中可以执行多条语句，多条语句应该在同一个缩进级别上，例如：

```
a = 15
b = 10

if a > b:
    print("a > b")
    print(a - b)
elif a < b:
    print(b - a)
else:
    print("a=b")
```

上面这段代码，在满足 a>b 的条件时，将顺序执行 print("a > b")和 print(a - b)这两条语句；而这两条语句书写时都要加上一个 Tab 键控制缩进。

条件判断分支也可以"嵌套"，也就是在某一个分支中，又出现了条件判断的情况，例如刚才的例子可以用嵌套分支的写法，写成这样：

```
a = 10
b = 10
if a > b:
    print("a > b")
    print(a - b)
else:
    if a == b:
        print("a=b")
    else:
        print(b - a)
```

上面这段代码在 else 这个分支中，又出现了一个条件判断分支的情况，即在前面 a 不大于 b 的情况下，再一次判断 a 是小于 b 还是等于 b，并做出不同的分支处理。这段代码执行的结果和前面的作用是一样的。注意，判断 a 是否和 b 相等时，我们使用了 "a==b" 这样的表达式，也就是说将两个等号连起来用于判断符号左右的两个表达式的值是否相等，这是为了与变量赋值时的单个等号区别开来。如果出现嵌套情况，第二层嵌套的分支语句要多缩进一级，也就是说，像例子中 print(b - a)这条语句，前面要加上两个 Tab 键指令。

另外，Python 中规定，代码缩进可以用 Tab 键，也可以用相同的几个连续空格（一般用两个空格）来代替。但整个程序要统一缩进方式，也就是说，要么全部用 Tab 键来缩进，要么全部用空格来缩进。我们建议一般用 Tab 键来缩进会方便一些。

2.4.7 循环

我们在编程中，经常需要重复做一件事情，这时候就要用到"循环"。循环与条件判断分支都会改变程序默认一条一条向下执行的顺序。我们在 Python 中最常用到的循环就是所谓的 "for 循环"，例如下面的例子。

```
for i in range(5):
    print(i)
```

这是一个最简单的 for 循环。for 循环都以 "for" 这个词开始，range 是英语中 "范围" 的意思，整个这段代码的含义是："让变量 i 在 0~4 这个范围内变化，每变化一次就输出一次变量 i 的数值"，因为计算机默认从 0 开始计数，所以 range(5) 的范围实际上是 0 到 4，而在 for 循环中默认每次变化的幅度是 1，所以在这个循环中，i 会分别是 0、1、2、3、4 这几个数字，也就是说这段代码的实际含义是让 print(i) 这段缩进的代码重复执行了 5 次。所以我们以后在看到类似 for i in range(5): 这样的代码时，没必要想那么多，只需要知道意思是让下面的代码循环执行 range 函数中参数所表示的数值那么多次就可以了。

这里的变量 i 一般称为 "循环变量"，不成文的惯例是用 "i"、"j"、"k" 这些字母来命名这些循环变量。

2.4.8　注释

在用 Python 编程的过程中，可以在任何一行用 "#" 开始的语句后面写一段注释文字，"#" 后面的这些文字不会被程序执行。注释一般用于记录一些信息防止以后遗忘，也常用于向其他人对某条语句或某一段代码做说明。例如：

```
h = 175  # h 代表身高

# 下面这句话输出的是标准体重
print((h - 80) * 0.7)
```

上面代码中，"# h 代表身高" 和 "# 下面这句话输出的是标准体重" 都是正确的注释写法，这些注释均不会被程序执行。经常写一些注释是编写程序中的好习惯。

2.4.9　程序运行时出现错误怎么办

任何编程高手，在写程序的时候也难免出现错误，所以重要的不是避免错误，而是出现错误时如何知道错在哪里，以便进行相应的修改。

下面来看一段只有一句话的程序：

```
print(18 + a)
```

我们执行这个程序会看到图 2.50 中所示的命令行输出。

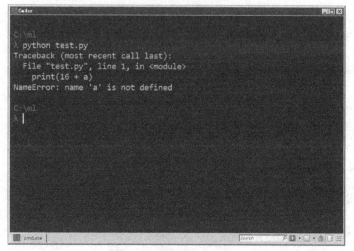

图 2.50　程序执行出现错误

Python 程序在运行时如果发现了错误，就会输出相关的错误信息，其中，一般在最后几行是我们最需要了解的信息。例如这个例子中，我们看到，错误信息显示的是，在"test.py"文件中第 1 行，print(16 + a)这条语句中出现了错误，错误的类型是"NameError"，具体原因是"a"没有被定义过。如果我们是无心之失，马上就可以反应过来。这当然是一种错误，我们只需要对程序做如下修改，就可以让程序顺利运行了。

```
a = 6
print(18 + a)
```

2.4.10 本章小结：一段示例代码

至此为止，几乎所有本书中需要用到的编程知识已经介绍完毕了，后面多少会有一些新内容，会在具体讲解实例时逐步引入。下面我们看一段示例代码。虽然是短短几行代码，但已经把这一大节中介绍的所有编程知识包含在其中了，如果能够看懂，说明你已经成功地踏入编程殿堂的大门了。本书中所有主要代码均可以在人邮教育社区（www.ryjiaoyu.com）下载对应的压缩包后获得。

代码 2.1   basic.py

```
import sys

Adam_info = {"height": 175, "weight": 60}
Eve_info = [165, 50]  #两个数字分别代表夏娃的身高和体重

if Eve_info[1] > Adam_info["weight"]:
    print("很遗憾，夏娃的体重现在是" + str(Eve_info[1]) + "公斤。")
elif Eve_info[1] == Adam_info["weight"]:
    print("很遗憾，夏娃的体重和亚当一样。")
    sys.exit(0)
else:
    print("重要的事儿说 3 遍!")
    for i in range(3):
        print("夏娃没有亚当重，她的体重只有" + str(Eve_info[1]) + "公斤。")
```

03

第3章　初识TensorFlow

相信很多读者读到这里已经迫不及待想尽快了解如何用深度学习的方法来解决实际问题了，深度学习其实是神经网络技术中的一种，从本章开始就逐步介绍如何使用 TensorFlow 搭建神经网络来解决各种我们生活中遇到的实际问题。读完本章后，每位读者应该均掌握了用神经网络解决具体问题的方法，揭去了深度学习的神秘面纱，后面可以自行学习提高了。

我们所有的实例选取的都是最简单的实际问题，虽然简单，但是非常有益于我们快速理解、掌握深度学习中的各种概念。另外，讲解概念时，也尽量使用初学者易于理解的表述方式（因为大家知道，初始阶段过于追求严谨的定义往往会妨碍理解，所以我们会尽量采取简单的概念解说），同时也尽量避免引入过多的数学推导过程来使读者产生畏难情绪。总之，任何水平的绝大部分读者，都可以放心地阅读下去。

下面我们就引入要用人工智能神经网络来解决的第一个问题。

3.1　三好学生成绩问题的引入

我们来看这样一个问题：某个学校将要评选三好学生，我们知道，三好学生的"三好"指的是品德好、学习好、体育好；而要进行评选，如今都需要量化，也就是说学校会根据德育分、智育分和体育分 3 项分数来计算一个总分，然后根据总分来确定谁能够被评选为三好学生。假设这个学校计算总分的规则是：德育分占 60%（充分体现了学校对品德培养的重视），智育分占 30%，体育分占10%（对体育的重视似乎稍有不足）。这个规则如果用一个公式来表达是这样的（我们后面一般用计算机中常用的"*"来代替乘号"×"，以避免与英语字母"x"混淆）：

```
总分 =德育分*60% + 智育分* 30% + 体育分*10%
```

把百分比转换成小数，也就是：

```
总分 =德育分*0.6 + 智育分* 0.3 + 体育分*0.1
```

可以看到，计算三好学生总成绩的公式实际上是把 3 项分数各自乘上一个权重（weight）值，然后相加求和。

这是我们要解决问题的背景。那么，我们需要解决的问题是这样的：有两位孩子的家长，知道了自己孩子的 3 项分数及总分，但是学校并没有告诉家长们计算出总分的规则。家长们猜测出计算总分的方法肯定是把 3 项分数乘以不同的权重后相加来获得，唯一不知道的就是这几个权重值到底是多少。现在家长们就想用人工智能中神经网络的方法来大致推算出这 3 个权重分别是多少。

我们假设第一位家长的孩子 A 的德育分是 90、智育分是 80、体育分是 70、总分是 85，并分别用 w1、w2、w3 来代表德育分、智育分和体育分所乘的权重，可以得到这个式子：

```
90 * w1 + 80 * w2 + 70 * w3 = 85
```

另一位孩子 B 的德育分是 98、智育分是 95、体育分是 87、总分是 96，我们可以得到这个式子：

```
98 * w1 + 95 * w2 + 87 * w3 = 96
```

从数学中解方程式的方法来说，这两个式子中一共有 3 个未知数，理论上只要有 3 个不等价的式子，就可以解出答案了。但我们恰恰只有两个学生的数据，只能凑出两个式子，也就无法用解方程的方法解决这个问题。那么这时候，就可以用到神经网络的方法来尝试解决这个问题。

3.2　搭建解决三好学生成绩问题的神经网络

我们先按照一般的理解，设计出如图 3.1 所示的神经网络模型。

下面介绍在神经网络模型图中的一般约定，本书后面的所有神经网络模型图都是按这个约定来画的。

- 神经网络模型图一般均包含 1 个输入层、1 个或多个隐藏层，以及 1 个输出层。

- 一般来说，输入层是描述输入数据的形态的；我们用方块来代表每一条输入数据的一个数（或者叫一个字段），叫作输入节点；输入节点一般用 x 来命名，如果有多个数值，则用 x1, x2, …, xn 来代表。

- 隐藏层是描述我们设计的神经网络模型结构中最重要的部分；隐藏层可能有多个；每一层中都会有 1 个或多个神经元，我们用圆圈来表示，叫作神经元节点或隐藏节点，有时也直接简称为节点；每一个节点都接收上一层传来的数据并进行一定的运算后向下一层输出数据，符合神经元的特性，神经元节点上的这些运算称为"计算操作"或"操作"（operation，简称 op）。

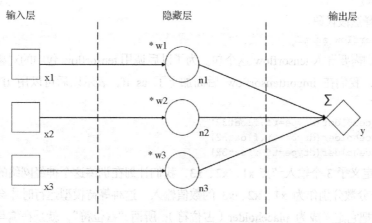

图 3.1　三好学生成绩问题神经网络模型图

- 输出层一般是神经网络模型的最后一层，会包含 1 个或多个以菱形表示的输出节点；输出节点代表着整个神经网络计算的最后结果；输出层的节点一般习惯上用 y 来命名，但并非必须。

- 我们在神经网络模型图中，一般约定在各个节点的右下方（有时候因为拥挤也会在左下方）标记节点的名称，在节点的左上方标记该节点所做的计算，例如，图 3.1 中 x1、x2、x3、n1、n2、n3、y 都是节点名称，"*w1"、"*w2"、"*w3"、"Σ"这些都代表节点运算。

现在我们回到模型本身，这是一个标准的前馈神经网络，即信号总是往前传递的神经网络。输入层有 3 个节点 x1、x2、x3，分别代表前面所说的德育分、智育分和体育分。因为问题比较简单，隐藏层我们只设计了一层，其中有 3 个节点 n1、n2、n3，分别对 3 个输入的分数进行处理，处理的方式就是分别乘以 3 个权重 w1、w2、w3。输出层只有一个节点 y，因为我们只要求一个总分数值；节点 y 的操作就是把 n1、n2、n3 这 3 个节点输出过来的数值进行相加求和。

可以看到，这个神经网络模型是非常简单的，下面我们就用代码来实现它。

代码 3.1　score1a.py

```
import tensorflow as tf

x1 = tf.placeholder(dtype=tf.float32)
x2 = tf.placeholder(dtype=tf.float32)
x3 = tf.placeholder(dtype=tf.float32)

w1 = tf.Variable(0.1, dtype=tf.float32)
w2 = tf.Variable(0.1, dtype=tf.float32)
w3 = tf.Variable(0.1, dtype=tf.float32)

n1 = x1 * w1
n2 = x2 * w2
n3 = x3 * w3

y = n1 + n2 + n3

sess = tf.Session()

init = tf.global_variables_initializer()
sess.run(init)
```

```
result = sess.run([x1, x2, x3, w1, w2, w3, y], feed_dict={x1: 90, x2: 80, x3: 70})
print(result)
```

下面逐行解释这段代码。

```
import tensorflow as tf
```

一开始，我们需要导入 tensorflow 这个包。为了以后调用 tensorflow 包中的对象、成员变量和成员函数时更方便，我们在 importtensorflow 后面加上了 as tf，表示以后可以用 tf 这个简写来代表 tensorflow 的全名。

```
x1 = tf.placeholder(dtype=tf.float32)
x2 = tf.placeholder(dtype=tf.float32)
x3 = tf.placeholder(dtype=tf.float32)
```

这 3 行分别定义了 3 个输入节点 x1、x2、x3，我们计划在训练这个神经网络的时候，把德育、智育和体育 3 个分数分别作为 x1、x2、x3 的数值输入。这种等待模型运行时才会输入的节点，在 TensorFlow 中要把它定义成为 placeholder（占位符）；所谓"占位符"，就是在编写程序的时候还不确定输入什么数，而是在程序运行的时候才会输入，编程时仅仅把这个节点定义好，先"占个位子"。

定义占位符的方法是调用 TensorFlow 的 placeholder 函数，由于我们前面在导入 tensorflow 包时约定了可以把它简称为 tf，所以我们用 tf.placeholder 的写法来调用这个函数。上面的 tf.placeholder 函数调用时带了一个参数（在函数后面紧跟括号中的是函数的参数），写法是"dtype=tf.float32"，这是一种高级的参数写法，叫作命名参数。一般计算机语言的参数只支持按照顺序来写，不需要给每个参数命名，但是这样就不允许顺序发生错误。而 Python 语言支持命名参数，可以通过指定参数的名称来赋值，避免只用顺序来区别参数造成错乱的情况，也可以适应有时候只需要某几个参数的情况。dtype 是"data type"的缩写，表示占位符所代表的数值的类型，tf.float32 是 TensorFlow 中的 32 位浮点数类型（所谓 32 位浮点数，指的是用 32 位二进制数字来代表一个小数；计算机中现在常用的浮点数有 32 位浮点数和 64 位浮点数，64 位浮点数比 32 位浮点数能表达的数值范围更大，一般用 32 位浮点数已经足够满足计算的需要）。所以像 x1 = tf.placeholder(dtype=tf.float32) 这样一条语句的含义就是"定义一个占位符变量 x1，它的数据类型是 32 位浮点数"。

接下来就到了定义几个权重 w1、w2、w3 的时候了。在神经网络中，类似权重这种会在训练过程中经常性地变化的神经元参数，TensorFlow 中把它们叫作变量，这与我们一般大多数计算机语言中变量的含义还是有一些区别的。为避免混淆，本书中把这些 TensorFlow 中的变量叫作神经网络的可变参数（注意也不要把可变参数和函数的参数混淆）。那么，本问题中就有 3 个可变参数 w1、w2、w3，我们用 tf.Variable 函数来定义它们。

```
w1 = tf.Variable(0.1, dtype=tf.float32)
w2 = tf.Variable(0.1, dtype=tf.float32)
w3 = tf.Variable(0.1, dtype=tf.float32)
```

定义 w1、w2、w3 的形式除了函数用的是 tf.Variable 函数外，其他与定义占位符 x1、x2、x3 的时候类似，还有一点不同是除了用 dtype 参数来指定数值类型，还传入了另一个初始值参数，这个参数没有用命名参数的形式，这是因为 tf.Variable 函数规定第一个参数是用于指定可变参数的初始值。可以看到，我们把 w1、w2、w3 的初始值都设置为 0.1。

再下来就是定义隐藏层中的 3 个节点 n1、n2、n3。这一段代码应该很好理解，就是让 nn 分别等于 xn 乘以 wn 的计算结果。

```
n1 = x1 * w1
n2 = x2 * w2
```

```
n3 = x3 * w3
```

输出层的定义也很好理解，就是把 n1、n2、n3 这 3 个隐藏层节点的输出相加。

```
y = n1 + n2 + n3
```

至此为止，我们对这个神经网络模型的定义实际上已经完成了。下面我们看看如何在这个神经网络中输入数据并得到运算结果。

```
sess = tf.Session()
```

这条语句定义了一个 sess 变量，它包含一个 TensorFlow 的会话（session）对象，我们现在不必深究会话是什么，可以简单地把会话理解成管理神经网络运行的一个对象，有了会话对象，我们的神经网络就可以正式运转了。所以每次定义完神经网络模型后，在准备运行前都要定义一个会话对象，才能开始训练这个模型或者用训练好的模型去进行预测计算。

会话对象管理神经网络的第一步，一般是要把所有的可变参数初始化，也就是给所有可变参数一个各自的初始值，这是用下面的语句来实现的。

```
init = tf.global_variables_initializer()
sess.run(init)
```

首先让变量 init 等于 tf.global_variables_initializer 这个函数的返回值，它返回的是一个专门用于初始化可变参数的对象。然后调用会话对象 sess 的成员函数 run()，带上 init 变量作为参数，就可以实现对我们之前定义的神经网络模型中所有可变参数的初始化。run 是英语中"运行"的意思，sess.run(init) 就是在 sess 会话中运行初始化这个函数。具体给每个可变参数赋什么样的初值，是由我们刚才在定义 w1、w2、w3 时的第一个函数参数来决定的。

```
w1 = tf.Variable(0.1, dtype=tf.float32)
w2 = tf.Variable(0.1, dtype=tf.float32)
w3 = tf.Variable(0.1, dtype=tf.float32)
```

这里，我们把 3 个可变参数初始值都设置为 0.1。

上面两条初始化可变参数的语句，也可以合起来写成：

```
sess.run(tf.global_variables_initializer())
```

这种写法没有先定义一个变量来存储初始化可变参数的对象，而是直接把 tf.global_variables_initializer() 函数的返回值作为 sess.run() 的参数，这样的写法也是可以的。

然后，我们用下面代码来执行一次神经网络的计算。

```
result = sess.run([x1, x2, x3, w1, w2, w3, y], feed_dict={x1: 90, x2: 80, x3: 70})
```

这条语句中，我们再一次调用了 sess 对象的 run 函数，不过这回不是进行初始化，而是真正进行一次计算，也就是说，要输入一组数据并获得神经网络的计算结果。sess.run 函数的第一个参数为一个数组，代表我们需要查看哪些结果项；为了查看结果更清楚，除了最终输出层的结果 y，还把输入层的 x1、x2、x3 和隐藏层的可变参数 w1、w2、w3 都获取出来，以便对比参照。sess.run 函数的另一个参数是个命名参数 feed_dict，代表我们要输入的数据，feed 在英语中有"喂"的意思，所以有时候也称为给神经网络"喂"数据。feed_dict 中第二个单词 dict 是 dictionary 的简写，代表着 feed_dict 参数要求输入的是前面介绍过的"字典"类型的数值，所以要按字典类型数值的写法，用大括号括起来，里面分别按占位符的名称一个一个指明数值。{x1: 90, x2: 80, x3: 70} 就代表分别为 x1、x2、x3 占位符送入 90、80、70 这 3 个数值。我们把 sess.run 函数的执行结果存放到了 result 变量中，这是一个包含了 x1、x2、x3、w1、w2、w3 和 y 的具体数值在内的数组。

最后，用 print(result) 把 result 变量的值在命令行上输出来。

我们试着执行图 3.2 中这段代码，可以看到相应的结果。

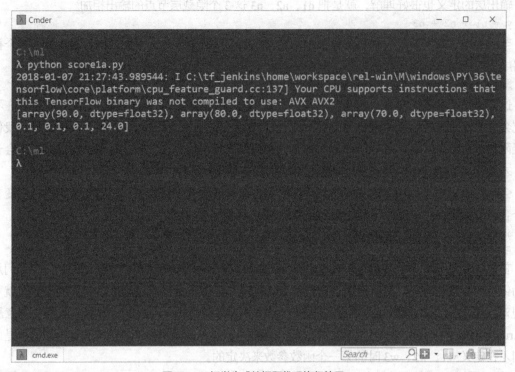

```
C:\ml
λ python score1a.py
2018-01-07 21:27:43.989544: I C:\tf_jenkins\home\workspace\rel-win\M\windows\PY\36\te
nsorflow\core\platform\cpu_feature_guard.cc:137] Your CPU supports instructions that
this TensorFlow binary was not compiled to use: AVX AVX2
[array(90.0, dtype=float32), array(80.0, dtype=float32), array(70.0, dtype=float32),
0.1, 0.1, 0.1, 24.0]

C:\ml
λ
```

图 3.2　三好学生成绩问题代码执行结果 1

其中，第一段是 TensorFlow 提醒我们没有充分发挥 CPU 的能力，可以忽略这条信息。第二段是真正得到的 print 函数输出的 result 变量的值。我们可以看到，整个结果是以中括号"[ ]"括起来的，说明这是一个数组类型的变量，数组中用逗号分隔开了各个数值，前三个数值分别是我们输入的 3 个分数 90、80、70，对应 x1、x2、x3 变量，TensorFlow 把它们认为是仅保存一个数字的数组（array），并且数值类型是 float32 类型（即 32 位浮点数），这没有关系，不影响我们的运算。之后是 3 个 0.1 的数字，分别对应 w1、w2、w3 可变参数，因为给它们定义的初始值都是 0.1。最后是根据这些数值计算出来的输出层结果 y，计算结果是 24。我们可以验算一下，90*0.1+80*0.1+70*0.1=9+8+7=24，说明我们搭建的神经网络计算的结果是正确的。

3.3　训练神经网络

上面的神经网络已经可以运行，但显然还不能真正使用，因为它最终的计算结果是存在误差的。神经网络在投入使用前，都要经过训练的过程。那么，如何来训练神经网络呢？

如图 3.3 所示，神经网络的训练过程包含下面几个步骤。

● 输入数据：例如本章例子中输入的 x1、x2、x3，也就是两位学生各自的德育、智育、体育 3 项分数。

● 计算结果：神经网络根据输入的数据和当前的可变参数值计算出结果，本章例子中为 y。

● 计算误差：将计算出来的结果 y 与我们期待的结果（或者说标准答案，把它暂时称为 yTrain）进行比对，看看误差（loss）是多少；在本章例子中，yTrain 的值也就是两位学生各自已知的总分。

● 调整神经网络可变参数：根据误差的大小，使用反向传播算法，对神经网络中的可变参数（也就是本章例子中的 w1、w2、w3）进行相应的调节。

● 再次训练：在调整完可变参数后，重复上述步骤重新进行训练，直至误差低于我们的理想水平，神经网络的训练就完成了。

上一节中编写的程序已经实现了这个流程中的前两个步骤，下面我们就来实现剩余的步骤。

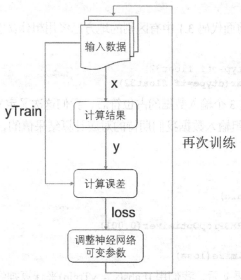

图 3.3 神经网络训练流程图

代码 3.2 score1b.py

```
import tensorflow as tf

x1 = tf.placeholder(dtype=tf.float32)
x2 = tf.placeholder(dtype=tf.float32)
x3 = tf.placeholder(dtype=tf.float32)
yTrain = tf.placeholder(dtype=tf.float32)
w1 = tf.Variable(0.1, dtype=tf.float32)
w2 = tf.Variable(0.1, dtype=tf.float32)
w3 = tf.Variable(0.1, dtype=tf.float32)

n1 = x1 * w1
n2 = x2 * w2
n3 = x3 * w3

y = n1 + n2 + n3

loss = tf.abs(y - yTrain)

optimizer = tf.train.RMSPropOptimizer(0.001)

train = optimizer.minimize(loss)

sess = tf.Session()

init = tf.global_variables_initializer()
```

```
sess.run(init)

result = sess.run([train, x1, x2, x3, w1, w2, w3, y, yTrain, loss], feed_dict={x1: 90,
x2: 80, x3: 70, yTrain: 85})
print(result)

result = sess.run([train, x1, x2, x3, w1, w2, w3, y, yTrain, loss], feed_dict={x1: 98,
x2: 95, x3: 87, yTrain: 96})
print(result)
```

上面的代码 3.2 中，与前面代码 3.1 中有区别的地方已经用粗体文字标出。我们来看看这些有区别的地方。

```
x3 = tf.placeholder(dtype=tf.float32)
yTrain = tf.placeholder(dtype=tf.float32)
```

在定义了 x1、x2、x3 这 3 个输入数据的占位符后，我们这次又定义了一个占位符 yTrain，这是用来在训练时传入针对每一组输入数据我们期待的对应计算结果值的，后面一般把它简称为"目标计算结果"或"目标值"。

```
y = n1 + n2 + n3

loss = tf.abs(y - yTrain)

optimizer = tf.train.RMSPropOptimizer(0.001)

train = optimizer.minimize(loss)
```

在定义模型中计算出结果 y 后，我们用 tf.abs(y - yTrain) 来计算神经网络的计算结果 y 与目标值 yTrain 之间的误差，tf.abs 函数是用来计算绝对值的。这也很好理解，我们是期望 y 与 yTrain 越接近越好，而不是 y - yTrain 的结果越小越好，因为 y - yTrain 的结果可能是负数，所以最终计算误差 loss 是用 y - yTrain 的绝对值来表示。

然后定义了一个优化器变量 optimizer。所谓优化器，就是用来调整神经网络可变参数的对象。TensorFlow 中有很多种优化器，我们这次选用的就是 AlphaGo 使用的优化器 RMSPropOptimizer。这个优化器是通过调用 tf.train.RMSPropOptimizer 函数来获得的；其中的参数 0.001 是这个优化器的学习率（learn rate）。关于学习率，后面会有专门的章节讨论，暂时可理解为：学习率决定了优化器每次调整参数的幅度大小，先赋一个常用的数值 0.001。

定义完优化器后，我们又定义了一个训练对象 train。train 对象代表了我们准备如何来训练这个神经网络。可以看到，我们把 train 对象定义为 optimizer.minimize(loss)，也就是要求优化器按照把 loss 最小化（minimize）的原则来调整可变参数。

定义好训练方式后，就可以正式开始训练了，训练的代码与之前计算的很相似。

```
result = sess.run([train, x1, x2, x3, w1, w2, w3, y, yTrain, loss], feed_dict={x1: 90,
x2: 80, x3: 70, yTrain: 85})
print(result)
result = sess.run([train, x1, x2, x3, w1, w2, w3, y, yTrain, loss], feed_dict={x1: 98,
x2: 95, x3: 87, yTrain: 96})
print(result)
```

不同之处主要有两个，一是在 feed_dict 参数中多指定了一个 yTrain 的数值，也就是对应每一组输入数据 x1、x2、x3，我们指定的目标结果值；二是在 sess.run 函数的第一个参数也就是我们要求输出的结果数组当中，多加了一个 train 对象，在结果数组中有 train 对象，意味着要求程序要执行 train 对象所包含的训练过程，那么在这个过程中，y、loss 等计算结果自然也会被计算出来；所以在结果数组中即使只写一个 train，其他的结果也会都被计算出来，只不过我们看不到而已。这里我们还是在结果数组中加上了 yTrain 和 loss，以便对照。另外，只有在结果数组中加上了训练对象，这次 sess.run 函数的执行才能被称为一次"训练"，否则只是"运行"一次神经网络或者说是用神经网络进行一次"计算"。

可以看到，这段代码中共进行了两次训练，每次训练分别把两位学生的 3 项分数作为输入数据传入到占位符 x1、x2、x3，把总分作为输出的目标值传入到占位符 yTrain。整个程序的执行结果如图 3.4 所示。

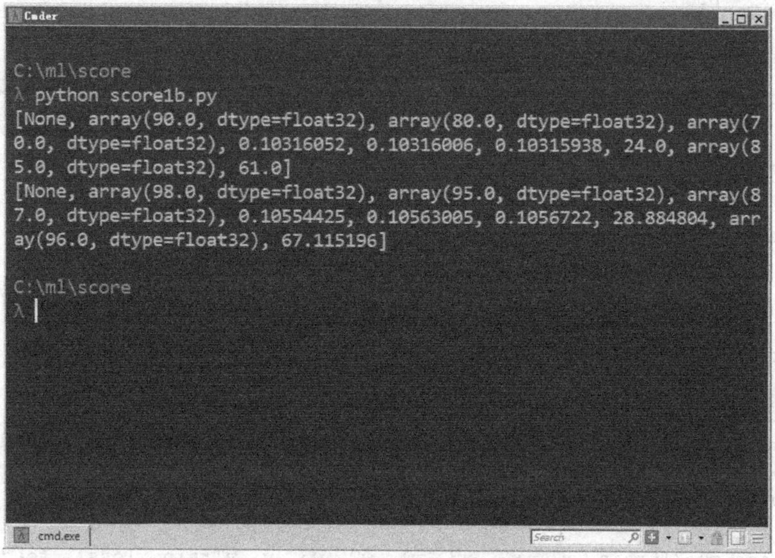

图 3.4　三好学生成绩问题代码执行结果 2

我们可以看到，由于引入了训练过程，可变参数 w1、w2、w3 已经不再停留在初始值 0.1，而是发生了变化，例如第一次训练中分别变成了 0.10316052，0.10316006，0.10315938，这说明训练开始起到作用了。

从第一次训练的结果中还可以看到，神经网络在当时可变参数的取值下计算出来的结果值 y 为 24，而我们的目标值 yTrain 是 85，所以结果数组的最后一项误差 loss 的值为 61，正好是 85 - 24 的结果。

从第二次训练结果中可以看到，可变参数 w1、w2、w3 已经变成了 0.10554425，0.10563005，0.1056722，计算结果值 y 也相应变成了 28.884804，说明优化器继续对神经网络的可变参数做了调整；而误差 loss 变成了 67.115196，反而更大了。这是由于我们这两次训练传入的是不同的输入数据，优化器前一次对可变参数的调整是针对第一次输入数据所得的结果值来进行的，所以用在第二次训练时，有可能反而误差会加大；但这没有关系，神经网络的训练具备适应能力，能够在训练过程中逐步调整可变参数，试图去缩小对所有输入数据的计算结果误差。下面就来看看进行多轮训练的结果。

代码 3.3　score1c.py

```
import tensorflow as tf

x1 = tf.placeholder(dtype=tf.float32)
x2 = tf.placeholder(dtype=tf.float32)
x3 = tf.placeholder(dtype=tf.float32)
```

```
yTrain = tf.placeholder(dtype=tf.float32)

w1 = tf.Variable(0.1, dtype=tf.float32)
w2 = tf.Variable(0.1, dtype=tf.float32)
w3 = tf.Variable(0.1, dtype=tf.float32)

n1 = x1 * w1
n2 = x2 * w2
n3 = x3 * w3

y = n1 + n2 + n3

loss = tf.abs(y - yTrain)

optimizer = tf.train.RMSPropOptimizer(0.001)

train = optimizer.minimize(loss)

sess = tf.Session()

init = tf.global_variables_initializer()

sess.run(init)

for i in range(2):
result = sess.run([train, x1, x2, x3, w1, w2, w3, y, yTrain, loss], feed_dict={x1: 90,
x2: 80, x3: 70, yTrain: 85})
    print(result)

result = sess.run([train, x1, x2, x3, w1, w2, w3, y, yTrain, loss], feed_dict={x1: 98,
x2: 95, x3: 87, yTrain: 96})
    print(result)
```

我们使用循环（如对循环的概念有需要了解的可参看第二章"知识背景准备"一节中的相关内容）可以重复执行训练过程。这一次循环两次，也就是重复进行两轮训练，每一轮进行两次训练，也就是每一轮都分别用两名学生的数据进行训练。执行结果如图 3.5 所示。

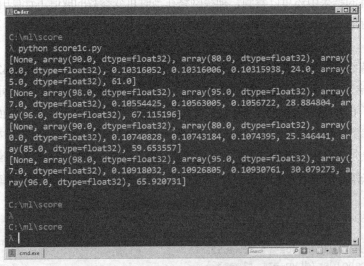

图 3.5　三好学生成绩问题代码执行结果 3

可以看到，第一轮的两次训练与前面的结果相同，这是正常的。第二轮的两次训练结果与第一轮相比明显有了变化。我们先看其中第一条结果，也就是程序输出中的第三条结果。

```
[None, array(90.0, dtype=float32), array(80.0, dtype=float32), array(70.0, dtype=float32),
0.10740828, 0.10743184, 0.1074395, 25.346441, array(85.0, dtype=float32), 59.653557]
```

这是和第一轮第一条训练结果相同的输入数据计算后的结果，这里可变参数 w1、w2、w3 继续被调整变成了 0.10740828，0.10743184，0.1074395，而计算结果 y 也相应的变成了 25.346441，最重要的是误差 loss 变成了 59.653557，比第一轮时的误差 61.0 已经变小了。

再看第二轮第二次训练结果，也就是程序输出中的第四条结果。

```
[None, array(98.0, dtype=float32), array(95.0, dtype=float32), array(87.0, dtype=float32),
0.10918032, 0.10926805, 0.10930761, 30.079273, array(96.0, dtype=float32), 65.920731]
```

可以看到误差 loss 变成了 65.920731，比第一轮第二次的结果 67.115196 也变小了。

至此可以欣喜地说，我们的训练已经取得了成功，每一轮训练都让计算结果朝着正确的方向前进了一步。神经网络的训练一般均会经历成千上万轮，对于复杂的神经网络，进行上亿次的训练也不稀罕。那么我们来看看这个模型进行多轮训练后的结果，在本段代码中把循环次数增加到 5000 次，即把 for i in range(2): 这一条语句中的 "2" 改成 "5000"，再次执行后得到的训练结果如图 3.6 所示。

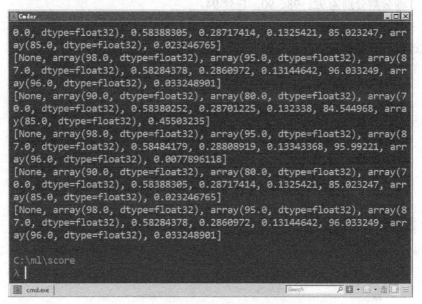

图 3.6　三好学生成绩问题代码执行结果 4

我们直接看最后两条结果数据，这是最后一轮训练后的输出结果。可以看到，两次训练的误差 loss 都已经被缩小到 0.023246765~0.033248901，对于八九十分的总分来说，这个误差值已非常小了。另外，注意 w1、w2、w3 的数值分别是 0.58284378、0.2860972、0.13144642，已经非常接近我们期待的 0.6、0.3 和 0.1 了。当然，在以后运用神经网络来解决实际问题的时候，我们是不会预知可变参数的期待值的，在本例中只是想要证明神经网络是可以通过训练获得正确的计算结果的。

到现在为止，我们已经成功地运用神经网络的方式解决了第一个实际问题，虽然问题本身很简单，但是已经能够体现整个神经网络理论和方法的基础了。我们当然可以继续增多前面代码中训练的循环次数来让这个神经网络计算得越来越准确，但这与本章想要讲解的内容已经关系不大了。下一章，我们将讲解如何优化本章中的神经网络模型。

3.4　本章小结：解决的第一个问题

到现在为止，我们已经成功地运用神经网络的方式解决了第一个实际问题，虽然问题本身很简单，但是已经能够体现整个神经网络理论和方法的基础了。我们当然可以继续增多前面代码中训练的循环次数来让这个神经网络计算得越来越准确，但与我们本章讲解的内容关系不大。下一章，我们将讲解如何优化本章中的神经网络模型。

3.5　练习

从本章开始，为巩固知识、加深理解，我们在主要章节的最后都提供练习题，题目答案可在人邮教育社区（www.ryjiaoyu.com）下载对应的压缩包后获得。

1. 假设另一所学校有两位学生的 3 项成绩和总分如下，试用本章中的方法，求得该学校的三好学生总分计算规则。

学生 1：3 项分数分别为 92、98、90，总分 94。

学生 2：3 项分数分别为 92、99、98，总分 96。

2. 尝试改变可变参数 w1、w2、w3 的初始值，观察执行后的结果。

04 第4章　简化神经网络模型

　　上一章中，我们从三好学生成绩问题开始，设计出了解决该问题的神经网络模型，但是这个模型更多是从一般的思维方式来设计的，这与神经网络通常设计中的思路并不一致。本章我们就来看看如何优化这个模型，让它的逻辑更清晰、运行更高效。

4.1 在程序运行中查看变量取值

在进入本章正题之前，先看看用 Python 语言如何在程序运行过程中查看变量的取值，这是在后面运行神经网络程序时经常要用到的监控神经网络运行情况的主要方法。例如，下面这段代码：

```
name = "adam"
print("Name: %s" % name)
```

这条 print 语句和我们之前看到的 print 函数的语句有所不同，在双引号内部加上了一个 "%s"，双引号后面又加上了 " % name"，整条语句的意思是 "输出一个字符串，把其中的%s 换成双引号后面的变量 name 的取值，并且把 name 中的值按字符串格式输出，也就是把%s 换成函数 str(name)的返回值"。这是 Python 编程中常用的一种查看程序中变量或对象当前取值的方法。我们把这段代码在 Python 交互式环境中输入，执行的结果是：

```
>>> name = "Adam"
>>> print("name: %s" % name)
name: Adam
>>>
```

可以看到，print 语句输出的结果中确实把 "%s" 替换成了变量 name 中所存的内容 "Adam"。

如果想输出整数或者浮点数类型的变量，可以分别用 "%d" 和 "%f" 来替代 "%s"。例如，下面的代码：

```
>>> x = 101
>>> y = 12.35
>>> print("x = %d" % x)
x = 101
>>> print("y = %f" % y)
y = 12.350000
>>>
```

上面代码中的 x 就是一个整数，y 是一个浮点数，%d 代表按整数输出，%f 代表按浮点数输出，加上之前%s 代表按字符串输出，这 3 个是我们最常用的输出格式。

4.2 张量概念的引入

我们看下面一段代码：

```
import tensorflow as tf

x1 = tf.placeholder(dtype=tf.float32)
x2 = tf.placeholder(dtype=tf.float32)
x3 = tf.placeholder(dtype=tf.float32)
yTrain = tf.placeholder(dtype=tf.float32)
print("x1: %s" % x1)

w1 = tf.Variable(0.1, dtype=tf.float32)
w2 = tf.Variable(0.1, dtype=tf.float32)
w3 = tf.Variable(0.1, dtype=tf.float32)
```

```
print("w1: %s" % w1)

n1 = x1 * w1
n2 = x2 * w2
n3 = x3 * w3
print("n1: %s" % n1)

y = n1 + n2 + n3
print("y: %s" % y)
```

这段代码就是上一章中构建神经网络模型部分的代码，唯一的区别是增加了几个 print 语句以便查看其中几个变量的取值。我们并没有输出所有的变量，而是每种类型的变量输出了一个作为代表，例如 x1、x2、x3、yTrain 这几个变量的类型显然是相同的，我们就只输出 x1 来参考。执行前面这段代码后可以看到输出如下：

```
x1: Tensor("Placeholder:0", dtype=float32)
w1: <tf.Variable 'Variable:0' shape=() dtype=float32_ref>
n1: Tensor("mul:0", dtype=float32)
y: Tensor("add_1:0", dtype=float32)
```

可以看到，模型代码中的 x1 是一个 Tensor 对象，它是由 "Placeholder:0" 这个操作而来的，这个操作就是我们定义 x1 时用的 x1 = tf.placeholder(dtype=tf.float32) 语句中的 tf.placeholder 函数，是定义占位符的一个动作。"Placeholder:0" 中冒号后面的数字代表该操作输出结果的编号（一个操作可能会有多个输出结果），"0" 代表第一个输出结果的编号，大多数操作也只有一个输出结果。另外，x1 的数值类型是 float32（32 位浮点数）。w1 是一个 tf.Variable 对象，也就是可变参数对象，这里我们暂时不多解释，只需要注意它不是 Tensor 对象。n1 是一个 Tensor 对象，是由 "mul:0" 这个操作而来的，mul 是乘法（multiply）操作的简称，这个操作对应于定义 n1 时语句中的 x1 * w1 这个表达算式。y 也是一个 Tensor 对象，是由 "add_1:0" 这个加法操作而来的，对应于我们定义 y 时的表达式 n1 + n2 + n3（这里 add 后面会有一个下画线和数字 1 的原因，是 TensorFlow 会把这个算式中的两个加号拆成类似于 n1 + (n2 + n3) 这样的两个加法操作，所以每个 add 操作后会加上序号来区别）。

如果对照第 3 章中图 3.1 的三好学生成绩问题神经网络模型来看，所有图中的节点，包括输入层、隐藏层、输出层的节点，都对传入自身的数据进行一定的计算操作并输出数据。那么，节点对应的计算操作在程序中是用表达式中的运算符来体现的；而输出的数据在程序中都体现为是 Tensor 类型的一个对象，Tensor 一般翻译成 "张量"，张量是在本书中最重要的概念之一。

结合模型和程序来看，张量在程序中定义时其实蕴含了两层含义：一是包含了对于输入数据的计算操作，给张量赋值时等号右边的表达式就是这个操作；二是容纳了一个（或一组）数据，也就是它的输出数据，在程序中就是张量赋值语句左边的变量。也就是说，下面这条张量赋值语句中：

```
n1 = x1 * w1
```

等号右边的 x1 * w1 这个表达式就表达了计算操作，而等号左边的 n1 就是代表模型图中 n1 这个节点的输出数据的张量。这么看来，虽然张量只是代表模型图中某个节点的输出数据，但在程序中，我们一般均用节点名称来命名这个节点输出的张量。另外注意，一个表达式中可能包含多个操作，例如 y = w * x + b 这个表达式就包含了乘法和加法两个操作。

类似 Tensor("mul:0", dtype=float32)这样一个张量的输出信息中，括号中第一部分就是它对应的操作，第二部分就是它的输出数据类型。如果张量是由多个操作计算而来的，输出信息中的操作将是其中的最后一个。

可变参数不是模型中节点的输出数据，所以类似 w1 的这些变量的类型都不是 Tensor 而是 tf.Variable，但因为它们会参与某个神经元的计算操作，所以它们从数值类型和形态上与张量是类似的。神经网络的优化器主要调整的就是所有 tf.Variable 类型的变量。

那么，总结来说，张量（tensor）就是神经网络中神经元节点接收输入数据后经过一定计算操作输出的结果对象；张量在神经网络模型图中表现为各层的节点的输出数据，如果仅从结果或者数据流向的角度考虑时，有时候也可以把神经网络模型中的节点看作等同于张量。而节点加上连线所组成的整个神经网络模型图表现的是张量在神经网络中"流动"（flow）的过程，这就是 TensorFlow 名称的由来。张量在程序中的具体表现是一个 Tensor 类型的对象。

最后，注意在 TensorFlow 中用 print 函数来输出张量和可变参数时，并不会输出其中的具体数值，而是输出它们对应的操作与数据类型等信息。如果要查看它们的具体数值，需要在训练过程中用 sess.run 函数获得的返回值来查看，稍后还将介绍另一种查看的方法。

4.3　用向量重新组织输入数据

之前设计的神经网络模型中，把学生的德育、智育、体育 3 项分数分别对应 x1、x2、x3 这 3 个输入层的节点，这样本身没有问题，但是假设又增加了一个艺术分数，那么就需要在输入层增加一个 x4 节点，在隐藏层对应的也要增加一个 n4 节点。也就是说，输入数据改变时，即使整套逻辑没有变，也要去修改整个网络模型，比较麻烦。另外，节点数多了也会让模型图看起来比较复杂。所以在通常的神经网络中，很多时候会把这种一串的数据组织成一个"向量"来送入神经网络进行计算。这里的"向量"与数学几何中的向量概念稍有不同，就是指一串数字，在程序中用一个数组来表示，例如，第 3 章三好学生成绩问题的例子中第一个学生的 3 项分数可以用[90, 80, 70]这样一个数组就表示出来了。数组是有顺序的，可以约定第一项代表德育分、第二项代表智育分、第三项代表体育分。向量中有几个数字，一般就把它叫作几"维"的向量，例如刚才这个向量就是一个三维向量。

把输入数据改成向量的形式后，代码可以简化成：

代码 4.1　score1d.py

```
import tensorflow as tf

x = tf.placeholder(shape=[3], dtype=tf.float32)
yTrain = tf.placeholder(shape=[], dtype=tf.float32)

w = tf.Variable(tf.zeros([3]), dtype=tf.float32)

n = x * w

y = tf.reduce_sum(n)
```

```
loss = tf.abs(y - yTrain)

optimizer = tf.train.RMSPropOptimizer(0.001)

train = optimizer.minimize(loss)

sess = tf.Session()

init = tf.global_variables_initializer()

sess.run(init)

result = sess.run([train, x, w, y, yTrain, loss], feed_dict={x: [90, 80, 70], yTrain: 85})
print(result)

result = sess.run([train, x, w, y, yTrain, loss], feed_dict={x:[98, 95, 87], yTrain: 96})
print(result)
```

这段代码与上一章中代码 3.2 的运行结果是一样的，我们仅做了几处改动，首先是把原来的 3 个输入节点的变量 x1、x2、x3：

```
x1 = tf.placeholder(dtype=tf.float32)
x2 = tf.placeholder(dtype=tf.float32)
x3 = tf.placeholder(dtype=tf.float32)
```

改成了一个 3 维的向量存入变量 x：

```
x = tf.placeholder(shape=[3], dtype=tf.float32)
```

变量 x 的定义语句稍有不同，其中增加了一个命名参数 shape，这是表示变量 x 的形态的，它的取值是 "[3]"，表示输入占位符 x 的数据将是一个有 3 个数字的数组，也就是一个三维向量。而后面的 w1、w2、w3 这 3 个可变参数也被缩减成了一个三维向量 w：

```
w = tf.Variable(tf.zeros([3]), dtype=tf.float32)
```

其中 tf.Variable 函数的第一个参数还是定义这个可变参数的初始值，由于 x 是一个形态为[3] 的三维向量，w 也需要相应地是一个形态为[3]的三维向量，而我们用 tf.zeros 这个函数可以生成一个值全为 0 的向量，也就是说 tf.zeros([3])的返回值将是一个数组[0, 0, 0]，这个向量将作为 w 的初始值。

```
yTrain = tf.placeholder(shape=[], dtype=tf.float32)
```

yTrain 因为只是一个普通数字，不是向量，如果要给它一个形态的话，可以用一个空的方括号 "[]" 来代表。

再往下，隐藏层节点变量 n1、n2、n3 也被缩减成一个变量 n：

```
n = x * w
```

假设输入数据 x 为[90, 80, 70]，也就是第一位学生的 3 项分数，此时 w 为[2, 3, 4]，那么 n = x * w 的运算结果就是[90 * 2, 80 * 3, 70 * 4]，即[180, 240, 280]。这是因为 "*" 代表数学中矩阵运算的 "点乘"，点乘是指两个形态相同的矩阵中每个相同位置的数字相乘，结果还是和这两个矩阵形态都一样的矩阵。向量的点乘与矩阵点乘的方法是一样的，所以 x * w 的计算结果还是与 x 或 w 相同形态的三维向量，其中第一维的结果是 x 中的第一维的数字 90 乘以 w 中的第一维的数字 2，即 90*2 得到 180，后面依此类推。

由于我们把原来 3 个隐藏层节点 n1、n2、n3 缩减成了一个向量 n，输出层节点 y 的计算也要做出改变：

```
y = tf.reduce_sum(n)
```

tf.reduce_sum 函数的作用是把作为它的参数的向量（以后还可能会是矩阵）中的所有维度的值相加求和，与原来 y = n1 + n2 + n3 的含义是相同的。

这样，我们对模型的简化修改就已经完成了。后面的训练过程基本是一样的，唯一的不同是在"喂"数据的时候，由于 x1、x2、x3 已经被简化成了一个 x，所以 feed_dict 当然也要做变化，直接给 x"喂"一个 3 维向量就可以了，输出结果数组当然也要做对应的修改，像下面一样：

```
result = sess.run([train, x, w, y, yTrain, loss], feed_dict={x: [90, 80, 70], yTrain: 85})
```

我们运行上面整段代码，可以看到输出信息如下：

```
[None, array([ 90.,    80.,    70.], dtype=float32), array([ 0.00316052,    0.00316006,
0.00315938], dtype=float32), 0.0, array(85.0, dtype=float32), 85.0]
[None, array([ 98.,    95.,    87.], dtype=float32), array([ 0.00554424,    0.00563004,
0.0056722 ], dtype=float32), 0.88480234, array(96.0, dtype=float32), 95.115196]
```

从第一条结果输出信息中，可以看到 x 确实被理解成为一个数组，其中有 3 个相应分数的数字；w 也类似，也是一个含有 3 个数字的数组；其余数值和之前的结果都是一样的。我们把最后的训练过程改成用循环重复训练 5000 次。

代码 4.2　score1e.py

```
import tensorflow as tf

x = tf.placeholder(shape=[3], dtype=tf.float32)
yTrain = tf.placeholder(shape=[], dtype=tf.float32)

w = tf.Variable(tf.zeros([3]), dtype=tf.float32)

n = x * w

y = tf.reduce_sum(n)

loss = tf.abs(y - yTrain)

optimizer = tf.train.RMSPropOptimizer(0.001)

train = optimizer.minimize(loss)

sess = tf.Session()

init = tf.global_variables_initializer()

sess.run(init)

for i in range(5000):
    result = sess.run([train, x, w, y, yTrain, loss], feed_dict={x: [90, 80, 70], yTrain:
85})
    print(result)

    result = sess.run([train, x, w, y, yTrain, loss], feed_dict={x:[98, 95, 87], yTrain:
96})a
```

```
print(result)
```

最后得到的几条结果如下：

```
[None, array([ 90., 80., 70.], dtype=float32), array([ 0.58307463, 0.28737178,
0.13318372], dtype=float32), 85.011215, array(85.0, dtype=float32), 0.01121521]
[None, array([ 98., 95., 87.], dtype=float32), array([ 0.58203536, 0.28629485,
0.13208804], dtype=float32), 96.028618, array(96.0, dtype=float32), 0.028617859]
[None, array([ 90., 80., 70.], dtype=float32), array([ 0.5829941 , 0.2872099 ,
0.13297962], dtype=float32), 84.532936, array(85.0, dtype=float32), 0.4670639]
[None, array([ 98., 95., 87.], dtype=float32), array([ 0.58403337, 0.28828683,
0.1340753 ], dtype=float32), 95.987595, array(96.0, dtype=float32), 0.012405396]
```

可以看到，误差也被控制到了很小的范围，3 个权重（w 向量中的 3 个数值）分别也接近于 0.6、0.3、0.1，与之前的程序效果是基本一样的。

4.4　简化的神经网络模型

我们按照前面简化了的程序，可以重新画出简化后的神经网络模型如图 4.1 所示。

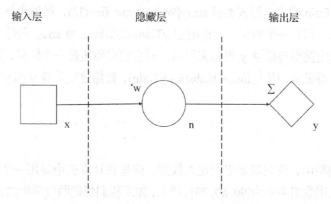

图 4.1　三好学生成绩问题简化神经网络模型

从图 4.1 中可以看到，简化后的神经网络模型非常简单，输入层只有一个节点 x，隐藏层也只有一个神经元节点 n，其中的输入 x、可变参数 w、隐藏节点输出 n 均为向量。也就是说，我们使用向量来组织输入数据后，只用一个神经元就解决了原来需要 3 个神经元的问题。

如果把这个简化模型与图 1.3 中的 MP 模型做一个对比，会发现两者非常神似，因为 MP 模型就是一个单神经元的模型。

这个简化的模型，与图 3.1 中较复杂的模型在实际意义上可以说是等价的，也就是说，同样的输入数值进入这两个神经网络，得到的输出都是一样的。在实际研究与开发中，由于简化的模型图相对太简单，也不太好表达每个向量的维度，为了描述更清晰，有时候虽然开发者是按简化的模型去实现神经网络，但在画模型图及使用模型图与别人沟通的时候，还是用类似图 3.1 中的较复杂的模型，这时候有人也把按简单模型实现的代码中的可变参数 w 向量中的每一个维度理解成一个神经元节点，这样与复杂模型图就能够对得上了。我们要能够理解这些看法和说法，实际上人工智能和深度学习有很多概念还没有定论，众说纷纭，我们一要能够辨别本质，二要能够理解包容。

4.5 概念补充——标量、多维数组等

到这里，我们需要稍微补充一些后面会用到的概念与知识了，这些知识并不复杂，但是比较细碎，大家一定耐心看明白，我们需要充分理解和掌握这些知识才能看懂书中后面大部分内容。

4.5.1 标量

前面已经介绍过向量的概念，那么对于普通的一个数字，我们也给它一个名称，叫作"标量"，英文是 scalar，代表一个简单的数字，这个数字可以是整数或浮点数（小数）。

例如，前面例子中的训练期待目标值 yTrain 就是一个典型的标量，因为它就是一个代表三好学生总成绩的分数。这里我们也需注意 yTrain 的类型，在输出中显示是数组类型，之前我们一直没有解释为什么。对比前面的 x 和 w 的输出，它们也是数组类型，因为它们是向量，我们介绍过向量在计算机中是用一个数组来表示的，所以可以看到输出的 x 和 w 都是类似 array([98., 95., 87.], dtype=float32)这样的表达形式，其中方括号与其中逗号分隔开的各个数值，就代表了整个向量的取值是一个数组。而 yTrain 的表达形式类似 array(96.0, dtype=float32)，虽然也是 array，但是其中没有方括号括起来的数组，只有一个数字。这说明把 yTrain 类型标记为 array 只是 TensorFlow 的理解方式问题，虽然它的输出类型与标量 y 看起来不同，但它的实质还是一个标量，这点从 loss 的计算过程中也可以从侧面获得证实，因为 loss = tf.abs(y - yTrain)，显然这里需要 y 和 yTrain 是相同类型的数值才可以运算。

4.5.2 多维数组

我们在简化的模型中，用向量来组织输入数据，向量在计算机中是用一个数组来表达的，例如一位学生的分数可以用数组表示为[90, 80, 70]。那么，如果我们想把两位学生的分数存放在一起表达，那么应该怎么办呢？

在数学中，这种情况可以用矩阵来表示，例如下面这个矩阵就可以表达出这两位学生的分数。

$$\begin{bmatrix} 90 & 80 & 70 \\ 98 & 95 & 87 \end{bmatrix}$$

其中，该矩阵的第一行就代表第一位学生的 3 项分数，第二行就代表第二位学生的 3 项分数。对于这个有两行三列的矩阵，我们用一般的说法可以称为"2×3 的矩阵"。

计算机中并不直接支持矩阵这种数据类型，但是可以用所谓的"二维数组"来满足这种表达需求。我们之前介绍的数组，其实都应该叫作一维数组，也就是只包含一串数字的数组。对于矩阵这种包含多串或者说多行数字的数据，我们可以用类似下面的二维数组来表达。

```
xAll = [[90, 80, 70], [98, 95, 87]]
```

这里，我们定义了一个变量 xAll，表示是存储所有学生分数的变量。xAll 后面等号右边的赋值内容就是一个二维数组。为了好理解，我们也可以先写成这样：

```
x1 = [90, 80, 70]
x2 = [98, 95, 87]
xAll = [x1, x2]
```

这段代码写法的逻辑就更清楚了。可以看出，xAll 是一个数组，其中有两项，分别是 x1 和 x2，

而 x1 和 x2 又分别是一个数组，所以把 x1 和 x2 代入进来就可以得到 xAll = [[90, 80, 70], [98, 95, 87]] 这样的结果。我们把这段代码在 Python 交互环境中执行也可以看到确实是这样。

```
>>> x1 = [90, 80, 70]
>>> x2 = [98, 95, 87]
>>> xAll = [x1, x2]
>>> print(xAll)
[[90, 80, 70], [98, 95, 87]]
>>>
```

所以二维数组可以看成是这样的一种数组：数组的第一个维度中的每个内容项还是一个数组，第二个维度中的每个内容项才是数字。对于一个矩阵，其中的"行"就可以看作是第一个维度，"列"是第二个维度。例如本例中的二维数组，我们也可以仿照矩阵的叫法，把它称为"2×3 的二维数组"；这种叫法中，从左到右用乘号"×"连接的数字分别代表维度及每一维的内容项数量。

用这种数组嵌套的方式，推而广之还可以有二维以上的多维数组。多维数组可以用来表达数学上很难表达的多维数据。实际上，我们后面是会遇到多维的情况的，例如，一张彩色图片的数据，包含每行每列上的像素，每个像素又包含它的颜色值，颜色值一般用 R、G、B（红、黄、蓝）3 个"通道"来表达，那么这其中已经至少包含了"行"、"列"、"通道"3 个维度。对于这种情况，我们就需要用三维数组来表示图片数据。

需要注意的是，不要把向量的维度和数组的维度这两个概念搞混了。向量中有几个数字，我们就把它叫作几维的向量，其中每一位数字（严格的说应该是数字所处的位置或顺序）叫作其中的一维。而多维数组中，除了最后一维是一个一维数组（也就是只包含数字项）外，其他每一维都是包含数组作为内容项的，并且维度越高，包含的内容项的维度也越高，例如，二维数组的第一维包含的内容项都是一维数组，而三维数组包含的内容项都是一个个二维数组。下面是一个简单的三维数组的示例：

```
[[[90, 80, 70], [98, 95, 87]], [[99, 88, 77], [88, 90, 63]]]
```

这个三维数组可以用来表达两个班级的学生的总成绩（虽然学生人数少了一些），也就是说除了"人"、"分数类型"外，又引入了一个"班级"作为第一个维度。第一个维度包含了两个班级，第二个维度是两位学生，第三个维度中包含了 3 个数字，分别代表德育分、智育分、体育分 3 个分数；这个三维数组可以称为"2×2×3 的三维数组"。

4.5.3　张量的阶和形态

有了前面这些知识基础，我们就可以说说张量的阶和形态的概念了。

张量主要是用来存放节点的输出数据的，其中存放的数据可以是一个标量（也就是一个数），也可以是一个向量（一组数），还可以是一个矩阵（二维的数组），甚至可以是用多维数组来表达的数据。TensorFlow 中用"形态"（shape）来表达在张量中存储的数据的形式。

形态本身也是用一个类似一维数组的表达形式来表示的，例如前面例子中表示两位学生成绩的矩阵：

$$\begin{bmatrix} 90 & 80 & 70 \\ 98 & 95 & 87 \end{bmatrix}$$

这是一个两行三列也就是 2×3 的矩阵，在 Python 中可以用一个二维数组来表示这个矩阵：

```
[[90, 80, 70], [98, 95, 87]]
```

而如果张量中存储的是这个二维数组，我们就说它的形态是[2, 3]，可以看出，形态本身也是一个一维数组，其中的 2 和 3 分别代表这个矩阵两个维度（行和列）上的项数。注意在 TensorFlow 中，有很多时候也直接用小括号括起来的一组数字来表示形态，例如(2, 3)也是可以的。

对于一维数组，例如下面这个表示一位学生分数的向量：

```
[90, 80, 70]
```

我们说它的形态是[3]，它只有一个维度，这个维度中项数是 3，就是说有 3 个数字。

对于一个标量，也就是一个数字，我们统一用一个空的数组来表示它的形态，写法是一对空的方括号"[]"或一对小括号"0"。

推而广之，对于二维以上的多维数组，我们也可以用类似的方式来表示形态，例如，前面例子中表示两个班中学生分数的三维数组：

```
[[[90, 80, 70], [98, 95, 87]], [[99, 88, 77], [88, 90, 63]]]
```

形态就是[2, 2, 3]。

在 TensorFlow 中，张量的形态用一个数组来表示，这个数组中有几个数字，我们就说这个张量是几"阶"（rank）的张量。那么可以很容易地看出，标量是 0 阶的，向量是 1 阶的，二维数组是 2 阶的，三维数组是 3 阶的，以此可以类推到更多维度的数组。

4.6 在 TensorFlow 中查看和设定张量的形态

本书之前的例子中，定义张量时都没有指定它的形态，TensorFlow 会很智能地在程序执行时根据输入的数据自动确定张量的形态。例如：

代码 4.3 code001.py

```
import tensorflow as tf

x = tf.placeholder(dtype=tf.float32)

xShape = tf.shape(x)

sess = tf.Session()

result = sess.run(xShape, feed_dict={x: 8})
print(result)

result = sess.run(xShape, feed_dict={x: [1, 2, 3]})
print(result)

result = sess.run(xShape, feed_dict={x: [[1, 2, 3], [3, 6, 9]]})
print(result)
```

在这段代码中，我们定义了一个占位符变量 x，根据我们前面介绍的，x 就是一个张量。定义张量 x 的时候，我们没有指定它的形态，只是指定了它的数值类型是 32 位浮点数（float32）。为了在程序中查看 x 的实际形态，我们定义了一个变量 xShape，它通过调用 tf.shape 函数，把 x 作为这个函数的输入参数，可以获得 x 的形态。因为在这段代码中我们没有定义可变参数，所以在定义会话对象 sess 后，我们没有像以前那样调用初始化可变参数的函数，而是直接就运行会话了。我们一共运行了 3 次会话，每次分别给 x 输入不同形态的数据，每次都要求输出 xShape，第一次输入了一个数字（标量），第二次输入了一个一维数组（向量），第三次输入了一个二维数组。我们来看程序的输出结果：

```
[]
[3]
[2 3]
```

可以看到，结果和我们预想的完全相同，第一次运行由于输入 x 的数据是标量，所以得到的形态是"[]"；第二次输入 x 的数据是向量，所以得到的形态是 1 阶的"[3]"；第三次输入 x 的数据是二维数组，得到的形态也是对应的 2 阶的"[2 3]"（输出中没有用逗号，而是用空格来分隔数组中的数据项）。

为了严格规范输入数据，在定义张量的时候，就可以指定形态。例如：

代码 4.4　code002.py

```python
import tensorflow as tf

x = tf.placeholder(shape=[2, 3], dtype=tf.float32)

xShape = tf.shape(x)

sess = tf.Session()

result = sess.run(xShape, feed_dict={x: [[1, 2, 3], [2, 4, 6]]})
print(result)

result = sess.run(xShape, feed_dict={x: [1, 2, 3]})
print(result)
```

在代码 4.4 中定义 x 时，加上了命名参数 shape 来指定 x 的形态为[2, 3]，然后我们运行两次会话，分别给 x 输入不同的数据，执行这一段程序的输出结果如下：

```
[2 3]
Traceback (most recent call last):
  File "test3.py", line 12, in <module>
    result = sess.run(xShape, feed_dict={x: [1, 2, 3]})
  File
"/Library/Frameworks/Python.framework/Versions/3.5/lib/python3.5/site-packages/tensorflow
/python/client/session.py", line 889, in run
    run_metadata_ptr)
  File
"/Library/Frameworks/Python.framework/Versions/3.5/lib/python3.5/site-packages/tensorflow
/python/client/session.py", line 1096, in _run
    % (np_val.shape, subfeed_t.name, str(subfeed_t.get_shape())))
ValueError: Cannot feed value of shape (3,) for Tensor 'Placeholder:0', which has shape
'(2, 3)'
```

可以看到，对于第一组输入数据，程序执行是正常的，输出了"[2, 3]"这个正确的张量 x 的形态；因为我们输入的数据就是一个 2×3 的二维数组。而在第二组数据中我们故意输入了一个错误形态的数据，即一个一维数组[1, 2, 3]，程序执行中也就不出意料地提示我们出现了错误，其中"ValueError: Cannot feed value of shape (3,) for Tensor 'Placeholder:0', which has shape '(2, 3)'"的含义是"无法给一个形态为(2, 3)的张量'喂'形态为(3,)的数值"。注意，这里 TensorFlow 表达形态用的是小括号的方式。另外，这种情况下，对于形态为[3]的张量，TensorFlow 用小括号表达的方式是"(3,)"，这应该是为了避免与普通数学表达式中括号的含义混淆。

下面我们来看看一段代码，里面总结性地列出了标量、向量、多维数组的形态在 TensorFlow 中是如何表达和指定的。

代码 4.5　code003.py

```python
import tensorflow as tf

x1 = tf.placeholder(shape=[], dtype=tf.float32)

x2 = tf.placeholder(shape=(), dtype=tf.float32)

x3 = tf.placeholder(shape=[3], dtype=tf.float32)

x4 = tf.placeholder(shape=(3), dtype=tf.float32)

x5 = tf.placeholder(shape=3, dtype=tf.float32)

x6 = tf.placeholder(shape=(3, ), dtype=tf.float32)

x7 = tf.placeholder(shape=(2, 3), dtype=tf.float32)

x8 = tf.placeholder(shape=[2, 3], dtype=tf.float32)

sess = tf.Session()

result = sess.run(tf.shape(x1), feed_dict={x1: 8})
print(result)

result = sess.run(tf.shape(x2), feed_dict={x2: 8})
print(result)

result = sess.run(tf.shape(x3), feed_dict={x3: [1, 2, 3]})
print(result)

result = sess.run(tf.shape(x4), feed_dict={x4: [1, 2, 3]})
print(result)

result = sess.run(tf.shape(x5), feed_dict={x5: [1, 2, 3]})
print(result)

result = sess.run(tf.shape(x6), feed_dict={x6: [1, 2, 3]})
print(result)

result = sess.run(tf.shape(x7), feed_dict={x7: [[1, 2, 3], [2, 4, 6]]})
print(result)

result = sess.run(tf.shape(x8), feed_dict={x8: [[1, 2, 3], [2, 4, 6]]})
print(result)
```

其中 x1、x2 都是标量（0 阶张量），x3、x4、x5、x6 都是向量（1 阶张量），x7、x8 都是二维数组（2 阶张量），我们需要了解它们等价的几种写法。另外，因为变量太多，我们没有另定义 xShape 这样的变量，而是直接把 tf.shape 函数（的返回值）作为 sess.run 函数的参数，注意这样的写法也是可以的。

程序的执行结果如下：

```
shape of x1: []
shape of x2: []
shape of x3: [3]
shape of x4: [3]
```

```
shape of x5: [3]
shape of x6: [3]
shape of x7: [2 3]
shape of x8: [2 3]
```

4.7　用 softmax 函数来规范可变参数

本节介绍一个常用的规范化可变参数的小技巧。回顾从上一章开始引入的三好学生成绩问题，其中计算总分的公式如下：

总分 = 德育分 * 60% + 智育分 * 30% + 体育分 * 10%

我们可以看出，其中的 3 个权重值之和永远是 100%，也就是 1。我们后来在程序中用可变参数 w1、w2 和 w3 或一个 3 维向量 w 来表示这些权重，也就是说 w1 + w2 + w3 应该等于 1，或者对向量 w 求和应该等于 1。这个规则如果应用到我们的程序中，可以大大减少优化器调整可变参数的工作量。下面我们就看看如何实现这个规则。

代码 4.6　score1f.py

```
import tensorflow as tf

x = tf.placeholder(shape=[3], dtype=tf.float32)
yTrain = tf.placeholder(shape=[], dtype=tf.float32)

w = tf.Variable(tf.zeros([3]), dtype=tf.float32)

wn = tf.nn.softmax(w)

n = x * wn

y = tf.reduce_sum(n)

loss = tf.abs(y - yTrain)

optimizer = tf.train.RMSPropOptimizer(0.1)

train = optimizer.minimize(loss)

sess = tf.Session()

init = tf.global_variables_initializer()

sess.run(init)

for i in range(2):
    result = sess.run([train, x, w, wn, y, yTrain, loss], feed_dict={x: [90, 80, 70],
yTrain: 85})
    print(result[3])

    result = sess.run([train, x, w, wn, y, yTrain, loss], feed_dict={x:[98, 95, 87], yTrain:
96})
    print(result[3])
```

本段代码是以代码 4.2 为基础修改的，该段代码是用向量形式来定义可变参数 w 的。代码 4.6 中新增或修改的语句已用粗体字标注出来，最主要的修改是在定义完 w 后增加了一条语句：

```
wn = tf.nn.softmax(w)
```

在这条语句中，我们新定义了一个变量 wn，让它等于 tf.nn.softmax(x)的返回值。"nn" 是 neural network 的缩写，nn 是 TensorFlow 的一个重要子类（包），其中的 softmax 函数是经常被用到的一个函数，它可以把一个向量规范化后得到一个新的向量，这个新的向量中的所有数值相加起来保证为 1。softmax 函数的这个特性经常被用来在神经网络中处理分类的问题，但在这里，我们暂时只使用它来满足让所有权重值相加和为 1 的需求。这条语句执行完，就会得到一个新的向量 wn，它的各个值项相加总和为 1，并且它的形态与 w 完全相同。

在接下来的 y = x * wn 语句中用 wn 代替原来的 w 来进行下一步的运算。在 sess.run 函数运行后的结果集中加上 wn 以便能够查看到 wn 的变化，由于 wn 是该数组中的第 4 项，按照从 0 开始排序的原则序号应为 3，所以后面 print(result[3])这些语句只输出 wn 的取值，以免与其他值一起显示显得太乱。另外，我们在 optimizer = tf.train.RMSPropOptimizer(0.1)这一条语句中，把参数学习率改大了一点到 0.1，以便能够比较清楚地看到 wn 的变化情况。

这段代码的执行结果如下：

```
[ 0.33333334  0.33333334  0.33333334]
[ 0.41399801  0.32727832  0.25872371]
[ 0.44992     0.32819405  0.22188595]
[ 0.52847189  0.2905868   0.18094125]
```

可以看到，wn 一开始的值是相等的 3 个数字（小数点后最后的一位数 4 是由于计算机中对无限循环小数舍入导致的显示问题），它们的和是 1，3 个数字相等是因为我们给 w 赋的初值是一个 3 项都是 0 的向量（程序中是用 tf.zeros 函数来实现的）。后面随着 w 的调整，wn 中的各个数字也随着 w 中对应数字所占的比重做出了相应的变化，但始终保持所有数字相加和是 1。

对于代码 3.3 中的代码，由于可变参数使用了 w1、w2、w3 这 3 个变量，我们可以这样修改：

```
import tensorflow as tf

x1 = tf.placeholder(dtype=tf.float32)
x2 = tf.placeholder(dtype=tf.float32)
x3 = tf.placeholder(dtype=tf.float32)
yTrain = tf.placeholder(dtype=tf.float32)

w1 = tf.Variable(0.1, dtype=tf.float32)
w2 = tf.Variable(0.1, dtype=tf.float32)
w3 = tf.Variable(0.1, dtype=tf.float32)

wn = tf.nn.softmax([w1, w2, w3])

n1 = x1 * wn[0]
n2 = x2 * wn[1]
n3 = x3 * wn[2]

y = n1 + n2 + n3

loss = tf.abs(y - yTrain)

optimizer = tf.train.RMSPropOptimizer(0.1)

train = optimizer.minimize(loss)

sess = tf.Session()
```

```
init = tf.global_variables_initializer()

sess.run(init)

for i in range(2):
    result = sess.run([train, x1, x2, x3, w1, w2, w3, wn, y, yTrain, loss], feed_dict={x1:
90, x2: 80, x3: 70, yTrain: 85})
    print(result[7])

    result = sess.run([train, x1, x2, x3, w1, w2, w3, wn, y, yTrain, loss], feed_dict={x1:
98, x2: 95, x3: 87, yTrain: 96})
    print(result[7])
```

也就是在 softmax 函数中传入参数时，要把 w1、w2、w3 组合起来成为一个向量再输入；在后面运算时，要用下标的形式来分别取 softmax 函数结果向量的各个数值项。执行的结果是一样的。

```
[ 0.33333334  0.33333334  0.33333334]
[ 0.41399801  0.32727832  0.25872371]
[ 0.44992     0.32819408  0.22188595]
[ 0.52847189  0.29058674  0.18094128]
```

通过 softmax 函数运算后，如果再用相同的学习率和循环次数来训练，会发现达到相同误差率所需的训练次数明显减少。

4.8　本章小结：线性问题

最后，我们总结一下本章和前一章研究的三好学生成绩问题，这是一个典型的线性问题。线性问题可以说是用神经网络来解决的问题中最简单的一类。如图 4.2 所示，我们的问题其实符合 y=wx 这样一个公式。

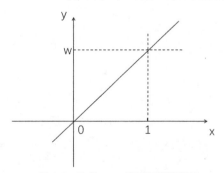

图 4.2　公式 y=wx 表示的线性模型

在 y=wx 这个线性模型中，计算结果 y 是与输入值 x 有关的函数，图 4.2 中的斜线就代表不同的 x 取值情况下 y 的取值，可以看出这是一条直线。这种计算结果是一条直线的问题就叫作线性问题。w 在本图中代表着这条斜线的斜率，也就是斜线的陡峭程度，在 x 为 1 的时候，y 值就等于 w。线性问题中的 x、y、w 可以是标量，也可以是向量，甚至是矩阵数据。

由于 y=wx 表达的线性问题的模型只能表达经过坐标原点（即 x=0 时，y 也等于 0）的一条直线，无法表达不经过原点的直线，而现实问题中不可能都是经过原点的线性问题，所以实际上一般用 y=wx+b 这样的适应性更强的线性模型公式来处理问题。

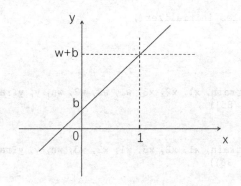

图 4.3 公式 y=wx+b 表示的线性模型

在 y=wx+b 表示的线性模型中，加入了一个参数 b（bias 的简写），一般称为偏移量或偏置值。偏移量 b 的加入，使得这个模型的结果直线可以不一定经过原点，w 仍然代表直线的斜率，但当 x=0 时，y=b，当 x=1 时，y=w+b。这样，这个线性模型能够适应的情况就比 y=wx 多得多了，实际上 y=wx 可以看作是 y=wx+b 模型中的一种特殊情况，也就是在 b=0 的时候，这两种模型是等价的。

线性模型虽然无法解决非线性问题，但是在解决非线性问题时，我们通常仍然会用线性模型作为神经元节点处理中的第一步，再做非线性化的处理，所以对 y=wx+b 这个标准的线性模型一定熟悉掌握。

4.9 练习

1. 试定义一个形态为[3, 2]的张量，并在 TensorFlow 中查看它与标量 7 相乘的结果。
2. 对上题中的张量进行 softmax 计算操作后查看结果。

05 第5章 用神经网络解决非线性问题

前面介绍了线性问题的处理思路并给出了实例讲解。线性问题的解决方法是解决其他更复杂问题的基础。实际生活中，我们遇到的问题往往是非线性的，本章就将介绍如何用神经网络来解决非线性问题。

5.1 非线性问题的引入

在第 4 章中，我们以三好学生总成绩问题为例介绍了如何用神经网络解决线性问题。本章我们要继续往下介绍如何解决非线性问题。

5.1.1 三好学生评选结果问题

我们还是继续以三好学生问题为例，但这次的情况稍有变化，下面是问题的描述。

* 学校已经颁布了三好学生的评选结果，所有家长都知道了自己的孩子是否被评选上了三好学生。

* 所有家长也知道了孩子的德育分、智育分、体育分 3 项分数成绩。但是不知道总分，这次学校没有发布总分。

* 学校本次三好学生的评选规则是：总分 ≥ 95 即可当选三好学生；计算总分的公式仍然是：总分 = 德育分 * 60% + 智育分 * 30% + 体育分 * 10%，但学校没有公布这些规则，家长们并不知情。

* 家长们希望通过神经网络来计算出学校的上述规则。

5.1.2 二分类问题：是否为三好学生

问题描述完后，我们来分析这个问题。

首先，看看家长们可以搜集到的数据。根据问题描述，显然家长们可以收集到所有孩子的 3 项分数和评选结果。3 项分数还是用类似[90, 80, 70]这样的一个向量来表示；评选结果只有两种可能："是三好学生"和"不是三好学生"。在计算机中需要把所有数据都数字化，对这种只有"是"或"否"的数据，我们一般可以用数字"1"代表"是"，数字"0"代表"否"。

然后，看看用收集到的数据大致可以怎样来解决这个问题。

如图 5.1 所示，根据对问题的分析，我们应该建立一个神经网络，这个网络的输入端接收一位学生的 3 项分数作为输入，经过内部计算后，最后输出一个"0"或者"1"的结果。理论上，当我们用足够多的训练数据来训练这个神经网络，让它对所有已知孩子的分数都能计算出正确的结果，那么这时候学校评选三好学生的规则就应该体现在神经网络的可变参数中。

图 5.1 三好学生评选结果问题分析

同时，如果这个神经网络对于已知的输入都能够得到正确的输出结果，那么也可以看作这个神经网络已经具备了一定的预测能力，也就是说如果新来一位学生，他的成绩没有被用来训练过，把他的分数送入该神经网络，也很可能得到正确的结果。因此，可以认为，这种类型的神经网络是用来进行分类的，即根据输入的分数把学生分成"是三好学生"和"不是三好学生"两类。

神经网络在设计之初就被常用来解决分类问题，故分类问题是非常适合用神经网络来处理的。本例中的分类问题又可以进一步称为"二分类"问题，因为最后分出来的结果是两类。二分类问题是分类问题中相对最简单的。

5.1.3　非线性问题

我们来继续深入分析这个问题。该问题显然不是一个线性问题，也就是无法用一个类似 y = wx + b 的公式来从输入数据获得结果。

在图 5.2 中画出了每位学生的总分和评选结果的关系，其中横坐标轴的 xAll 代表学生的总成绩，y 代表评选结果 0 或者 1。可以看出，y 随着 x 的变化并不是呈一条直线，而是在 xAll = 95 的地方产生了一个跳变，从 0 突然变成了 1，在 95 前 y 取值都是 0，在 95 后 y 取值都是 1。如果说 y 是 xAll 的一个函数，即 y = f(xAll)，那么，f 这个函数显然不是线性函数，而是一个跳变函数或者叫作阶跃函数。因此我们说，三好学生评选结果与学生总成绩之间是一个非线性的问题。

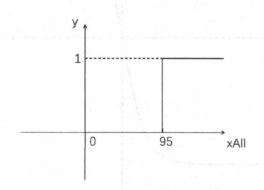

图 5.2　学生总分与三好学生评选结果的关系

我们知道，线性问题是可以传递的，即如果 y = w_1x + b_1，而 z = w_2y + b_2，那么一定可以得出来 z = w_3x + b_3；这是因为如果把 y 代入 z 的算式可以得到 z = w_2(w_1x+b_1) + b_2，整理等式可以得到最终结果 z = $w_2 w_1$x + $w_2 b_1$ + b_2，如果让 w_3 = $w_2 w_1$，b_3 = $w_2 b_1$ + b_2，就得到了与第三个等式 z = w_3x + b_3 一样的结果，显然 z 与 x 是一个线性的关系。反过来，非线性问题则是所谓的"一票否决制"，如果在一串连续的关系中有一个非线性关系出现，一般来说，整个问题都将成为非线性的问题。

因此，学生的 3 项成绩与总分的关系虽然肯定是一个线性的关系，但是由于总分与评选结果之间的关系是一个非线性的关系，所以我们说整个三好学生评选结果问题是一个非线性的问题。

5.2 设计神经网络模型

5.2.1 激活函数 sigmoid

从前面对三好学生评选结果问题的分析中，我们可以看出，从 3 项分数到计算出总分，与第 4 章中解决的三好学生总分问题是一样的，关键在于后面从总分得出评选结果这一步如何实现。

如果把评选结果的"是"与"否"分别定义为 1 和 0，那么从总分得出评选结果的过程就可以看成从一个 0～100 的数字得出 0 或 1 的计算过程。要实现这个过程，人工智能领域早已有了对应的方法，这个方法就是 sigmoid 函数。

图 5.3 中所示的是 sigmoid 函数的曲线。sigmoid 函数的数学表达式（e 为自然底数）：

$$\text{sigmoid}(x) = \frac{1}{1 + e^{-x}}$$

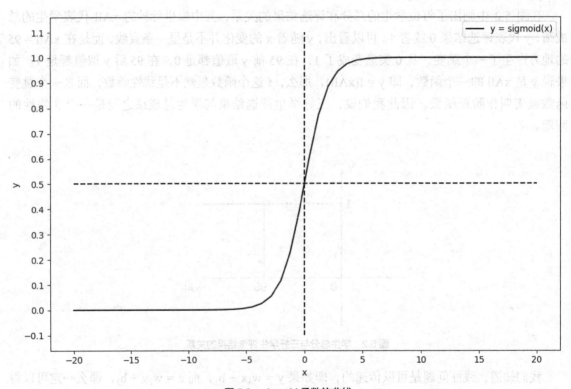

图 5.3　sigmoid 函数的曲线

我们其实没有必要太关注 sigmoid 函数的数学形式，只需要了解 sigmoid 有一个特别有用的功能，就是可以把任何数字变成一个 0 到 1 范围之间的数字。我们从图 5.3 中可以看出，x 在小于-5 的取值范围的时候，y 的值基本极度接近于 0；x 大于 5 时，y 又极度趋近于 1，而 x 在-5 到 5 的取值范围的时候，y 的取值有一个快速从 0 到 1 的跳变过程，也就是说 sigmoid 函数非常像前面介绍过的跳变函数。因此，sigmoid 函数的这个功能常常被神经网络用来进行二分类。

另外，在神经网络中，像 sigmoid 这种把线性化的关系转换成非线性化关系的函数，叫作激活函数（activation function）。

5.2.2　使用 sigmoid 函数后的神经网络模型

有 sigmoid 函数后，我们就可以设计出如图 5.4 所示新的神经网络模型来解决三好学生评选结果问题了。

为了看起来逻辑更清楚，在图 5.4 中还是用较复杂的神经网络模型图来描述模型，但后面程序实现的时候会按简单的方式（即用向量或矩阵来组织输入参数、可变参数和张量）来实现，大家要习惯这种方式。

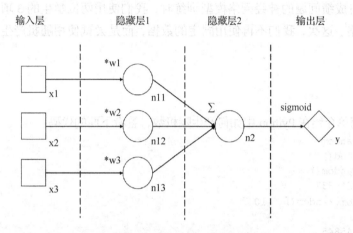

图 5.4　三好学生评选结果问题的神经网络模型

这个模型与图 3.1 的模型相比，输入层和第一个隐藏层基本一样，后面则多了一个隐藏层。隐藏层 1 中的节点为了与隐藏层 2 中的节点区分，我们把节点名称分别改为 n11、n12、n13，隐藏层 2 中的唯一节点则命名为 n2。整个模型的操作与数据流向大致是：隐藏层中的节点 n11、n12、n13 分别接收来自输入层节点 x1、x2、x3 的输入数据，与权重 w1、w2、w3 分别相乘后都送到隐藏层 2 的节点 n2，n2 将这些数据汇总求和后再送到输出层，输出层节点 y 将来自 n2 的数据使用激活函数 sigmoid 处理后，作为神经网络最终输出的计算结果。

5.2.3　实现本模型的代码

确定神经网络模型后，我们就可以开始编程来实现这个模型了。

```
import tensorflow as tf

x = tf.placeholder(dtype=tf.float32)
yTrain = tf.placeholder(dtype=tf.float32)

w = tf.Variable(tf.zeros([3]), dtype=tf.float32)

n1 = w * x

n2 = tf.reduce_sum(n1)

y = tf.nn.sigmoid(n2)
```

上面的代码中，使用了以向量来组织数据的简单实现方法，因此，需要注意其中的变量 x 是用向量形式把图 5.4 中的节点 x1、x2、x3 合起来表示的，可以看作是一维数组 [x1, x2, x3]，w 也与之类似。n1 则是把 n11、n12、n13 合并成了一个向量。输出层节点 y 则调用了 tf.nn.sigmoid 函数，这是 TensorFlow 中 nn 子类包中提供的 sigmoid 函数。至此，这段代码已经实现了图 5.4 中的模型。下面我们来看看如何组织训练数据并训练这个神经网络。

5.3 准备训练数据

在三好学生总成绩问题的神经网络模型训练时，我们使用两位学生的 3 项分数和总分作为训练数据来输入网络。这次，我们不再使用固定的数据，而是尝试使用随机产生的训练数据来进行训练。

5.3.1 随机数

首先，我们简单介绍在 Python 中如何产生随机数，看看下面的代码：

```
>>> import random
>>> random.seed()
>>> random.random()
0.3738753437264337
>>> r = random.random() * 10
>>> print(r)
8.536025631145845
>>> ri = int(r)
>>> print(ri)
8
>>>
```

Python 中的 random 包提供了一个函数 random，它的作用是在调用后产生一个[0, 1)范围（这是一种表示范围的方式，方括号表示包括某数字在内，圆括号表示不包括某数字，例如本例中表示包括 0 而不包括 1 在内的 0 到 1 范围之间的数字）内的随机小数。上面代码中，使用函数 random.random() 获得了一个随机的小数 0.3738753437264337。之后又使用 random.random() * 10 来获得一个随机数 8.536025631145845，并将其赋值给变量 r，注意这里演示了如何获得一个[0, 1)范围外的随机数的方法，假设我们要获得[0, 99]范围内的任意数字，那么就用 random.random() * 99 即可。最后，如果我们要获得整数的随机数，使用类似 int(r)的函数写法就可以获得小数 r 向下取整（注意不是四舍五入）的整数。

另外，需要注意的是，计算机中产生的随机数都是所谓的"伪随机数"，我们暂时无须深究什么是伪随机数，只要知道伪随机数随机性可能不好即可。为了达到更好的随机性，我们一般在调用函数 random.random()产生随机数之前，最好运行函数 random.seed()来产生新的随机数种子。

5.3.2 产生随机训练数据

根据对三好学生评选结果问题的分析，以及如何产生随机数的方法，可以写出产生该问题的随机训练数据的代码。

```
import random
```

```
random.seed()

xData = [int(random.random() * 101), int(random.random() * 101), int(random.random() *
101)]

xAll = xData[0] * 0.6 + xData[1] * 0.3 + xData[2] * 0.1

if xAll >= 95:
    yTrainData = 1
else:
    yTrainData = 0

print("xData: %s" % xData)

print("yTrainData: %s" % yTrainData)
```

上面的代码中，我们用 **xData** 来存放随机产生的某个学生的 3 项分数，这是一个一维数组来存放的三维向量（注意理解这个说法），其中的每一项都是通过 int(random.random() * 101)来随机产生的 0～100 的整数（注意思考后面的乘数为什么是 101 而不是 100），符合一般学生分数的范围（暂时不考虑分数有.5 结尾的情况）。然后，变量 **xAll** 保存了通过学校规定的权重值与各项分数相乘后求和得到的总分。之后，我们用了一个条件判断语句，如果总分 **xAll** ≥ 95，则让目标值 **yTrainData** 为 1，否则 **yTrainData** 为 0。这样，满足学生正常分数和评选结果的训练数据就准备好了。

有人会说，是不是我们这样来准备训练数据属于"剧透"呢？因为学生家长是不知道学校的规则的，而我们又是按学校的规则来准备数据的。这里我们要解释一下，只是准备训练数据的时候使用了学校的规则，在以后训练神经网络模型的时候，我们只会把这些数据本身送入网络去训练，神经网络不会预知我们的规则。从另一方面来说，我们用随机的方法来获得的这些数据，与真实学生的数据并没有什么本质不同，因为两者都是用同样的规则产生的，理论上学生家长收集齐大量学生的数据送进网络和用随机的方法获得数据送进神经网络进行训练神经网络学习到的分类特征是一样的。在研究工作中，为了验证神经网络的正确性或者测试它的性能，使用随机训练数据是经常用到的方法。

我们看一看上面代码的运行结果：

```
xData: [66, 2, 80]
yTrainData: 0
```

这里我们会发现，虽然该数据从理论上说是对的，例如对于一名学生如果 3 项分数分别是 66、2、80，那么他的评选结果一定是 0（代表"否"），但是这样的分数太不正常了，一般学生的分数不可能这么低。下面我们来进行优化。

```
import random

random.seed()

xData = [int(random.random() * 41 + 60), int(random.random() * 41 + 60), int(random.random()
* 41 + 60)]

xAll = xData[0] * 0.6 + xData[1] * 0.3 + xData[2] * 0.1

if xAll >= 95:
```

```
    yTrainData = 1
else:
    yTrainData = 0

print("xData: %s" % xData)

print("yTrainData: %s" % yTrainData)
```

我们在产生随机分数的时候，使用了 int(random.random() * 41 + 60)来产生一个范围在[60, 100]之间的分数，这是因为 random.random() * 41 产生的是[0, 41)之间的数字，加上 60 并取整数部分就是[60, 100]之间的一个整数。这样，如下面的结果一样，所产生的随机分数就合理多了。

```
xData: [69, 74, 91]
yTrainData: 0
```

但是这样产生的随机分数落入"是三好学生"范围的情况还是太少，不利于我们后面对神经网络的训练，神经网络还是需要有一些各种不同类型结果的数据来训练的。因此，我们可以使用下面的方法来更大概率地产生一些符合三好学生条件的数据。

```
xData = [int(random.random() * 8 + 93), int(random.random() * 8 + 93), int(random.random()
* 8 + 93)]
```

与前面道理相同，用上述代码产生的分数都介于[93,100]内，这样符合三好学生条件的数据就会大增。为了避免出现太多符合三好学生条件的数据，我们会交替使用后面这两种方法来产生更平衡的训练数据。

5.4 完整的训练代码

有了训练数据，我们就可以来编写完整的神经网络训练代码了。

5.4.1 使用随机数据进行训练

下面是使用随机产生的数据来对图 5.4 中神经网络模型进行训练的代码：

代码 5.1 score2a.py

```
import tensorflow as tf
import random

random.seed()

x = tf.placeholder(dtype=tf.float32)
yTrain = tf.placeholder(dtype=tf.float32)

w = tf.Variable(tf.zeros([3]), dtype=tf.float32)

wn = tf.nn.softmax(w)

n1 = wn * x

n2 = tf.reduce_sum(n1)

y = tf.nn.sigmoid(n2)

loss = tf.abs(yTrain - y)
```

```
optimizer = tf.train.RMSPropOptimizer(0.1)

train = optimizer.minimize(loss)

sess = tf.Session()
sess.run(tf.global_variables_initializer())

for i in range(5):
    xData = [int(random.random() * 8 + 93), int(random.random() * 8 + 93), int(random.random() * 8 + 93)]
    xAll = xData[0] * 0.6 + xData[1] * 0.3 + xData[2] * 0.1

    if xAll >= 95:
        yTrainData = 1
    else:
        yTrainData = 0

    result = sess.run([train, x, yTrain, n2, y, loss], feed_dict={x: xData, yTrain: yTrainData})
    print(result)

    xData = [int(random.random() * 41 + 60), int(random.random() * 41 + 60), int(random.random() * 41 + 60)]
    xAll = xData[0] * 0.6 + xData[1] * 0.3 + xData[2] * 0.1

    if xAll >= 95:
        yTrainData = 1
    else:
        yTrainData = 0

    result = sess.run([train, x, yTrain, n2, y, loss], feed_dict={x: xData, yTrain: yTrainData})
    print(result)
```

在代码 5.1 中，其他部分基本与之前例子中的代码类似，只是在训练部分的循环语句中，我们使用随机产生的训练数据来作为 x 和 yTrain 的输入。注意，我们也把可变参数 w 使用 softmax 函数处理，以便使得 w 向量中所有数值相加和为 1。本段代码一共循环执行 5 轮，每一轮都进行两次训练，其中第一次训练使用是三好学生概率大一些的随机分数，第二次使用一般的随机分数。执行代码结果如下：

```
   [None, array([  95.,      96.,      97.], dtype=float32),    array(1.0, dtype=float32),
array([ 0.33333334,  0.33333334,  0.33333334], dtype=float32), 96.0, 1.0, 0.0]
   [None, array([  86.,      99.,      92.], dtype=float32),    array(0.0, dtype=float32),
array([ 0.33333334,  0.33333334,  0.33333334], dtype=float32), 92.333336, 1.0, 1.0]
   [None, array([  95.,      93.,      96.], dtype=float32),    array(0.0, dtype=float32),
array([ 0.33333334,  0.33333334,  0.33333334], dtype=float32), 94.666672, 1.0, 1.0]
   [None, array([  78.,      72.,      68.], dtype=float32),    array(0.0, dtype=float32),
array([ 0.33333334,  0.33333334,  0.33333334], dtype=float32), 72.666672, 1.0, 1.0]
   [None, array([  95.,      95.,      93.], dtype=float32),    array(0.0, dtype=float32),
array([ 0.33333334,  0.33333334,  0.33333334], dtype=float32), 94.333336, 1.0, 1.0]
   [None, array([  93.,      87.,      93.], dtype=float32),    array(0.0, dtype=float32),
array([ 0.33333334,  0.33333334,  0.33333334], dtype=float32), 91.0, 1.0, 1.0]
   [None, array([  96.,      99.,      93.], dtype=float32),    array(1.0, dtype=float32),
array([ 0.33333334,  0.33333334,  0.33333334], dtype=float32), 96.0, 1.0, 0.0]
   [None, array([  85.,      75.,      96.], dtype=float32),    array(0.0, dtype=float32),
array([ 0.33333334,  0.33333334,  0.33333334], dtype=float32), 85.333336, 1.0, 1.0]
```

```
    [None,  array([  95.,    97.,    97.], dtype=float32),  array(1.0, dtype=float32),
array([ 0.33333334,  0.33333334,  0.33333334], dtype=float32), 96.333336, 1.0, 0.0]
    [None,  array([  74.,    88.,    92.], dtype=float32),  array(0.0, dtype=float32),
array([ 0.33333334,  0.33333334,  0.33333334], dtype=float32), 84.666672, 1.0, 1.0]
```

我们观察运行结果，发现误差调整得不明显，总是 0 或 1；可变参数 w 没有任何变化，总是初始值 0，没有实现我们期待的逐步调整效果。这是为什么呢？

回去查看图 5.4 的模型，其中最后的输出 y 是对 n2（也就是总分）使用 sigmoid 函数进行处理后得出来的，而误差 loss 则是 y 与目标值 yTrain 之间的差。我们在程序结果中把 yTrain、w、n2、y、loss 都输出了，依次是每一行输出信息的最后 5 项，从中可以看出，除了第一次，后面所有 y 的值都是 1。而因为 y 的取值始终是 1，优化器在调整可变参数 w 时"感受"不到调整带来的变化，所以也就无法进行合理的调整。

那么，为什么 y 始终为 1 呢？我们再回头看图 5.3 中 sigmoid 函数的曲线，sigmoid 函数的输入只有在-5 到 5 区间之内，曲线才会有比较剧烈的变化，在其他范围时都会极度趋近于 0 或者 1。观察总分 n2，它的值一般总是在 70～100，而对这个区间数值做 sigmoid 操作，得出来的结果都是 1，这样显然是不行的。因此，我们要设法让 n2 有一些变化，尽量落在-5 到 5 的区间附近。这时候，线性模型 $y = wx + b$ 中的偏移量 b 终于可以发挥作用了。

5.4.2 加入偏移量 b 加快训练过程

下面是在代码 5.1 的基础上引入了偏移量之后的代码：

代码 5.2 score2b.py

```python
import tensorflow as tf
import random

random.seed()

x = tf.placeholder(dtype=tf.float32)
yTrain = tf.placeholder(dtype=tf.float32)

w = tf.Variable(tf.zeros([3]), dtype=tf.float32)
b = tf.Variable(80, dtype=tf.float32)

wn = tf.nn.softmax(w)

n1 = wn * x

n2 = tf.reduce_sum(n1) - b

y = tf.nn.sigmoid(n2)

loss = tf.abs(yTrain - y)

optimizer = tf.train.RMSPropOptimizer(0.1)

train = optimizer.minimize(loss)

sess = tf.Session()
```

```
sess.run(tf.global_variables_initializer())

for i in range(5):
    xData = [int(random.random() * 8 + 93), int(random.random() * 8 + 93), int(random.
random() * 8 + 93)]
    xAll = xData[0] * 0.6 + xData[1] * 0.3 + xData[2] * 0.1

    if xAll >= 95:
        yTrainData = 1
    else:
        yTrainData = 0

    result = sess.run([train, x, yTrain, w, b, n2, y, loss], feed_dict={x: xData, yTrain:
yTrainData})
    print(result)

    xData = [int(random.random() * 41 + 60), int(random.random() * 41 + 60), int(random.
random() * 41 + 60)]
    xAll = xData[0] * 0.6 + xData[1] * 0.3 + xData[2] * 0.1

    if xAll >= 95:
        yTrainData = 1
    else:
        yTrainData = 0

    result = sess.run([train, x, yTrain, w, b, n2, y, loss], feed_dict={x: xData, yTrain:
yTrainData})
    print(result)
```

在代码 5.2 中，我们仅仅是加上了另一个可变参数 b，并让 n2 在计算总分的基础上再减去 b 的值，目的是为了让 n2 向[-5,5]这个区间范围靠拢。根据代码 5.1 的输出，我们随便预估了 b 的取值，给 b 赋上了一个初值 80。上面代码的输出结果如下：

```
[None, array([  94.,       94.,       94.], dtype=float32), array(0.0, dtype=float32),
array([  2.55651105e-13,   2.55651105e-13,   2.55651105e-13], dtype=float32), 80.0, 14.0,
0.99999917, 0.99999917]
[None, array([  66.,       60.,      100.], dtype=float32), array(0.0, dtype=float32),
array([  0.00319018,   0.00524055,  -0.00842862], dtype=float32), 80.001022, -4.6666641,
0.0093159825, 0.0093159825]
[None, array([  99.,       97.,       93.], dtype=float32), array(1.0, dtype=float32),
array([  0.00319019,   0.00524055,  -0.00842863], dtype=float32), 80.001022, 16.34565,
0.99999988, 1.1920929e-07]
[None, array([  67.,       91.,       79.], dtype=float32), array(0.0, dtype=float32),
array([  0.09661265,  -0.08823238,  -0.00836238], dtype=float32), 80.025307, -0.99278259,
0.27036282, 0.27036282]
[None, array([ 100.,       99.,       97.], dtype=float32), array(1.0, dtype=float32),
array([0.09661265,  -0.08823238,  -0.00836238], dtype=float32), 80.025307, 18.681572, 1.0, 0.0]
[None, array([  61.,       83.,       78.], dtype=float32), array(0.0, dtype=float32),
array([  0.09731764,  -0.08869461,  -0.00861632], dtype=float32), 80.025467, -6.7272873,
0.0011963448, 0.0011963448]
[None, array([  94.,       94.,      100.], dtype=float32), array(0.0, dtype=float32),
array([  0.09731765,  -0.0886946 ,  -0.00861635], dtype=float32), 80.025467, 15.951614,
0.99999988, 0.99999988]
[None, array([  76.,       88.,       66.], dtype=float32), array(0.0, dtype=float32),
array([  0.09777574,  -0.10116865,   0.00395925], dtype=float32), 80.029144, -3.6707306,
0.024825851, 0.024825851]
[None, array([  99.,       95.,       96.], dtype=float32), array(1.0, dtype=float32),
```

```
array([ 0.09777574, -0.10116865,  0.00395925], dtype=float32), 80.029144, 16.769524, 1.0, 0.0]
    [None, array([  63.,     95.,     85.], dtype=float32), array(0.0, dtype=float32),
array([ 0.29416347, -0.25911677, -0.06548338], dtype=float32), 80.070908, -0.085487366,
0.47864118, 0.47864118]
```

可以发现，这一次可变参数 w 的值明显发生了变化，b 的值也有所变化，n2 的值在 0 附近左右跳动，而误差也出现了小数上的调整（注意比较误差时，应该比较不同轮次训练中同一个序号的训练，例如对比第一轮第一次与第二轮第一次的误差变化是有意义的，对比第一轮第二次与第二轮第二次的误差变化也是有意义的）。这说明神经网络的训练已经进入正常的良性循环状态了。我们试着增加循环次数，例如改到 500 次循环，并把输出结果信息中的 w 改成 wn，最后几次的输出结果如下：

```
    [None, array([  99.,     93.,     96.], dtype=float32), array(1.0, dtype=float32),
array([ 0.65876937,  0.3049863 ,  0.03624428], dtype=float32), 93.83271, 3.1938705, 0.960603,
0.039397001]
    [None, array([  96.,     94.,     67.], dtype=float32), array(0.0, dtype=float32),
array([ 0.67868137,  0.28597936,  0.03533923], dtype=float32), 94.015182, 0.57048798,
0.63887578, 0.63887578]
    [None, array([  95.,     95.,     97.], dtype=float32), array(1.0, dtype=float32),
array([ 0.6190412 ,  0.32746825,  0.05349055], dtype=float32), 93.874672, 1.0917969,
0.74871993, 0.25128007]
    [None, array([  69.,     75.,     90.], dtype=float32), array(0.0, dtype=float32),
array([ 0.6171242 ,  0.32748759,  0.05538816], dtype=float32), 93.874672, -21.746597,
3.5939565e-10, 3.5939565e-10]
    [None, array([  99.,    100.,     94.], dtype=float32), array(1.0, dtype=float32),
array([ 0.6171242 ,  0.32748759,  0.05538816], dtype=float32), 93.870033, 5.1758728,
0.99438053, 0.0056194663]
    [None, array([  74.,     65.,     98.], dtype=float32), array(0.0, dtype=float32),
array([ 0.61673832,  0.32803771,  0.05522396], dtype=float32), 93.870033, -21.497002,
4.6128659e-10, 4.6128659e-10]
    [None, array([  95.,    100.,     96.], dtype=float32), array(1.0, dtype=float32),
array([ 0.61673832,  0.32803771,  0.05522396], dtype=float32), 93.821892, 2.8253784,
0.94403189, 0.055968106]
    [None, array([ 100.,     92.,     91.], dtype=float32), array(1.0, dtype=float32),
array([ 0.58766246,  0.35686487,  0.05547272], dtype=float32), 93.771721, 2.8239441,
0.94395608, 0.056043923]
```

可以发现，误差已经非常小（注意在误差的值是非常小的小数时，输出会改用科学计数法，例如 4.6128659e-10 表示 $4.6128659 * 10^{-10}$，也就是大约等于 0.000000000461），而且整个趋势是越来越小。这说明我们的神经网络模型设计和运行都成功了。

我们再看 3 项分数的权重变量 wn，会发现非常接近于期待值[0.6，0.3，0.1]；再观察可变参数 b，如果联想一下，会发现非常接近于这个问题中判断是否是三好学生的门槛值 95，这不是偶然的。我们知道，sigmoid 函数在输入值位于[-5,5]之间时，会有一个从 0 到 1 急剧变化的过程，也就是说，在非常靠近 0 附近的数值时，会引起 sigmoid 函数输出值的剧变。而学校设置的三好学生的总分门槛是95，也就是说，在总分 95 附近，会有一个评选结果从 0 到 1 的跳变；那么总分 n2 后来减去了一个偏移量 b，显然可以看出来，b 的值为 95 左右，是能够引起模型输出结果有较大变化的数值，也就是说 b 的取值在 95 附近时，优化器能够"感受"到调整可变参数 w 后对输出结果的影响，因而能够有效地调整可变参数，使误差越来越小。

至于为什么 b 的值与 95 相比还是略有偏差（例子中最后输出是 93.77 左右），这是因为 sigmoid 函数毕竟不是直接从 0 跳变到 1，虽然变化很快，但毕竟有一个渐变的过程。在这个过程中，输出的数值会导致优化器判断出现一些误算，这是正常的。通过增加大量在这个边界附近的训练数据（总分在 95 附近上下浮动），能够有效地进一步减小误差。不过实际应用中，神经网络往往是达不到 100% 准确率的，这也是目前大家可以接受的一个现实。

另外，由于神经网络对可变参数的调节有一定随机性，所以一般训练神经网络时代码的输出结果有可能每次都不一样，和本书中给出的例子输出结果中的数值很可能有一些差别，这是非常正常的现象，我们主要关注数据变化的趋势是否是正确的即可。

那么，到现在为止，我们可以说已经解决了三好学生评选结果的问题。既得到了 3 项分数的权重的估算值，又得到了最后评选结果的门槛值，结果比较完美。

5.5　进阶：批量生成随机训练数据

本章中，我们使用随机的方法生成训练数据并对神经网络模型进行训练，随机数据是在训练过程中随时生成的。我们也可以在训练前一次性批量生成一批训练数据以备训练。

代码 5.3　score2c.py

```python
import tensorflow as tf
import random
import numpy as np

random.seed()

rowCount = 5

xData = np.full(shape=(rowCount, 3), fill_value=0, dtype=np.float32)
yTrainData = np.full(shape=rowCount, fill_value=0, dtype=np.float32)

goodCount = 0

# 生成随机训练数据的循环
for i in range(rowCount):
    xData[i][0] = int(random.random() * 11 + 90)
    xData[i][1] = int(random.random() * 11 + 90)
    xData[i][2] = int(random.random() * 11 + 90)

    xAll = xData[i][0] * 0.6 + xData[i][1] * 0.3 + xData[i][2] * 0.1

    if xAll >= 95:
        yTrainData[i] = 1
        goodCount = goodCount + 1
    else:
        yTrainData[i] = 0

print("xData=%s" % xData)
print("yTrainData=%s" % yTrainData)
print("goodCount=%d" % goodCount)

x = tf.placeholder(dtype=tf.float32)
yTrain = tf.placeholder(dtype=tf.float32)
```

```
w = tf.Variable(tf.zeros([3]), dtype=tf.float32)
b = tf.Variable(80, dtype=tf.float32)

wn = tf.nn.softmax(w)

n1 = wn * x

n2 = tf.reduce_sum(n1) - b

y = tf.nn.sigmoid(n2)

loss = tf.abs(yTrain - y)

optimizer = tf.train.RMSPropOptimizer(0.1)

train = optimizer.minimize(loss)

sess = tf.Session()
sess.run(tf.global_variables_initializer())

for i in range(2):
    for j in range(rowCount):
        result = sess.run([train, x, yTrain, wn, b, n2, y, loss], feed_dict={x: xData[j],
yTrain: yTrainData[j]})
        print(result)
```

代码 5.3 中，我们用 import numpy as np 这条语句引入了 numpy 这个科学计算中经常用到的 Python 对象包，并给它起个简称叫作"np"。其中 np.full 函数的作用是生成一个多维数组，并用预定的值来填充，例如下面这条语句。

```
xData = np.full(shape=(rowCount, 3), fill_value=0, dtype=np.float32)
```

就是用 np.full 函数生成了一个形态是(rowCount,3)的多维数组并全部用 0 来填充，其中 rowCount 是准备生成的训练数据的条数，本例中之前给 rowCount 已经赋值为 5，说明准备生成 5 位学生的分数作为训练数据。所以 xData 最后会是一个形态为[5, 3]的二维数组，第一个维度上有 5 项，表明有 5 位学生的数据，第二个维度上有 3 项，代表每位学生有 3 项分数。函数的参数 fill_value 用于把这个数组中的所有值预先填充为某个数，本例中填充的数字没有意义，因为后面我们还将填上随机产生的分数值。注意数据类型 dtype 是 np.float32 类型，而不是 tf.float32 类型。

```
yTrainData = np.full(shape=rowCount, fill_value=0, dtype=np.float32)
```

这条语句定义了 yTrainData 这个目标值对象，这是一个一维数组，其中有 5 项，分别代表 5 位学生的评选结果，也都暂时填充为 0 值。

然后我们用了一个循环（在程序中已用注释标注出来）来批量生成 5 条训练数据（循环了 5 次），注意我们对二维数组 xData 赋值时下标的写法，第一个下标代表它的第一个维度，也就是学生（也可理解为数据的条数），第二个下标才表示分数项。另外，这次我们生成分数用了[90, 100]这个区间范围，这样生成的数据中既有符合三好学生条件的数据，也有不符合条件的数据。我们还定义了一个变量 goodCount 来记录符合三好学生条件的数据的个数，goodCount 在循环之前初始值被设置为 0，在循环中每次判断 3 项分数的总和符合三好学生条件时，会把目标值数组 yTrainData 中对应的项（用 yTrainData[i]表示）的值设置为 1，同时把 goodCount 的值加 1；不符合条件时，会把 yTrainData[i]

的值设置为 0，不会改变 goodCount 的值。所以整个循环执行完毕后，goodCount 中应该记录了符合三好学生条件数据的个数。

最后，在训练的时候，每一轮训练会训练 rowCount 次，也就是 5 次，每次训练会把 xData 和 yTrainData 中对应下标序号的数据"喂"给神经网络。程序的执行结果如下：

```
xData=[[ 93.  98.  94.]
 [ 96.  94.  96.]
 [ 98.  95.  98.]
 [ 99.  93.  96.]
 [ 94.  94.  96.]]
yTrainData=[ 0.  1.  1.  1.  0.]
goodCount=3
  [None,  array([  93.,     98.,     94.], dtype=float32),  array(0.0, dtype=float32),
array([ 0.33333334,   0.33333334,   0.33333334], dtype=float32), 80.0, 15.0, 0.99999964,
0.99999964]
  [None,  array([  96.,     94.,     96.], dtype=float32),  array(1.0,  dtype=float32),
array([ 0.33333334,  0.33333331,  0.33333334], dtype=float32), 80.0, 15.333328, 0.99999976,
2.3841858e-07]
  [None,  array([  98.,     95.,     98.], dtype=float32),  array(1.0,  dtype=float32),
array([ 0.33333334,  0.33333331,  0.33333334], dtype=float32), 80.0, 17.0, 1.0, 0.0]
  [None,  array([  99.,     93.,     96.], dtype=float32),  array(1.0,  dtype=float32),
array([ 0.33333334,  0.33333331,  0.33333334], dtype=float32), 80.0, 16.0, 0.99999988,
1.1920929e-07]
  [None,  array([  94.,     94.,     96.], dtype=float32),  array(0.0,  dtype=float32),
array([ 0.33333334,  0.33333331,  0.33333334], dtype=float32), 80.0, 14.666664, 0.99999952,
0.99999952]
  [None,  array([  93.,     98.,     94.], dtype=float32),  array(0.0,  dtype=float32),
array([ 0.33333337,  0.33333334,  0.33333334], dtype=float32), 80.0, 15.000008, 0.99999964,
0.99999964]
  [None,  array([  96.,     94.,     96.], dtype=float32),  array(1.0,  dtype=float32),
array([ 0.33333337,  0.33333331,  0.33333334], dtype=float32), 80.0, 15.333336, 0.99999976,
2.3841858e-07]
  [None,  array([  98.,     95.,     98.], dtype=float32),  array(1.0,  dtype=float32),
array([ 0.33333337,  0.33333328,  0.33333334], dtype=float32), 80.0, 17.0, 1.0, 0.0]
  [None,  array([  99.,     93.,     96.], dtype=float32),  array(1.0,  dtype=float32),
array([ 0.33333337,  0.33333328,  0.33333334], dtype=float32), 80.0, 16.0, 0.99999988,
1.1920929e-07]
  [None,  array([  94.,     94.,     96.], dtype=float32),  array(0.0,  dtype=float32),
array([ 0.33333337,  0.33333328,  0.33333334], dtype=float32), 80.0, 14.666664, 0.99999952,
0.99999952]
```

可以看到，xData 确实是一个二维数组，其中包含了 5 条数据，每条是 3 项符合定义范围的分数。yTrainData 中包含 3 个 1，也就是说有 3 位学生符合三好学生的条件，接下来输出的 goodCount 也确实等于 3。再往下的训练也一切正常。

随时生成随机数据与一次性批量生成随机数据，这两种方法在检验神经网络模型的时候都是经常用到的方法，两种方法各有利弊。随时生成数据的方法能够最大限度地提高神经网络训练的覆盖范围（因为每一次训练都是使用新产生的随机数据），进而最大限度地提高它的准确性，缺点是训练速度相对较慢；一次性生成一批随机数据的方法则反之，训练速度会很快，因为每一轮训练都是同一批数据，神经网络中的参数可以很快地被调节到合适的取值，但是这样训练出来的神经网络会比较"依赖"于这批数据，换一批数据时会发现准确度明显下降。

5.6　本章小结：非线性问题

本章中，除了解决非线性问题，还研究了随机产生训练数据的两种方法。下一章中，我们还将继续研究新的输入训练数据的方法。

5.7　练习

1.　编程生成 5 个[-20, 20)范围内的随机数，并用 TensorFlow 设法求出这些数字进行 sigmoid 操作后的结果。

2.　编程解决下述非线性问题。

输入数据：[1, 1, 1]，输出目标值：2

输入数据：[1, 0, 1]，输出目标值：1

输入数据：[1, 2, 3]，输出目标值：3

06

第6章　从文件中载入训练数据

在第 3、4 章中，我们演示了训练神经网络时在程序中直接输入训练数据的方法。在第 5 章中，我们演示了随机产生训练数据的两种方法。在实际研究中，其实经常需要从文件中载入训练数据来进行训练。这是因为神经网络一般都需要大量的数据来进行训练，在程序中一般无法直接写入这么多数据，而随机产生的数据一般用于检验模型，真正需要求解的问题一般无法预知答案或规则，所以以解决实际问题时均会有一个收集数据、整理数据的过程，然后数据会存储于文件或者数据库中，在训练的时候再随时读取并输入神经网络。从数据库读取数据需要调用专门的接口，相对比较麻烦，所以开发者一般比较青睐用文件来保存训练数据后供神经网络调取。本章中，将介绍最常用、最实用的从纯文本文件读取训练数据的方法。

6.1　用纯文本文件准备训练数据

纯文本文件是只保存文本信息的文件，一般扩展名为".txt"。与 Word、PDF 等格式的文件相比，由于不保存样式等文字以外的信息，文件会小很多；而与采用二进制格式保存数据的方式相比，虽然文件稍大一些，但易读性好了很多，所以纯文本文件是非常适合保存训练数据的。

我们在第 2 章中介绍了类似 Notepad2-mod 这一类文本编辑软件的安装和基本操作。本章中，我们也推荐使用这些工具软件来编辑和整理训练数据。

6.1.1　数据的数字化

在准备神经网络训练数据的时候，需要把所有的非数字化内容进行数字化，有时候还需要把已经是数字的内容整理得更加合理化。数字化的工作我们在第 5 章中其实已经做了，例如把三好学生评选结果的"是"和"否"这两个结果分别用数字"1"和"0"来代表，这就是一个典型的数字化的过程。对于这种分类问题，一般会转换成几个不同的数字，例如，如果成绩是用"优""良""中""差"来记录的，就可以把"优""良""中""差"转换为"1""2""3""4"或"4""3""2""1"。

6.1.2　训练数据的格式

在文本文件中，一般每行存放一条数据，一条数据中可以有多个数据项（有时称为"字段"），数据项中间一般使用英文逗号","来进行分隔，例如：

```
90,80,70,0
98,95,87,1
99,99,99,1
80,85,90,0
```

这就是三好学生评选结果问题的一组数据，一共 4 行，代表 4 位学生的数据，每一行有 3 项，前 3 项是学生的 3 项分数，最后一项是评选结果。我们在 Notepad2-mod 中把它们输入后保存成名为 data.txt 的文件，如图 6.1 所示。

图 6.1　用文本文件保存训练数据

输入时注意几点：文本文件一定要以 UTF-8 的编码形式保存；逗号一定要是英文状态下的逗号，

不要输入成中文逗号；另外，尽量不要有空格等空白字符。

6.1.3 数据整理

如果我们是从别处获得的训练数据，其中已经包含了一些非数字项，例如：

小明,90,80,70,0
小红,98,95,87,1
小康,99,99,99,1
小华,80,85,90,0

这其中每行的第一项都是学生的姓名，训练中是不需要的，我们可以在 Notepad2-mod 中将其清理掉。在 Notepad2-mod 中可以从 Edit 菜单中的 replace 菜单项进入，然后需要用到正则表达式来进行替换。正则表达式是一种很强大的文本模式表达方式，常用于文本查找和替换，本书中不准备展开讲解其内容，建议自行找资料学习。本例中，要替换掉第一列的内容，可以用类似 "[^,]*,(\d+,\d+,\d+,\d+)" 的正则表达式，如图 6.2 所示。

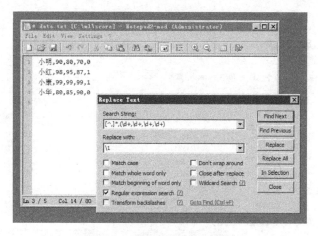

图 6.2　用正则表达式进行替换

在图 6.2 中输入对应的正则表达式和替换规则后，单击 "Repalce All" 按钮，就可以把第一列完全去掉。此时，在弹出的提示对话框中再单击 "OK" 按钮即可，如图 6.3 所示。

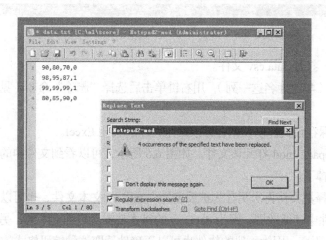

图 6.3　用正则表达式去除第一列后的结果

6.1.4 使用 CSV 格式文件辅助处理数据

如果不准备学习正则表达式，也可以用 Excel 软件来完成相同的工作。整个步骤如下。

（1）在 Notepad2-mod 中，把本例中的文件 data.txt 的编码改为"UTF-8 Signature"。这是因为 Windows 操作系统中的 UTF-8 格式文件一般要带上一个文件头（一般称为"BOM"文件头），正常情况下，各个操作系统中都认可的是不带 BOM 文件头的 UTF-8 文件；但由于我们将使用 Excel 软件，而 Excel 软件在 Windows 操作系统下打开不带 BOM 文件头的文件会有问题，所以先把文件编码转换成"UTF-8 Signature"，这就是 Notepad2-mod 软件中对带 BOM 文件头的 UTF-8 编码文件的叫法，有些文本编辑软件中也有类似"UTF-8 with BOM"的其他叫法。

（2）在 Notepad2-mod 中，把文件另存为名称为 data.csv 的文件。

注意文件的扩展名要为".csv"，保存类型为"All files(*.*)"，可对照图 6.4 中所示。

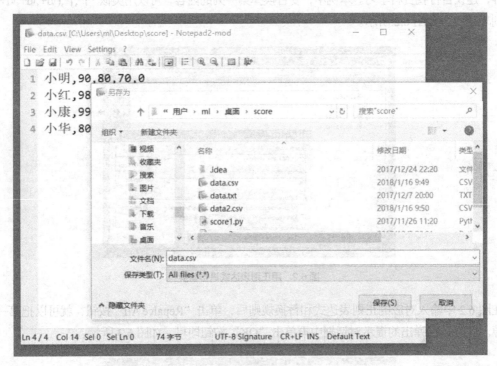

图 6.4　修改文本文件的编码格式并另存为 CSV 格式的文件

（3）在 Excel 中，打开 data.csv 文件。

（4）选中第一列（学生姓名这一列），用右键单击后选择"删除"命令（见图 6.5），即可删除这一列。

（5）在 Excel 中保存该文件以便保存修改结果，然后关闭 Excel。

（6）再次用 Notepad2-mod 打开该文件。如图 6.6 所示，可以看到文件中的第一列（学生姓名的一列）已经被成功去掉了。

（7）我们可以选择把文件再次另存为扩展名为".txt"的文本文件，也可以干脆不另存，以后可以直接从 data.csv 文件中读取数据，因为 data.csv 的格式其实就是纯文本的；另外，编码格式也可以保持 UTF-8 Signature 不变，因为一般的软件也可以正确地读取这种编码格式的文件。

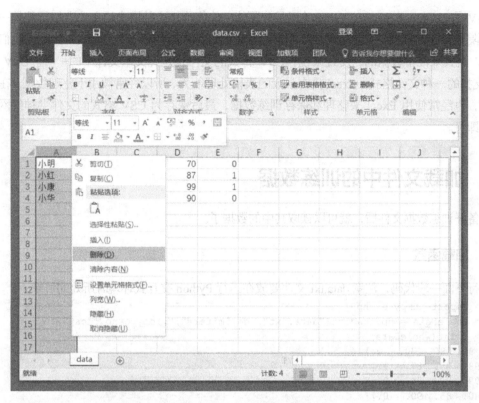

图 6.5 在 Excel 中删除一列

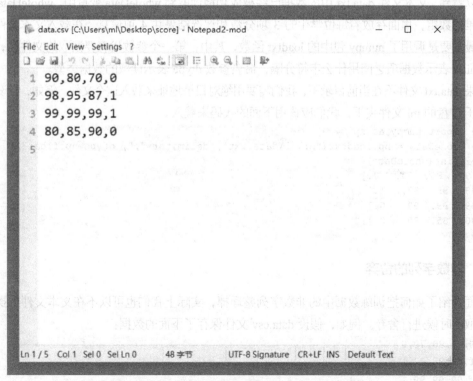

图 6.6 用 Notepad2-mod 打开修改后的 CSV 格式文件

　　CSV 是 Comma-Separated Values（逗号分隔值）的简称，这种格式的文件中每行都是一个个用逗号分隔开来的内容项，也就是说和我们推荐使用的训练数据的格式是一致的，实际上我们也就是按 CSV 格式来准备数据的，反过来说，CSV 格式的文件也是纯文本文件中的一种。CSV 格式是 Excel 支持的一种文件格式。Excel 具有强大的表格处理能力，所以经常被用于整理数据。在人工智能领域，也经常使用 Excel 来整理和保存训练数据，最后保存为 CSV 格式的文件供神经网络训练时读取即可。

6.2　加载文件中的训练数据

　　准备好训练数据文件后，就可以读取其中的数据了。

6.2.1　加载函数

　　执行下面一段代码，注意 data.txt 文件要放在运行 Python 交互式环境时所处的目录下。

```
>>> import numpy as np
>>> wholeData = np.loadtxt("data.txt", delimiter=",", dtype=np.float32)
>>> print(wholeData)
[[ 90.  80.  70.   0.]
 [ 98.  95.  87.   1.]
 [ 99.  99.  99.   0.]
 [ 80.  85.  90.   0.]]
>>>
```

　　可以看到，文本文件 data.txt 中的数据已经被成功地读取到 wholeData 变量中。wholeData 变量是一个二维的数组，里面存放着每位学生的 3 项分数和评选结果共 4 项信息。在载入文本文件数据的时候，最主要是调用了 numpy 包中的 loadtxt 函数，其中，第一个参数代表要读取的文件名，命名参数 delimiter 表示数据项之间用什么字符分隔，命名参数 dtype 表示读取的数据类型。

　　如果 data.txt 文件不在当前目录下，我们需要用绝对目录地址来载入这个文件。例如，假设 data.txt 文件位于 C 盘的 ml 文件夹下，我们应该用下面的代码来载入。

```
>>> import numpy as np
>>> wholeData = np.loadtxt("c:\ml\data.txt", delimiter=",", dtype=np.float32)
>>> print(wholeData)
[[ 90.  80.  70.   0.]
 [ 98.  95.  87.   1.]
 [ 99.  99.  99.   0.]
 [ 80.  85.  90.   0.]]
>>>
```

6.2.2　非数字列的舍弃

　　前面介绍了如何把训练数据中的非数字列整理掉，实际上我们也可以不在文本文件中操作，而是在读取的时候进行舍弃。例如，假设 data.csv 文件保存了下面的数据：

```
小明,90,80,70,0
小红,98,95,87,1
小康,99,99,99,1
小华,80,85,90,0
```

由于数据中包含中文字符，numpy 的 loadtxt 函数对中文的支持不太好，我们需要使用另一个用于科学计算的第三方包 pandas 来进行这种较复杂的处理。pandas 包的安装类似于 TensorFlow 的安装，可以在命令行界面中用 pip install pandas 这条命令来安装。

安装完 pandas，就可以用下面的代码来对 data.csv 进行读取。

```
import numpy as np
import pandas as pd


fileData = pd.read_csv('data.csv', dtype=np.float32, header=None, usecols=(1, 2, 3, 4))

wholeData = fileData.as_matrix()

print(wholeData)
```

在上述代码中，用 import pandas as pd 语句导入了 pandas 包并简称为 pd；由于后面用到 numpy 包中的数据类型，所以也导入了 numpy 包。然后，调用 pandas 包中的 read_csv 函数来读取 data.csv 文件中的数据，该函数中的命名参数 header 要传入 None（这是 Python 中用来代表"没有"的一个特殊的值），否则会把文件的第一行当表头文字来处理；命名参数 usecols 是一个用圆括号括起来的数字集合，代表希望读取每一行中的哪一些列，由于列的序号也是从 0 开始，所以选取 1、2、3、4 代表要读取第 2、3、4、5 列，也就是说第一列（学生姓名列）不会被读取。读取的结果被放入 fileData 变量中后，又调用 fileData 的 as_matrix 函数来把 fileData 中的表格数据转换为一个二维数组。查看执行结果：

```
[[ 90.  80.  70.   0.]
 [ 98.  95.  87.   1.]
 [ 99.  99.  99.   1.]
 [ 80.  85.  90.   0.]]
```

可以看到，第一列确实已经被舍弃了，剩下的列组成了一个二维数组，与之前用 numpy 的 loadtxt 函数所得的结果是一样的。由于 pandas 包中对中文处理得较好，所以该包也经常被用于载入训练数据。

6.2.3　非数字列与数字列的转换

我们有时候需要的不是舍弃某一列，而是要把某一列转换成数字。例如，原始的文本数据如果是这样的：

```
90,80,70,否
98,95,87,是
99,99,99,是
80,85,90,否
```

其中的评选结果并不是数字 1 或 0，而是文字"是"和"否"，这时不能直接舍弃这一列，而应该把它们转换为数字。

```
import numpy as np
import pandas as pd


fileData = pd.read_csv('data.csv', dtype=np.float32, header=None, converters={(3): lambda
s: 1.0 if s == "是" else 0.0})
```

```
wholeData = fileData.as_matrix()

print(wholeData)
```

在上面代码中，我们在 read_csv 函数中传入了一个命名参数 converters，这是一个字典类型的参数，其中规定对序号为 3 的列（实际上的第 4 列）进行一个处理，如果在处理中该列的值等于"是"，那么就把输出结果中该列的值改为"1.0"，否则就改为"0.0"。lambda 是一种 Python 中不想给函数命名时的写法，一般称为匿名函数。本书中对匿名函数不做探讨，依据这里的几个例子会修改以满足实际需要即可。我们还可以这样用：

```
fileData = pd.read_csv('data.csv', dtype=np.float32, header=None, converters={(1): lambda
s: float(s) - 10})
```

这条语句表示把序号为 1 的列（第 2 列）的数字都减去 10。

```
fileData = pd.read_csv('data.csv', dtype=np.float32, header=None, converters={(2): lambda
s: 0, (3): lambda s: 1})
```

这条语句表示把序号为 2 的列（第 3 列）都变成 0，并且把序号为 3 的列（第 4 列）都变成 1。大家可以自己尝试各种改法。

6.2.4　行数据的分拆及如何"喂"给训练过程

用前面的方法从文件中读取的数据与之前"喂"给神经网络的训练数据还是有一些不同：从文件中读取的数据是一个第二维有 4 项（或者说每行有 4 项）的二维数组，其中第 4 项是评选结果，而我们原来的数据有两个，一个是分数，每行是 3 项；另一个是评选结果，只有一个数。那么针对新的数据形式，肯定需要分拆后再"喂"给神经网络。如果数据文件 data.txt 中还是如下经过整理的数据：

```
90,80,70,0
98,95,87,1
99,99,99,1
80,85,90,0
```

那么，读取该数据并进行训练的代码如下：

代码 6.1　score2a.py

```python
import tensorflow as tf
import numpy as np
import pandas as pd


fileData = pd.read_csv('data.txt', dtype=np.float32, header=None)

wholeData = fileData.as_matrix()

rowCount = int(wholeData.size / wholeData[0].size)

goodCount = 0

for i in range(rowCount):
    if wholeData[i][0] * 0.6 + wholeData[i][1] * 0.3 + wholeData[i][2] * 0.1 >= 95:
        goodCount = goodCount + 1

print("wholeData=%s" % wholeData)
print("rowCount=%d" % rowCount)
```

```
print("goodCount=%d" % goodCount)

x = tf.placeholder(dtype=tf.float32)
yTrain = tf.placeholder(dtype=tf.float32)

w = tf.Variable(tf.zeros([3]), dtype=tf.float32)
b = tf.Variable(80, dtype=tf.float32)

wn = tf.nn.softmax(w)

n1 = wn * x

n2 = tf.reduce_sum(n1) - b

y = tf.nn.sigmoid(n2)

loss = tf.abs(yTrain - y)

optimizer = tf.train.RMSPropOptimizer(0.1)

train = optimizer.minimize(loss)

sess = tf.Session()
sess.run(tf.global_variables_initializer())

for i in range(2):
    for j in range(rowCount):
        result = sess.run([train, x, yTrain, wn, b, n2, y, loss], feed_dict={x:
wholeData[j][0:3], yTrain: wholeData[j][3]})
        print(result)
```

代码 6.1 中，从文件 data.txt 中读取的数据转换成二维数组 wholeData 后，我们需要获取其中一共有多少条数据，这是用

```
rowCount = int(wholeData.size / wholeData[0].size)
```

这条语句来获取的，其中 wholeData.size 获取的是整个数组中所有项的个数，本例中是 4 行 4 列共 16 项；wholeData[0].size 代表数组中第一行的项数，本例中应该是 4，所以可以得出行数 rowCount 是 16÷4，即为 4 行。然后用一个循环来统计符合三好学生条件的数据条数放入变量 goodCount 中，接着是正常地定义模型，最后要注意的是在训练中"喂"数据时的代码如下：

```
        result = sess.run([train, x, yTrain, wn, b, n2, y, loss], feed_dict={x:
wholeData[j][0:3], yTrain: wholeData[j][3]})
```

其中用 wholeData[j][0:3]获取 wholeData 中序号为 j 的一行数据中的前 3 个组成一个新的向量来"喂"给 x。"[0:3]"这种写法是 Python 中把一个数组分拆成一个更小的数组（也叫对数组"切片"）的写法，其中第一个数字代表从哪个序号开始，第二个数字代表到哪个序号之前（不包括该序号为下标的项），那么"[0:3]"就代表从序号为 0 的项到序号为 2 的项，所以是 3 项。而后面"喂"给 yTrain 的数据，则直接是取 wholeData 序号为 j 的一行数据中的序号为 3 的项（第 4 项），就是代表评选结果那一列的数。程序运行结果如下：

```
wholeData=[[ 90.  80.  70.   0.]
 [ 98.  95.  87.   1.]
 [ 99.  99.  99.   1.]
 [ 80.  85.  90.   0.]]
rowCount=4
```

```
goodCount=2
 [None, array([  90.,    80.,    70.], dtype=float32), array(0.0, dtype=float32),
array([ 0.33333334, 0.33333334, 0.33333334], dtype=float32), 80.02626, 0.0, 0.5, 0.5]
 [None, array([  98.,    95.,    87.], dtype=float32), array(1.0, dtype=float32),
array([ 0.30555207,  0.33253884,  0.36190909], dtype=float32), 80.02626, 12.995125,
0.99999774, 2.2649765e-06]
 [None, array([  99.,    99.,    99.], dtype=float32), array(1.0, dtype=float32),
array([ 0.30555221, 0.33253887, 0.36190891], dtype=float32), 80.02626, 18.97374, 1.0, 0.0]
 [None, array([  80.,    85.,    90.], dtype=float32), array(0.0, dtype=float32),
array([ 0.30555221,  0.33253887,  0.36190891], dtype=float32), 80.026894, 5.2555237,
0.9948085, 0.9948085]
 [None, array([  90.,    80.,    70.], dtype=float32), array(0.0, dtype=float32),
array([ `0.30587256,  0.33257753,  0.36154988], dtype=float32), 80.056572, -0.58367157,
0.3580882, 0.3580882]
 [None, array([  98.,    95.,    87.], dtype=float32), array(1.0, dtype=float32),
array([ 0.27762243,  0.32822776,  0.39414987], dtype=float32), 80.056572, 12.6231, 0.99999666,
3.3378601e-06]
 [None, array([  99.,    99.,    99.], dtype=float32), array(1.0, dtype=float32),
array([ 0.27762258, 0.32822785, 0.39414948], dtype=float32), 80.056572, 18.94342, 1.0, 0.0]
 [None, array([  80.,    85.,    90.], dtype=float32), array(0.0, dtype=float32),
array([ 0.27762258,  0.32822785,  0.39414948], dtype=float32), 80.057167, 5.5260544,
0.99603409, 0.99603409]
```

可以看到，行数 rowCount 为 4，符合三好学生条件的数据条数 goodCount 为 2，后面的训练情况也是正常的。

6.3 本章小结：读取训练数据最常用的方式

至此，我们已经完成了从文本文件读取训练数据的介绍。实际研发中，从文件读取训练数据是最常使用的输入数据的方式。当然，输入数据除了文本文件还可能包括图像文件或其他二进制文件格式等，但原理都是类似的，都是用一定的函数来读取数据，然后经过整理组织成为符合神经网络输入需要的数据变量。本书最后一章中的例子代码内也有如何载入图片文件并转换为训练数据的演示，可以参考。

6.4 练习

1. 尝试用文本文件准备一个每行有 5 项数据的训练数据集，并读取其中的内容，同时舍弃第 3 列的数据。
2. 将上一题中准备的训练数据读取后，将第 3 列改为一个随机数而非丢弃。

07 第7章 多层全连接神经网络

前几章中，我们讨论了如何用神经网络解决两个与三好学生有关的问题，其中一个是线性问题，另一个是非线性问题。本章我们来研究一个稍微复杂一点的非线性问题。

7.1　身份证问题的引入

我们都有身份证，身份证的号码是由 18 位的数字（这里暂不考虑字母的情况）组成的，类似 110101202001011234 这样。大家都知道，身份证号的倒数第 2 个数字代表着男女性别，如果是奇数，表明持有该身份证的人是男性；如果是偶数，则表明是女性。这是一个很简单的规则。我们的问题就是由此而来：假设事先不知道这个规则，但是收集了一大堆身份证，在收集身份证的过程中通过了解或者通过身份证上的照片可以知道持有者的性别，现在我们希望通过神经网络来寻找这个规律。

7.2　问题分析

初步分析这个问题可以得出下面几条思路。

- 已知的信息包括身份证号和它对应的持有者性别，显然身份证号可以作为神经网络的输入，而持有者性别则是神经网络计算结果的目标值，因此，我们已经拥有完备的训练数据。
- 由于性别一般分为男、女两类，本问题显然是一个二分类问题。
- 本问题只有两个结果值，初步判断，本问题显然不是一个线性问题；因为线性问题一般会随权重值的变化有一个线性变化的范围。
- 如果我们预知了这个与性别有关的编号规则，会发现这也不是一个跳变的非线性问题，因为它不像我们之前处理的三好学生评选结果问题那样只有一个门槛且门槛内外分别代表两个分类，而是随着数字的变化"上下跳动"，一会儿是男性，一会儿是女性。可以预想到，用原来的单神经元（或者说单层）的结构恐怕难以解决这个问题。注意，这不是"剧透"，由于我们主要是为了介绍神经网络的设计并检验设计出来的模型是否能够切实解决问题，事先有个心理准备以便更好地理解设计过程和模型的适用范围是必要的。

7.3　单层网络的模型

根据对问题的分析，我们这次还是可以先采用与图 5.4 类似的神经网络模型进行尝试。为了简化起见，我们仅取身份证号码的后 4 位作为演示，与位数再多时原理应该是一样的。那么，这个神经网络将会有 4 个数字作为输入，这 4 个数字的范围都是[0, 9]之间；输出结果是男性或女性，我们用 0 代表是女性，1 代表是男性。显而易见，仍然可以用 sigmoid 函数来把输出结果收敛到[0, 1]的范围之内。身份证问题的单层神经网络模型如图 7.1 所示。

图 5.4 中，我们画神经网络模型时出现了两个隐藏层，但是观察两个隐藏层的区别可以发现，第 2 个隐藏层中其实没有可变参数出现，也就是说这一层中没有可调节的参数，对于这种没有可变参数的层，我们一般认为其中的节点只做固定运算而无法调节，因此可以不作为神经元来处理，而把它简化归并到其他层中。所以在图 7.1 的模型中据此稍做改变，把求和操作∑和 sigmoid 操作都合并到了输出层。可以发现，本模型实际上是一个单层的模型。另外，加上了偏移量 b，形成了标准的 n = wx + b 形式的神经元节点操作。这个模型用代码实现如下：

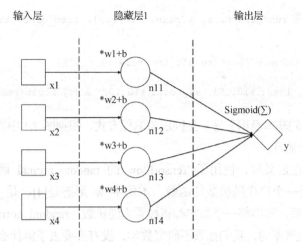

图 7.1　身份证问题的单层神经网络模型

代码 7.1　idcard1.py

```python
import tensorflow as tf
import random


random.seed()

x = tf.placeholder(tf.float32)
yTrain = tf.placeholder(tf.float32)

w = tf.Variable(tf.random_normal([4], mean=0.5, stddev=0.1), dtype=tf.float32)
b = tf.Variable(0, dtype=tf.float32)

n1 = w * x + b

y = tf.nn.sigmoid(tf.reduce_sum(n1))

loss = tf.abs(y - yTrain)

optimizer = tf.train.RMSPropOptimizer(0.01)

train = optimizer.minimize(loss)

sess = tf.Session()

sess.run(tf.global_variables_initializer())

lossSum = 0.0

for i in range(10):

    xDataRandom = [int(random.random() * 10), int(random.random() * 10), int(random.
random() * 10), int(random.random() * 10)]
    if xDataRandom[2] % 2 == 0:
        yTrainDataRandom = 0
    else:
        yTrainDataRandom = 1
```

```
        result = sess.run([train, x, yTrain, y, loss], feed_dict={x: xDataRandom, yTrain:
yTrainDataRandom})

        lossSum = lossSum + float(result[len(result) - 1])

        print("i: %d, loss: %10.10f, avgLoss: %10.10f" % (i, float(result[len(result) - 1]),
lossSum / (i + 1)))
```

在代码 7.1 中，我们基本沿用三好学生问题的编程方式，根据图 7.1 中的神经网络模型来实现，需要注意的有以下几个地方。

- 可变参数 w 在定义时，使用了 TensorFlow 的 random_normal 函数来定义 w 的初值，random_normal 函数是一个产生随机数的函数，本例中 w 形态是[4]，是一个 4 维的向量，使用 random_normal 赋初值后，其中每一个数字都将被置为随机数。random_normal 函数产生的随机数是符合数学中正态分布的概率的，我们如果不研究数学，没有必要去了解什么是正态分布，仅知道用这种方式随机产生的随机数都是在某个平均值附近一定范围内波动即可，random_normal 函数中的命名参数 mean 是指定这个平均值的，stddev 是指定这个波动范围的。TensorFlow 中还有一些其他产生随机数的函数，我们使用随机数来给可变参数赋初始值，是为了让神经网络训练的起步有一定的随机性，不要总是从 0 开始。

- 增加了一个偏移量 b，这里是一个标量；有时候根据需要，b 也可以定义为和可变参数 w 形态相同的向量或矩阵。

- 把求和操作 reduce_sum 与 sigmoid 函数都合并到了输出节点 y 的操作中。

- 定义了一个 lossSum 变量来记录训练中误差的总和，并在每次训练后，将它的值除以训练次数得到平均误差作为信息来输出以便参考。

- 还是采用训练过程中随时生成随机训练数据的方式，其中输入数据 xDataRandom 是一个 4 维向量，每一项都是范围在[0, 9]之间的随机数；目标值 yTrainDataRandom 则根据 xDataRandom 中第 3 项的数值来决定是 0 还是 1。"xDataRandom[2] % 2"表示将 xDataRandom 中的第 3 项对 2 取模，就是求 xDataRandom[2]除以 2 后的余数，余数只可能是 0 或 1，如果是 0，表示是偶数，就让 yTrainDataRandom 为 0；如果是 1，表示是奇数，则让 yTrainDataRandom 为 1。

- 最后，循环训练 10 次，每次训练后我们没有输出太多信息，仅输出本次训练的误差及到目前为止的平均误差；因为可变参数 w 和 b 的取值在本题中对我们意义不大，仅观察误差的变化情况就够了。这在一般的神经网络训练中，也是常用的方式。

代码执行的情况如下：

```
i: 0, loss: 0.9995470643, avgLoss: 0.9995470643
i: 1, loss: 0.0002698302, avgLoss: 0.4999084473
i: 2, loss: 0.0000727177, avgLoss: 0.3332965374
i: 3, loss: 0.9973740578, avgLoss: 0.4993159175
i: 4, loss: 0.9999424219, avgLoss: 0.5994412184
i: 5, loss: 0.0015646815, avgLoss: 0.4997951289
i: 6, loss: 0.0055514574, avgLoss: 0.4291888901
i: 7, loss: 0.0000635386, avgLoss: 0.3755482212
i: 8, loss: 0.0008692145, avgLoss: 0.3339172204
i: 9, loss: 0.0000723600, avgLoss: 0.3005327344
```

可以发现，训练 10 次后，发现平均误差似乎有一定变化，说明神经网络的调节在发挥作用。我们加多训练次数到 5000 次左右再次执行代码，得到最后几次的训练结果如下。

```
i: 4986, loss: 0.1600888968, avgLoss: 0.4527324483
i: 4987, loss: 0.9996305108, avgLoss: 0.4528420911
i: 4988, loss: 0.9988467693, avgLoss: 0.4529515328
i: 4989, loss: 0.9885928035, avgLoss: 0.4530588757
i: 4990, loss: 0.9936156273, avgLoss: 0.4531671821
i: 4991, loss: 0.0890504271, avgLoss: 0.4530942420
i: 4992, loss: 0.9520061612, avgLoss: 0.4531941643
i: 4993, loss: 0.0028267603, avgLoss: 0.4531039826
i: 4994, loss: 0.9777230024, avgLoss: 0.4532090114
i: 4995, loss: 0.8794452548, avgLoss: 0.4532943269
i: 4996, loss: 0.9999799728, avgLoss: 0.4534037297
i: 4997, loss: 0.9999708533, avgLoss: 0.4535130868
i: 4998, loss: 0.8330855966, avgLoss: 0.4535890165
i: 4999, loss: 0.9241330028, avgLoss: 0.4536831253
```

我们会发现，训练次数加多后，平均误差会在 0.45 左右来回浮动，基本稳定下来了，再加多训练次数也并不能使误差越来越小。这就说明目前的神经网络模型结构已经无法解决当前这个问题，需要优化。

常见的优化神经网络结构的方法包括：增加神经元节点的数量、增加隐藏层的数量。另外，本模型中的隐藏层其实还并不是全连接层，全连接层应该是前后两层所有的节点之间都有连线，而我们的模型结构显然还不是，这也是可以优化的。

7.4　多层全连接神经网络

在神经网络中，最常见的隐藏层形式就是全连接层，全连接层的各个节点与上一层中的每个节点间都有连线。而在深度学习神经网络中，一般都有多个隐藏层顺序排列组成完整的神经网络。为了更好地理解本节中的内容，我们需要先补充相关的概念知识。

7.4.1　矩阵乘法

我们在前面介绍过向量"点乘"的概念（注意和数学中的点乘有所差异），两个形态相同的向量相乘，得到的结果是一个形态与它们都相同的新向量，其中每个位置的数值都是参与相乘的两个向量相同位置的数值相乘的结果，例如：[1, 2, 3] * [2, 3, 4] = [2, 6, 12]。矩阵的点乘也是类似的，得到的还是相同形态的矩阵。在 TensorFlow 中，就用普通的乘号"*"来表示点乘。

用点乘的形式做出来的神经网络模型，就是类似图 3.1 和图 5.4 那样的，输入层各个节点与隐藏层各个节点之间是一对一的连线，一对一的连线代表了点乘的关系，即向量中相同位置的项才进行运算，此时，隐藏层的节点数量也必然与输入层的节点数量是相等的。这种一对一的关系适合来计算类似三好学生问题这种权重的含义比较明确的问题。但往往我们遇上的问题无法用这种一对一的关系来限定，事物之间可能是互相有联系的，也无法确知互相之间关系的强弱，因此，我们一般会在隐藏层中设置较多的节点，并且每个节点都与输入层或上一个隐藏层的节点之间是全连接的（两层任意两点之间都有连接，本层间一般没有连接），以此来涵盖尽可能多的可能性；如果某两点之间确实没有关系，经过运算可能会发现对应的 w 为 0，说明这条连线其实没有意义。

要实现全连接的关系，需要用到矩阵的乘法，因此我们先来补充矩阵乘法的知识。首先来看下面这个例子。

$$\begin{bmatrix} 1 & 2 & 3 \\ 4 & 5 & 6 \end{bmatrix} \times \begin{bmatrix} 1 & 2 \\ 3 & 4 \\ 5 & 6 \end{bmatrix} = \begin{bmatrix} 22 & 28 \\ 49 & 64 \end{bmatrix}$$

这是一个典型的矩阵乘法的例子。为了与"点乘"区别开来，矩阵乘法也叫作"叉乘"，一般用乘法符号"×"来表示。只有乘号左边矩阵的列数与乘号右边矩阵的行数相等的时候，两个矩阵才能进行叉乘运算。运算时会先用左边矩阵的第一行与右边矩阵的第一列进行点乘求和，作为结果矩阵第一行的第一项（例子中左边矩阵第一行[1, 2, 3] 点乘右边矩阵第一列[1, 3, 5]再求和是 $1 * 1 + 2 * 3 + 3 * 5 = 22$，即为右边矩阵第一行的第一项），然后用左边矩阵的第一行与右边矩阵的第二列进行点乘后求和，作为结果矩阵第一行的第二项（例子中左边矩阵第一行[1, 2, 3] 点乘右边矩阵第一列[2, 4, 6]再求和是 $1 * 2 + 2 * 4 + 3 * 6 = 28$，即为右边矩阵第一行的第二项）；这时右边的矩阵所有列都已参加计算完毕，此时开始用左边矩阵的第二行进行类似的计算放入结果矩阵的第二行，直至左边矩阵的所有行也参与计算完毕。我们可以用 Python 程序来验证：

```
>>> import numpy as np
>>>
>>> a = [[1, 2, 3], [4, 5, 6]]
>>> b = [[1, 2], [3, 4], [5, 6]]
>>>
>>> c = np.matmul(a, b)
>>>
>>> print(c)
[[22 28]
 [49 64]]
>>>
```

numpy 包中的 matmul 函数就是用来进行矩阵乘法运算的，matmul 是英语中 matrix multiplication（矩阵乘法）两个词合起来的简写。我们可以看到，代码执行结果与我们预期的是符合的。由此可知：

- 两个矩阵如果形态分别为[n1, m1]和[n2, m2]，那么只有 m1 与 n2 相等（也就是说前面矩阵的列数等于后面矩阵的行数）的时候，两者才能进行矩阵乘法（叉乘）的运算；本例中第一个矩阵形态是[2, 3]，第二个矩阵形态是[3, 2]，所以是可以进行矩阵乘法计算的。

- 两者相乘的结果是一个形态为[n1, m2]的新矩阵，即新矩阵的行数等于乘号左边矩阵的行数，列数等于乘号右边矩阵的列数。因此，本例中的结果矩阵形态为[2, 2]。

- 矩阵的乘法与点乘不同，是有顺序的，例如一个形态为[2, 3]的矩阵与[3, 4]的矩阵可以叉乘，但反过来形态为[3, 4]的矩阵与[2, 3]的矩阵就不可以。前面例子中的两个矩阵如果互换，倒是也可以进行矩阵乘法计算的，因为换过来后左边矩阵的列数是 2，与右边矩阵行数 2 还是相等。

- 另外，结果矩阵中，每个数值都是点乘求和的结果，也就说明这个值与参与计算的对应矩阵的对应行列的数值都是有关系的，把整个结果矩阵的所有数值合起来看，里面有参与计算的两个矩阵中的所有数值的"贡献"，我们可以把这看作一种"全连接"的关系。因此我们说，可以用矩阵乘法来实现 "全连接"的关系。

7.4.2 如何用矩阵乘法实现全连接层

本小节我们将用之前三好学生问题的例子来做用矩阵乘法实现全连接关系的详细说明，示意图如图 7.2 所示。

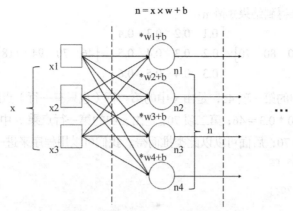

图 7.2　用矩阵乘法实现全连接层示意图

图 7.2 中，展示了如何用全连接层来重新设计处理三好学生问题的神经网络，仅给出了输入层和第一个隐藏层两个部分。其中，输入层仍然是用向量 x 来表示，它有 3 个项，分别代表德育、智育、体育 3 项分数。隐藏层则和之前的设计有所不同，不是 3 个节点与 3 项分数一一对应了，而是有 4 个节点，用张量 n 来代表。输入层的各个节点与隐藏层的各个节点之间是全连接的。下面我们看看如何用矩阵乘法来实现这个全连接的关系。

既然是矩阵运算，那么参与运算的应该都是矩阵，而我们原来的 x 只是一个向量，并非矩阵，因为向量在计算机中的表达形式是一维数组，而矩阵是用二维数组表示的，那么显然需要把 x 转换成为矩阵。假设一维数组为

```
x = [90, 80, 70]
```

那么，我们可以把 x 转换为一个 1×3 的矩阵，也就是形态为[1, 3]的二维数组：

```
x = [[90, 80, 70]]
```

可以看出来，作为二维数组的 x，第一个维度只有 1 项，对于矩阵来说，就是 1 行；第二个维度是 3 项分数，对于矩阵来说，是 3 列。

那么，在隐藏层中，我们准备用 4 个神经元节点来处理，这意味着隐藏层对下一层输出的数据项会是 4 个，如果也用矩阵来表达，需要隐藏层的输出结果是一个 1×4 的矩阵，也就是一个形态为[1, 4]的二维数组。

隐藏层中的可变参数 w，现在也需要是矩阵的形式。我们前面介绍过矩阵乘法的规律，两个矩阵相乘，所得的结果矩阵的形态是[前一矩阵的行数, 后一矩阵的列数]，那么对于隐藏层的可变参数 w，应该是什么形态才能满足输出形态为[1, 4]的需要呢？

由于输入层数据 x 的形态为[1, 3]，根据矩阵乘法的规律，我们显然需要 w 的形态是[3, 4]才能使其输出形态为[1, 4]的矩阵。因此，w 需要是一个 3×4 的矩阵。

我们用下面的数据来验证，假设 x 是一个 1×3 的矩阵：

$$[90 \quad 80 \quad 70]$$

而可变参数 w 采用一个 3×4 的矩阵：

$$\begin{bmatrix} 0.1 & 0.2 & 0.3 & 0.4 \\ 0.2 & 0.3 & 0.4 & 0.5 \\ 0.3 & 0.4 & 0.5 & 0.6 \end{bmatrix}$$

那么，两个矩阵相乘得到结果矩阵 n：

$$[90 \quad 80 \quad 70] \times \begin{bmatrix} 0.1 & 0.2 & 0.3 & 0.4 \\ 0.2 & 0.3 & 0.4 & 0.5 \\ 0.3 & 0.4 & 0.5 & 0.6 \end{bmatrix} = [46 \quad 70 \quad 94 \quad 118]$$

其中，结果矩阵 n 中的第一项 46，是由 x 中的第一行（也只有一行）点乘 w 中的第一列所得，即 $90 * 0.1 + 80 * 0.2 + 70 * 0.3 = 46$；第二项 70，是由 x 中的第一行点乘 w 中的第二列所得，即 $90 * 0.2 + 80 * 0.3 + 70 * 0.4 = 70$；后面可以以此类推而得。我们可以用程序来进一步验证：

```
>>> import numpy as np
>>>
>>> x = [[90, 80, 70]]
>>>
>>> w = [[0.1, 0.2, 0.3, 0.4], [0.2, 0.3, 0.4, 0.5], [0.3, 0.4, 0.5, 0.6]]
>>>
>>> n = np.matmul(x, w)
>>>
>>> print(n)
[[  46.   70.   94.  118.]]
```

可以看出，程序执行结果是与我们手工计算的结果完全一致的。

接下来看看全连接关系是如何体现的。对于 x，它是一个形态为[1, 4]的矩阵（有时候为了方便，会把矩阵与二维数组这两种说法混用），我们可以把它的每一项看作对应于输入层的一个节点，对本例来说，x 中的每一项对应图 7.2 中的一个输入层节点，即 90、80、70 这 3 项分数分别对应图中的 x1、x2、x3 这 3 个节点。

同样的，对于隐藏层的节点 n，我们也可以把它的每项看作是一个节点，本例中也就是 46、70、94、118 分别对应于 n1、n2、n3、n4，是这 4 个神经元节点的输出。

对于可变参数 w，我们需要把它的每一列组成一个向量，分别对应图 7.2 中的 w1、w2、w3、w4，也就是说，w1 为[0.1, 0.2, 0.3]，w2 为[0.2, 0.3, 0.4]，w3 为[0.3, 0.4, 0.5]，w4 为[0.4, 0.5, 0.6]。实际上，x1、x2、x3 和 n1、n2、n3、n4 也应该是向量，只不过因为都只有一行，所以是一个一维的向量。如果是一个多行的矩阵，则 x 和 n 中的每一项也应该是一个多维的向量。

那么，我们可以把这些数值结合本例中的矩阵计算过程及图 7.2 中的模型来看（偏移量 b 由于不影响矩阵的形态，可暂时把它忽略），隐藏层中的第一个节点 n1 在模型中的计算过程是由 x1、x2、x3 组成的向量 [90, 80, 70]与向量 w1（即[0.1, 0.2, 0.3]）点乘后求和所得（结果为 n1 = 46），由于节点 n_1 的计算过程中，输入层的所有节点（x1、x2、x3）都参与了运算，也就是说 n1 的输出结果中包含了所有输入层节点的"贡献"，因此，n1 与输入层所有节点之间都是有关系的，这也就是图 7.2 中 x1、x2、x3 节点与 n1 节点都有连线的原因。依此可以类推，n2、n3、n4 也分别与输入层所有节点都有连线。这时候再反过来看，从每个输入层节点的角度来看，它也与每个隐藏层的节点之间都有连线。对于这种两层之间不同层的节点之间都有连接关系的情况，我们就说这两层是全连接关系；对于神经网络中与上一层是全连接关系的层，叫作"全连接层"。由本节的推导过程可以看出，用矩阵乘法（叉乘）可以很方便地实现全连接关系。

同时也可以得出结论，对于全连接层，如果希望有 n 个输出（也就是说希望有 n 个神经元节点来处理输入数据），那么需要本层的可变参数 w 是一个形态为[m, n]的矩阵，其中 m 是上一层输出矩阵的列数（也就是第二个维度的数字）。如果上一层输出矩阵的行数是 r，那么全连接层的输出矩阵的形态将是[r, n]。简单地说，如果把神经网络每一层的输出都看成矩阵，矩阵 w 的行数要等于上一层的输出矩阵的列数，w 的列数就是本层神经元节点的数量，也是本层输出矩阵的列数。这个结论非常重要，我们后面设计神经网络时，一般都会根据这个方法来设计全连接层。

另外，我们也可以看出，全连接层中的神经元节点数量可以和输入层节点数量不同，一般会让它多于输入层的节点数，以便实现更灵活的可变参数调整。

7.4.3　使用均方误差作为计算误差的方法

我们在之前计算误差 loss 的时候，都是用类似：

```
loss = tf.abs(y - yTrain)
```

这种形式来计算的，其中 y 是神经网络的计算结果，yTrain 是目标值，tf.abs 函数是 TensorFlow 中取绝对值的计算函数。

这种计算误差的方式更适合计算数值范围较大的情况，例如天气的温度、证券的价格及三好学生的总成绩等。而三好学生评选结果和身份证问题的计算结果其实都是一个二分类问题中的概率，例如三好学生评选结果中用 1 代表是三好学生，也可以理解成为"是三好学生"的概率是 100%（因为 1 = 100%）；0 代表不是三好学生，也可以理解成为"是三好学生"的概率是 0%；其他从 0 到 1 之间的数字，例如 0.2，可以理解成"是三好学生"的概率是 20%。对于这种结果是分类概率的情况，我们一般有更好的计算误差的方法，均方误差就是其中的一种。

均方误差是神经网络中的一种误差计算方法，是指结果值向量中各数据项偏离目标值的距离平方和的平均数，也就是误差平方和的平均数。对于三好学生评选结果的例子，如果要用均方误差的方法，需要先把每个计算结果转换成一个二维的向量，例如原来结果是 1，需要变成[1, 0]；如果原来结果是 0，需要变成[0, 1]；如果结果是 0.2，则需要变成[0.2, 0.8]，其中，该向量的第一个数字代表"是三好学生"的概率，第二个数字代表"不是三好学生"的概率。当然，目标值 yTrain 也要改成对应的二维向量形式，显然目标值只有两种可能的情况，[1, 0]和[0, 1]分别代表"是三好学生"与"不是三好学生"。

那么，如果计算结果是[0.2, 0.8]，目标值是[1, 0]，那么均方误差就是$((0.2 - 1)^2 + (0.8 - 0)^2) / 2 = (0.64 + 0.64) / 2 = 0.64$；如果计算结果是[0.2, 0.8]，目标值是[0, 1]，那么均方误差就是$((0.2 - 0)^2 + (0.8 - 1)^2) / 2 = (0.04 + 0.04) / 2 = 0.04$；如果计算结果是[1, 0]，目标值是[0, 1]，那么均方误差就是$((1 - 0)^2 + (0 - 1)^2) / 2 = (1 + 1) / 2 = 1$。可以看到，对于二分类问题，均方误差其实一般会把误差缩小，但误差仍在[0, 1]范围之内。我们可以用下面的代码验证。

```
import tensorflow as tf

y = tf.placeholder(dtype=tf.float32)
yTrain = tf.placeholder(dtype=tf.float32)

loss = tf.reduce_mean(tf.square(y - yTrain))

sess = tf.Session()

print(sess.run(loss, feed_dict={y: [0.2, 0.8], yTrain: [1, 0]}))
print(sess.run(loss, feed_dict={y: [0.2, 0.8], yTrain: [0, 1]}))
print(sess.run(loss, feed_dict={y: [1.0, 0.0], yTrain: [0, 1]}))
print(sess.run(loss, feed_dict={y: [1.0, 0.0], yTrain: [1, 0]}))
```

```
print(sess.run(loss, feed_dict={y: [0.2, 0.3, 0.5], yTrain: [1, 0, 0]}))
print(sess.run(loss, feed_dict={y: [0.2, 0.3, 0.5], yTrain: [0, 1, 0]}))
print(sess.run(loss, feed_dict={y: [0.2, 0.3, 0.5], yTrain: [0, 0, 1]}))
```

在本段代码中，为了直接看到均方误差的计算结果，把 y 也定义成一个占位符，以便在后面可以直接"喂"进数据。tf.square 函数是求平方值的函数，它不但可以对标量求平方值，也可以对向量求平方（就是对其中每一项各自求平方）；tf.reduce_mean 函数是对一个矩阵（或向量）中的所有数求得一个平均数。所以 loss = tf.reduce_mean(tf.square(y - yTrain))这条语句就是求 y 与 yTrain 的均方差。我们在代码的最后几条中还尝试了用均方误差计算三分类问题的误差。代码执行结果如下：

```
0.64
0.04
1.0
0.0
0.326667
0.26
0.126667
```

7.4.4   激活函数 tanh

我们在前面的实例中，已经用过 sigmoid 这个激活函数来进行神经网络的去线性化。sigmoid 函数的作用是把任意一个数字收敛到[0, 1]的范围之内，从而把一组线性的数据转换为非线性的数据，非常有用。在这里，我们将尝试使用另一个激活函数 tanh。与 sigmoid 函数类似，tanh 函数也是常常被用到的一个去线性化的函数；与 sigmoid 函数的区别是，tanh 函数会把任何一个数字转换为[-1, 1]范围内的数字。tanh 函数的曲线如图 7.3 所示。

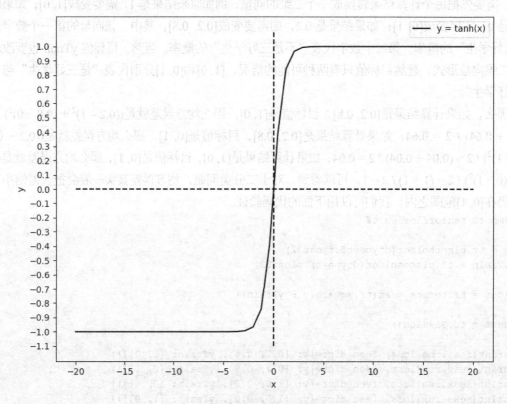

图 7.3   tanh 函数的曲线示意图

从图 7.3 可以看出，tanh 函数与 sigmoid 函数一样，在横轴接近 0 值附近，y 值会有一个急剧变化的过程，不同的是急剧变化的范围不是[0, 1]之间，而是[-1, 1]。

我们在设计神经网络的隐藏层时，可以根据实际情况选择使用哪种激活函数（一般一层只使用一种激活函数），有时也可以通过更换不同的激活函数来进行尝试，以求获得更好的计算效果。

7.4.5　新的模型

回到本例中的问题，身份证问题的模型改成多层全连接神经网络模型，如图 7.4 所示。

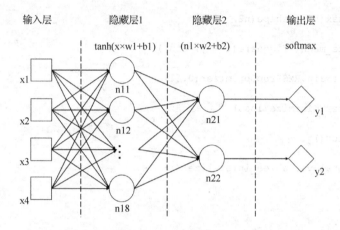

图 7.4　身份证问题的多层全连接神经网络模型

对图 7.4 中的模型做简单说明：这是一个由一个输入层、两个隐藏层和一个输出层组成的多层全连接神经网络模型，其中两个隐藏层都是全连接层。输入层有 4 个节点；隐藏层 1 有 8 个节点，分别表示为 n11～n18；隐藏层 2 有两个节点，分别表示为 n21 和 n22。隐藏层 1 使用了激活函数 tanh，隐藏层 2 没有使用激活函数；隐藏层 1 的计算操作是 n1 = tanh(x×w1+b1)，其中 n1 为图 7.4 中的 n11～n18 这些节点组成的向量，w1 和 b1 分别为本层节点的权重和偏移量，乘法符号是表示叉乘；隐藏层 2 的计算操作是 n2 = n1×w2+b2，其中 n2 为图 7.4 中的 n21 和 n22 组成的向量，w2 和 b2 分别为本层节点的权重和偏移量，n2 与 w2 间的乘法也是叉乘。输出层有两个节点，是对隐藏层 2 的输出应用了 softmax 函数来进行二分类的结果。

7.5　身份证问题新模型的代码实现

代码 7.2　idcard2.py

```
import tensorflow as tf
import random


random.seed()

x = tf.placeholder(tf.float32)
yTrain = tf.placeholder(tf.float32)
```

```
w1 = tf.Variable(tf.random_normal([4, 8], mean=0.5, stddev=0.1), dtype=tf.float32)
b1 = tf.Variable(0, dtype=tf.float32)

xr = tf.reshape(x, [1, 4])

n1 = tf.nn.tanh(tf.matmul(xr, w1) + b1)

w2 = tf.Variable(tf.random_normal([8, 2], mean=0.5, stddev=0.1), dtype=tf.float32)
b2 = tf.Variable(0, dtype=tf.float32)

n2 = tf.matmul(n1, w2) + b2

y = tf.nn.softmax(tf.reshape(n2, [2]))

loss = tf.reduce_mean(tf.square(y - yTrain))

optimizer = tf.train.RMSPropOptimizer(0.01)

train = optimizer.minimize(loss)

sess = tf.Session()

sess.run(tf.global_variables_initializer())

lossSum = 0.0

for i in range(5):

    xDataRandom = [int(random.random() * 10), int(random.random() * 10), int(random.
random() * 10), int(random.random() * 10)]
    if xDataRandom[2] % 2 == 0:
        yTrainDataRandom = [0, 1]
    else:
        yTrainDataRandom = [1, 0]

    result = sess.run([train, x, yTrain, y, loss], feed_dict={x: xDataRandom, yTrain:
yTrainDataRandom})

    lossSum = lossSum + float(result[len(result) - 1])

    print("i: %d, loss: %10.10f, avgLoss: %10.10f" % (i, float(result[len(result) - 1]),
lossSum / (i + 1)))
```

代码 7.2 中为完全按照图 7.4 中的模型来实现的代码。其中需要注意的是以下几点。

• 可变参数 w1 被定义成形态为[4, 8]的矩阵，这样才能保证输出到下一层的节点数是 8；同样，w2 的形态是[8, 2]，是为了让输出到输出层的节点数是 2 个，以便用 softmax 函数做二分类操作。

• 偏移量 b1 和 b2 都被定义为标量，标量在与向量或矩阵进行加法等操作时，会对向量或矩阵中的每一个元素都执行相同的操作。根据实际情况需要，也可以把偏移量设置成向量，这时注意其形态要与参与计算操作的其他数据的形态匹配。

• xr = tf.reshape(x,[1,4])语句是调用 TensorFlow 的 reshape 函数来把输入数据 x 从一个四维向量转换为一个形态为[1, 4]的矩阵，并保存在变量 xr 中。后面隐藏层 1 的计算中也将用 xr 来进行计算。

• n1 = tf.nn.tanh(tf.matmul(xr, w1) + b1)语句是定义隐藏层 1 的结构。tf.matmul 函数为 TensorFlow 中进行矩阵乘法运算的函数；tf.nn.tanh 函数为 TensorFlow 中的激活函数 tanh。

- y = tf.nn.softmax(tf.reshape(n2,[2]))语句是输出层对隐藏层 2 的输出 n2 进行 softmax 函数处理，使得结果是一个相加为 1 的向量。由于 n2 的形态[1, 2]是一个矩阵（二维数组），我们还需要先把它转换为一个向量（一维数组），所以调用 tf.reshape 把它转换成了一个二维向量；这样与 yTrain 的形态才能一致，也才能进行误差计算。

- 计算误差时，采用了均方误差的方法，即用 loss = tf.reduce_mean(tf.square(y - yTrain))语句实现。

- 由于使用了均方误差，所以我们在产生随机训练数据中的目标值 yTrainDataRandom 时把原来的数字 1 转换成了向量[1, 0]，原来的数字 0 转换成了[0,1]，这样，训练时"喂"给目标值 yTrain 的才能是需要的二维向量。

- 输出信息时，我们还是仅输出当前训练误差和平均训练误差，这样看起来清楚一些；如果需要查看其他信息，可以输出 result 值来看。

本段代码循环训练 5 次的结果如下：

```
i: 0, loss: 0.3860960007, avgLoss: 0.3860960007
i: 1, loss: 0.3717980087, avgLoss: 0.3789470047
i: 2, loss: 0.1619807780, avgLoss: 0.3066249291
i: 3, loss: 0.3673782349, avgLoss: 0.3218132555
i: 4, loss: 0.3512260616, avgLoss: 0.3276958168
```

可以看出，训练基本走入正轨，平均误差总的趋势在缩小。我们把循环次数增大到 5 万次，查看最后几段输出信息可以发现，平均误差已经被压到了 0.21 左右。训练 50 万次后，查看最后几段输出信息并发现误差已经被缩小到了 0.18 左右，这说明整个模型设计是成功的，训练使得这个神经网络慢慢趋向越来越正确的计算结果。当然，另一方面，这么多次训练仍然未能达到一个非常小的平均误差，也说明这一类非线性跳动的问题解决起来是比较复杂的。

```
i: 49983, loss: 0.3342666924, avgLoss: 0.2140984019
i: 49984, loss: 0.2328676730, avgLoss: 0.2140987774
i: 49985, loss: 0.1851906478, avgLoss: 0.2140981991
i: 49986, loss: 0.1536119580, avgLoss: 0.2140969890
i: 49987, loss: 0.1286086440, avgLoss: 0.2140952788
i: 49988, loss: 0.0282939393, avgLoss: 0.2140915620
i: 49989, loss: 0.0000584749, avgLoss: 0.2140872805
i: 49990, loss: 0.1134242713, avgLoss: 0.2140852669
i: 49991, loss: 0.0000584412, avgLoss: 0.2140809856
i: 49992, loss: 0.0000584278, avgLoss: 0.2140767046
i: 49993, loss: 0.0948784053, avgLoss: 0.2140743203
i: 49994, loss: 0.0826756880, avgLoss: 0.2140716921
i: 49995, loss: 0.0006540443, avgLoss: 0.2140674234
i: 49996, loss: 0.0168271661, avgLoss: 0.2140634784
i: 49997, loss: 0.0098279379, avgLoss: 0.2140593935
i: 49998, loss: 0.5372415781, avgLoss: 0.2140658573
i: 49999, loss: 0.4557006359, avgLoss: 0.2140706900
i: 499983, loss: 0.3875187039, avgLoss: 0.1832554780
i: 499984, loss: 0.1703627110, avgLoss: 0.1832554522
i: 499985, loss: 0.1406889260, avgLoss: 0.1832553670
i: 499986, loss: 0.0000292490, avgLoss: 0.1832550006
i: 499987, loss: 0.1174968183, avgLoss: 0.1832548691
i: 499988, loss: 0.0000205806, avgLoss: 0.1832545026
i: 499989, loss: 0.0983532891, avgLoss: 0.1832543328
i: 499990, loss: 0.5077459216, avgLoss: 0.1832549818
i: 499991, loss: 0.1160595417, avgLoss: 0.1832548474
```

```
i: 499992, loss: 0.1094995886, avgLoss: 0.1832546999
i: 499993, loss: 0.0000425474, avgLoss: 0.1832543334
i: 499994, loss: 0.4979282022, avgLoss: 0.1832549628
i: 499995, loss: 0.1283140332, avgLoss: 0.1832548529
i: 499996, loss: 0.1064243242, avgLoss: 0.1832546993
i: 499997, loss: 0.0000355149, avgLoss: 0.1832543328
i: 499998, loss: 0.1020298377, avgLoss: 0.1832541704
i: 499999, loss: 0.0804424137, avgLoss: 0.1832539647
```

7.6　进一步优化模型和代码

对于身份证问题，我们成功地设计出了合适的模型并用代码实现。但是在模型训练过程中，我们发现训练的过程还是很长的，误差的减小也很慢。当然，对于神经网络（尤其是深度学习神经网络）来说，大多数需要经历很长时间的训练，亿万次也不算什么。但如果想要对神经网络进行优化，可以看看有没有办法缩短神经网络的训练时间，应该怎么做呢？办法有很多种，行之有效的主要有以下 3 种。

- 增加隐藏层的神经元节点数量。这是最容易实施的方法了，例如要把图 7.4 模型中，隐藏层 1 的节点数增加到 32 个，只需要把 w1 定义成形态为[4, 32]的变量，同时把 w2 定义为形态为[32, 2]的变量。修改后，循环 50 万次后，误差大约已经能够减小到 0.09 左右。我们要注意，由于神经网络调节可变参数的初值一般是随机数，另外优化器对可变参数的调节也有一定随机性，所以每次程序执行训练后的结果有所不同是正常的，但大体趋势应该近似。也不排除优化器落入"陷阱"，导致误差始终无法收敛的情况，这时候重新进行训练，从另一组可变参数随机初始值开始即可。

- 增加隐藏层的层数。一般来说，增加某个隐藏层中神经元节点的数量，可以形象地理解成是让这一层变"胖"；那么，增加隐藏层的层数就是让神经网络变"高"或者变"长"；一般来说，增加层数比增加神经元的数量会效果好一点，但是每一层上激活函数的选择需要动一些脑筋，有些层之间激活函数的组合会遇上意料不到的问题。层数太多时，有时候还会造成优化器感知不畅而无法调节可变参数。另外，只增加线性全连接层的数量一般是没有意义的，因为两个线性全连接层是可以转换成一层的。这些留到进阶学习的时候去提高。下面给出一段代码，是在代码 7.2 的基础上加入一个隐藏层 n3。大家可以看一看如何增加新的隐藏层，同时回顾矩阵乘法的有关知识。

代码 7.3　idcard3.py

```python
import tensorflow as tf
import random


random.seed()

x = tf.placeholder(tf.float32)
yTrain = tf.placeholder(tf.float32)

w1 = tf.Variable(tf.random_normal([4, 32], mean=0.5, stddev=0.1), dtype=tf.float32)
b1 = tf.Variable(0, dtype=tf.float32)

xr = tf.reshape(x, [1, .4])

n1 = tf.nn.tanh(tf.matmul(xr, w1)  + b1)
```

```
w2 = tf.Variable(tf.random_normal([32, 32], mean=0.5, stddev=0.1), dtype=tf.float32)
b2 = tf.Variable(0, dtype=tf.float32)

n2 = tf.nn.sigmoid(tf.matmul(n1, w2) + b2)

w3 = tf.Variable(tf.random_normal([32, 2], mean=0.5, stddev=0.1), dtype=tf.float32)
b3 = tf.Variable(0, dtype=tf.float32)

n3 = tf.matmul(n2, w3) + b3

y = tf.nn.softmax(tf.reshape(n3, [2]))

loss = tf.reduce_mean(tf.square(y - yTrain))

optimizer = tf.train.RMSPropOptimizer(0.01)

train = optimizer.minimize(loss)

sess = tf.Session()

sess.run(tf.global_variables_initializer())

lossSum = 0.0

for i in range(500000):

    xDataRandom = [int(random.random() * 10), int(random.random() * 10), int(random.
random() * 10), int(random.random() * 10)]
    if xDataRandom[2] % 2 == 0:
        yTrainDataRandom = [0, 1]
    else:
        yTrainDataRandom = [1, 0]

    result = sess.run([train, x, yTrain, y, loss], feed_dict={x: xDataRandom, yTrain:
yTrainDataRandom})

    lossSum = lossSum + float(result[len(result) - 1])

    print("i: %d, loss: %10.10f, avgLoss: %10.10f" % (i, float(result[len(result) - 1]),
lossSum / (i + 1)))
```

- 适当调节学习率。有时候，学习率设置不合适也会导致训练效率不高，可以适当修改学习率的数值，有关学习率的具体内容会在后面的章节中讨论。

7.7 本章小结：多层、全连接、线性与非线性

本书到本章结束为止，我们学习完的知识，在相当程度上已经是比较完备的神经网络设计和开发的方法了。使用多层的、非线性与线性结合的、全连接的深度学习神经网络，已经可以解决很多实际问题。后面要学到的 CNN、RNN 等属于一些更复杂的网络类型，主要是面向一些特定领域的问题，如图像识别、自然语言处理等，并且其中也会大量用到这些基础知识和理论方法。

神经网络在实际应用中，经常会遇上各种问题，很多问题也没有定论，所以在研究神经网络或

者应用神经网络去解决问题的时候，要勇于探索、敢于尝试各种方法去改善设计、提高效率，例如，增加不同形态的隐藏层、改变节点数量、调整激活函数等。也要善于观察，勤于思考，例如用程序输出各种自己有疑问的信息，观察后思索这些信息反映出的内在意义等。

7.8 练习

1. 试用 TensorFlow 做下面矩阵的乘法并验算。

$$\begin{bmatrix} 1 & 2 & 3 \\ 7 & 8 & 9 \\ 4 & 5 & 6 \end{bmatrix} \times \begin{bmatrix} 1 & 2 & 3 & 4 \\ 3 & 4 & 5 & 6 \\ 5 & 6 & 7 & 8 \end{bmatrix}$$

2. 试用全连接层来解决第 5 章练习中的第 2 题。

08 第8章 保存和载入训练过程

大多数神经网络的训练过程都是比较长的，为了避免过程中发生意外情况导致训练结果丢失，我们需要掌握保存训练过程的方法。另外，我们无法预知多少次训练才能达到合适的准确率，所以往往要在一次程序训练完后先保存当时的训练结果，再根据当时的误差率情况来决定是否继续训练，那么，再次训练的时候就需要能够载入保存的训练结果继续往下训练。当然，如果训练结果不佳，也有可能调整网络结构后重新开始训练。本章中，我们就来介绍保存和载入训练过程的方法，以及各种需要注意的相关事项。

8.1 保存训练过程

保存训练过程相对比较容易，以身份证问题中的代码 7.2 为基础，加上保存训练过程的代码如下：

代码 8.1　idcard4.py

```python
import tensorflow as tf
import random

random.seed()

x = tf.placeholder(tf.float32)
yTrain = tf.placeholder(tf.float32)

w1 = tf.Variable(tf.random_normal([4, 8], mean=0.5, stddev=0.1), dtype=tf.float32)
b1 = tf.Variable(0, dtype=tf.float32)

xr = tf.reshape(x, [1, 4])

n1 = tf.nn.tanh(tf.matmul(xr, w1) + b1)

w2 = tf.Variable(tf.random_normal([8, 2], mean=0.5, stddev=0.1), dtype=tf.float32)
b2 = tf.Variable(0, dtype=tf.float32)

n2 = tf.matmul(n1, w2) + b2

y = tf.nn.softmax(tf.reshape(n2, [2]))

loss = tf.reduce_mean(tf.square(y - yTrain))

optimizer = tf.train.RMSPropOptimizer(0.01)

train = optimizer.minimize(loss)

sess = tf.Session()

sess.run(tf.global_variables_initializer())

lossSum = 0.0

for i in range(5):

    xDataRandom = [int(random.random() * 10), int(random.random() * 10), int(random.random() * 10), int(random.random() * 10)]
    if xDataRandom[2] % 2 == 0:
        yTrainDataRandom = [0, 1]
    else:
        yTrainDataRandom = [1, 0]

    result = sess.run([train, x, yTrain, y, loss], feed_dict={x: xDataRandom, yTrain: yTrainDataRandom})

    lossSum = lossSum + float(result[len(result) - 1])

    print("i: %d, loss: %10.10f, avgLoss: %10.10f" % (i, float(result[len(result) - 1]), lossSum / (i + 1)))
```

```
trainResultPath = "./save/idcard2"

print("saving...")
tf.train.Saver().save(sess, save_path=trainResultPath)
```

代码 8.1 与代码 7.2 相比，我们仅在最后加了 3 条语句来实现训练过程的保存。

- 首先用一个变量 trainResultPath 来指定保存训练过程数据的目录，这是一个字符串类型的变量，其中小数点 "." 代表 Python 程序执行的当前目录，"/" 用于分隔目录和子目录（Windows 操作系统下一般使用反斜杠 "\" 来分隔，我们一般采用 Linux 中目录的写法，用斜杠 "/" 来分隔文件夹和子文件夹，因为这种写法兼容性更好，在 Windows、Mac OS、Linux 等操作系统中都可以正常使用），"./save/idcard2"就代表要保存的位置是执行程序 idcard4.py 时的当前目录的 save 子目录下以 idcard2 为基本名称的一系列文件。

- print("saving...")这条语句是在命令行输出一条提示信息，表示程序将要开始保存训练数据。

- tf.train.Saver().save(sess,save_path=trainResultPath)这条语句才是最关键的，调用了 TensorFlow 下 train 包中的 Saver 函数返回的 Saver 对象的 save 成员函数来进行保存（比较绕口，请注意理解），该函数第一个参数需要传入当前的会话对象（在本程序中是 sess），命名参数 save_path 中要传入保存位置（本例中就是已经保存在 trainResultPath 变量中的目录名称）。

把循环次数设置成 5 次，执行代码 8.1 后的结果如下。

```
λ python idcard4.py
i: 0, loss: 0.2594241202, avgLoss: 0.2594241202
i: 1, loss: 0.2486472577, avgLoss: 0.2540356889
i: 2, loss: 0.2625057697, avgLoss: 0.2568590492
i: 3, loss: 0.2505045235, avgLoss: 0.2552704178
i: 4, loss: 0.2617874146, avgLoss: 0.2565738171
saving...
```

出现 "saving..." 的提示，说明保存操作执行了。我们再用 "dir" 命令查看当前目录下的文件，如图 8.1 所示。

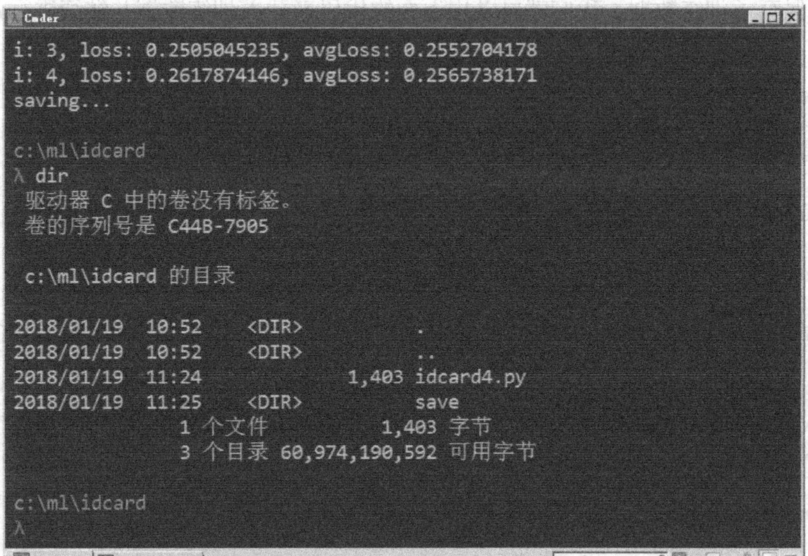

图 8.1　查看当前目录下的文件

这时会发现其中已经多了一个 save 子目录，使用"cd save"命令进入该目录后，再用"dir"命令列出该目录下的文件，如图 8.2 所示。

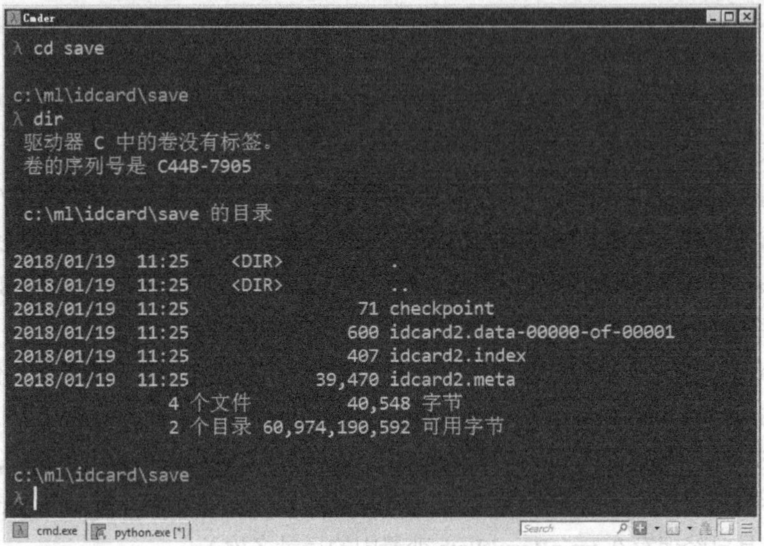

图 8.2　保存训练过程后查看相关文件

该目录下已经有了一系列文件，这些文件就是我们刚刚保存的训练过程数据文件。其中以指定的名称 idcard2 开头的几个文件分别保存了模型和可变参数等信息；checkpoint 文件则是保存了一些基础信息。

这样，保存训练过程这一步就已经完成了。

8.2　载入保存的训练过程并继续训练

如果已经保存了训练数据，我们就可以用下面的代码来载入训练数据并继续进行训练。

代码 8.2　idcard5.py

```
import tensorflow as tf
import random
import os

trainResultPath = "./save/idcard2"

random.seed()

x = tf.placeholder(tf.float32)
yTrain = tf.placeholder(tf.float32)

w1 = tf.Variable(tf.random_normal([4, 8], mean=0.5, stddev=0.1), dtype=tf.float32)
b1 = tf.Variable(0, dtype=tf.float32)

xr = tf.reshape(x, [1, 4])

n1 = tf.nn.tanh(tf.matmul(xr, w1)  + b1)
```

```
    w2 = tf.Variable(tf.random_normal([8, 2], mean=0.5, stddev=0.1), dtype=tf.float32)
    b2 = tf.Variable(0, dtype=tf.float32)

    n2 = tf.matmul(n1, w2) + b2

    y = tf.nn.softmax(tf.reshape(n2, [2]))

    loss = tf.reduce_mean(tf.square(y - yTrain))

    optimizer = tf.train.RMSPropOptimizer(0.01)

    train = optimizer.minimize(loss)

    sess = tf.Session()

    if os.path.exists(trainResultPath + ".index"):
        print("loading: %s" % trainResultPath)
        tf.train.Saver().restore(sess, save_path=trainResultPath)
    else:
        print("train result path not exists: %s" % trainResultPath)
        sess.run(tf.global_variables_initializer())


    lossSum = 0.0

    for i in range(5):

        xDataRandom = [int(random.random() * 10), int(random.random() * 10), int(random.
random() * 10), int(random.random() * 10)]
        if xDataRandom[2] % 2 == 0:
            yTrainDataRandom = [0, 1]
        else:
            yTrainDataRandom = [1, 0]

        result = sess.run([train, x, yTrain, y, loss], feed_dict={x: xDataRandom, yTrain:
yTrainDataRandom})

        lossSum = lossSum + float(result[len(result) - 1])

        print("i: %d, loss: %10.10f, avgLoss: %10.10f" % (i, float(result[len(result) - 1]),
lossSum / (i + 1)))

    print("saving...")
    tf.train.Saver().save(sess, save_path=trainResultPath)
```

代码 8.2 中，我们把定义 trainResultPath 变量的语句挪到了程序开头部分，因为载入训练数据时
也需要用到数据文件保存位置的信息。然后在定义完会话变量 sess 后，我们不是像以前一样马上调
用 sess.run(tf.global_variables_initializer()) 来对可变参数进行初始化，因为如果要载入训练数据，就不
能做初始化操作，否则所有可变参数又被复原成初始值了。加入一个条件判断，如果目录下指定位
置存在保存了的训练过程文件，就载入相应文件中保存的训练过程信息；否则才去进行初始化可变
参数的操作。这样，无论是第一次运行程序，还是已经运行程序并保存过训练过程，本程序都可以
正常处理。载入训练数据的是 tf.train.Saver().restore(sess, save_path=trainResultPath) 这一条语句，与保
存时的 save 函数方法基本一样，都是传入会话变量和保存路径两个参数，只不过 save 函数是保存，

restore 函数是载入训练过程。

判断是否存在已保存的训练过程数据文件，我们用了 os 包中的 os.path.exists 函数，因此要在程序一开始导入 os 包。因为数据文件不只一个，我们随便挑选了一个文件（带.index 后缀的）来判断保存的训练过程文件是否存在，挑其他文件也是一样的，但是注意不要选 checkpoint 文件，因为这个文件名不随我们指定的前缀名而变化。

程序执行的结果类似下面：

```
loading: ./save/idcard2
i: 0, loss: 0.2326944172, avgLoss: 0.2326944172
i: 1, loss: 0.2140171975, avgLoss: 0.2233558074
i: 2, loss: 0.1964291334, avgLoss: 0.2143802494
i: 3, loss: 0.1797131300, avgLoss: 0.2057134695
i: 4, loss: 0.1642173231, avgLoss: 0.1974142402
saving...
```

可以看到，程序一开始的提示信息显示，载入了指定位置的训练过程数据，并且接下来训练的误差值比首次执行程序时的趋势是在变小的。所以可以证明，载入训练过程数据是成功的。

训练过程数据中，主要是保存了模型的信息和所有可变参数在最后一次训练结束时刻的取值情况；载入训练过程数据也就是为了恢复这个"现场"环境，以便能够在此基础上继续训练下去，避免从头开始又花费大量时间。

注意，如果实现模型部分的代码或一些控制训练过程的代码改变了，有可能导致保存的数据与现有的程序不能匹配，从而在载入训练过程数据时出现错误。所以一般我们保存和载入训练过程数据这两个时刻的代码应该基本是一致的，除了学习率等一些参数可以有调整，其他部分尤其是模型部分的代码尽量不要做修改。

8.3　通过命令行参数控制是否强制重新开始训练

代码 8.2 已经能够处理初次训练和已有保存数据的情况下载入训练过程数据继续训练的情况。那么考虑下面的情况，如果我们保存了训练过程，但是对训练结果不满意，或者修改了模型，又或者想换用其他优化器，总之不想载入已保存的训练过程，而是准备强制重新开始训练，应该怎么做呢？

当然，我们可以把保存的数据文件和目录都删除，这是一种方法。但如果想要更灵活的方式，可以采用命令行参数来做更好的控制。

命令行参数是在命令行方式执行程序时，在执行命令后面还可以加上的一些参数，一般用于指导程序做一些特定的行为。例如，我们在用 Python 来执行自行编写的程序时，一般在命令行是这样输入的：

```
python idcard5.py
```

这当中，python 是我们要执行的 Python 语言解释器自身，后面跟的 idcard5.py 是要执行的 Python 程序的名称，而在这整条命令中，python 就称为这条命令的"命令体"，后面的程序名称就是它的第一个命令行参数，命令行参数与命令体之间一般用空格来分隔开。命令行参数可以有多个，多个命令行参数之间也用空格来分隔。如果命令行参数本身含有空格，那么需要把这个命令行参数用双引号括起来，例如 python "c:\my documents\ml\idcard5.py"。

执行自编 Python 程序的时候，也可以带上参数。我们看下面的例子：

```
import sys

argt = sys.argv

print(argt)

print("Parameter 1: %s" % argt[1])
```

在程序中要获取执行该程序时的命令行参数，需要用到 Python 的 sys 包，所以首先要导入该包。然后用 sys.argv 就可以获取命令行参数了，我们来用命令行中加上一个参数的方式来执行这个程序，例如 python3 code004.py abc，输出结果如下：

```
['code004.py', 'abc']
Parameter 1: abc
```

我们看到，输出的变量 argt（已经被赋值为 sys.argv）的内容是一个一维数组，其中每一项均是在命令行中的参数（命令体 python 不包含在其中）。然后输出 argt 的下标为 1 的项，结果确实是 "abc"，因为下标是从 0 开始的。

了解了命令行参数，我们就可以在载入训练过程前，通过判断命令行参数来决定是否强制重新训练了。

代码 8.3　idcard6.py

```
import tensorflow as tf
import random
import os
import sys

ifRestartT = False

argt = sys.argv[1:]

for v in argt:
    if v == "-restart":
        ifRestartT = True

trainResultPath = "./save/idcard2"

random.seed()

x = tf.placeholder(tf.float32)
yTrain = tf.placeholder(tf.float32)

w1 = tf.Variable(tf.random_normal([4, 8], mean=0.5, stddev=0.1), dtype=tf.float32)
b1 = tf.Variable(0, dtype=tf.float32)

xr = tf.reshape(x, [1, 4])

n1 = tf.nn.tanh(tf.matmul(xr, w1) + b1)

w2 = tf.Variable(tf.random_normal([8, 2], mean=0.5, stddev=0.1), dtype=tf.float32)
b2 = tf.Variable(0, dtype=tf.float32)

n2 = tf.matmul(n1, w2) + b2
```

```
y = tf.nn.softmax(tf.reshape(n2, [2]))

loss = tf.reduce_mean(tf.square(y - yTrain))

optimizer = tf.train.RMSPropOptimizer(0.01)

train = optimizer.minimize(loss)

sess = tf.Session()

if ifRestartT == True:
    print("force restart...")
    sess.run(tf.global_variables_initializer())
elif os.path.exists(trainResultPath + ".index"):
    print("loading: %s" % trainResultPath)
    tf.train.Saver().restore(sess, save_path=trainResultPath)
else:
    print("train result path not exists: %s" % trainResultPath)
    sess.run(tf.global_variables_initializer())


lossSum = 0.0

for i in range(5):

    xDataRandom = [int(random.random() * 10), int(random.random() * 10), int(random.
random() * 10), int(random.random() * 10)]
    if xDataRandom[2] % 2 == 0:
        yTrainDataRandom = [0, 1]
    else:
        yTrainDataRandom = [1, 0]

    result = sess.run([train, x, yTrain, y, loss], feed_dict={x: xDataRandom, yTrain:
yTrainDataRandom})

    lossSum = lossSum + float(result[len(result) - 1])

    print("i: %d, loss: %10.10f, avgLoss: %10.10f" % (i, float(result[len(result) - 1]),
lossSum / (i + 1)))

    print("saving...")
    tf.train.Saver().save(sess, save_path=trainResultPath)
```

在代码 8.3 中，我们一开始让变量 argt 等于 sys.argv[1:]，这是对命令行参数这个字符串数组做了一个切片，让 argt 等于 sys.argv 的从下标 1 开始到最后的子数组（"[1:]"这个数组切片的表达式中，"1"表示从下标为 1 的数据项开始截取，":"后面不跟数字，表示一直截取到最后一项），实际上的作用只是把命令行参数数组中下标为 0 的一项去掉了，因为这一项一般就是我们执行的 Python 程序的文件名，暂用不到，所以把它先去掉。

用一个循环来判断命令行参数中是否有 "-restart" 出现，如果有的话，就让事先定义的一个变量 ifRestartT 的值为 "True"；因为 ifRestartT 一开始的初始值是 "False"，所以如果命令行参数里没有 "-restart" 这一项，那么 ifRestartT 的值就会是 "False"。类似 ifRestartT 这种取值只有 "True" 或 "False" 的变量类型叫作 "布尔类型"，布尔类型的变量为 "True"，一般代表 "是"、"真" 等意思；为 "False"，一般代表 "否"、"假" 等意思。我们一般在程序中进行条件判断时会用到布尔类型的变量。

在判断是否存在已保存的训练过程文件前，又加了一个条件判断，先判断 ifRestartT 是否为"True"，如果是的话，将强制执行初始化可变参数这一步，而不再去判断是否需要加载训练过程文件。

这样，我们得到的效果是，如果命令行参数中存在"-restart"，则无论是否存在训练过程文件，都会强制从初始状态重新进行训练；如果命令行参数中没有"-restart"，则还与之前一样，根据是否存在已保存的训练过程文件来决定是重新开始训练还是载入训练过程数据后继续训练。用 python idcard6.py -restart 这样的命令行来执行程序后，运行的结果如下：

```
force restart...
i: 0, loss: 0.3057051599, avgLoss: 0.3057051599
i: 1, loss: 0.2103165090, avgLoss: 0.2580108345
i: 2, loss: 0.2005625069, avgLoss: 0.2388613919
i: 3, loss: 0.3081537783, avgLoss: 0.2561844885
i: 4, loss: 0.2025824189, avgLoss: 0.2454640746
saving...
```

可以看到，一开始就输出了"force restart..."，表示重新开始训练了，并且平均误差也变得比较大，证明确实是从初始值开始训练的。

8.4　训练过程中手动保存

设想下面一种情况：我们指定了一个比较多次数的循环，例如 50 万次，在训练过程中又随时可能想保存当时的训练"现场"，那应该怎么办呢？我们来看下面的代码。

代码 8.4　idcard7.py

```
import tensorflow as tf
import random
import os
import sys

ifRestartT = False

argt = sys.argv[1:]

for v in argt:
    if v == "-restart":
        ifRestartT = True


trainResultPath = "./save/idcard2"

random.seed()

x = tf.placeholder(tf.float32)
yTrain = tf.placeholder(tf.float32)

w1 = tf.Variable(tf.random_normal([4, 8], mean=0.5, stddev=0.1), dtype=tf.float32)
b1 = tf.Variable(0, dtype=tf.float32)

xr = tf.reshape(x, [1, 4])
```

```
n1 = tf.nn.tanh(tf.matmul(xr, w1)  + b1)

w2 = tf.Variable(tf.random_normal([8, 2], mean=0.5, stddev=0.1), dtype=tf.float32)
b2 = tf.Variable(0, dtype=tf.float32)

n2 = tf.matmul(n1, w2) + b2

y = tf.nn.softmax(tf.reshape(n2, [2]))

loss = tf.reduce_mean(tf.square(y - yTrain))

optimizer = tf.train.RMSPropOptimizer(0.01)

train = optimizer.minimize(loss)

sess = tf.Session()

if ifRestartT == True:
    print("force restart...")
    sess.run(tf.global_variables_initializer())
elif os.path.exists(trainResultPath + ".index"):
    print("loading: %s" % trainResultPath)
    tf.train.Saver().restore(sess, save_path=trainResultPath)
else:
    print("train result path not exists: %s" % trainResultPath)
    sess.run(tf.global_variables_initializer())


lossSum = 0.0

for i in range(500000):

    xDataRandom = [int(random.random() * 10), int(random.random() * 10), int(random.
random() * 10), int(random.random() * 10)]
    if xDataRandom[2] % 2 == 0:
        yTrainDataRandom = [0, 1]
    else:
        yTrainDataRandom = [1, 0]

    result = sess.run([train, x, yTrain, y, loss], feed_dict={x: xDataRandom, yTrain:
yTrainDataRandom})

    lossSum = lossSum + float(result[len(result) - 1])

    print("i: %d, loss: %10.10f, avgLoss: %10.10f" % (i, float(result[len(result) - 1]),
lossSum / (i + 1)))

    if os.path.exists("save.txt"):
        os.remove("save.txt")
        print("saving...")
        tf.train.Saver().save(sess, save_path=trainResultPath)

print("saving...")
tf.train.Saver().save(sess, save_path=trainResultPath)
```

在代码 8.4 中，我们设置了循环训练的次数是 50 万次。为了能够随时保存，在循环训练的每次训练后（输出该次训练信息后），增加了一个条件判断，如果发现在当前目录下有 save.txt 这个文件存在，则马上会进行保存训练过程的操作。当然还要删除 save.txt 文件以免反复保存，删除文件是用 os.remove 函数来实现的。

我们可以执行这段代码，并在代码执行的过程中，另开一个资源管理器窗口，在执行程序 idcard7.py 所在的文件夹中新建一个 save.txt 文件，然后会发现这个文件马上就不见了，并且文件夹下的 save 子目录的时间戳也变成最新的系统时间了。这说明，我们的代码起到作用了，程序在训练过程中发现该目录下有 save.txt 文件时，立即进行了保存训练数据的操作，同时把 save.txt 文件删除。

这样，我们就达到了随时保存训练过程的目的。想要保存的时候，只要去新建一个 save.txt 文件就行了。

另外，如果在安装 Cmder 时，按照我们的说明安装的是完整的安装包，还可以有更方便的方法，即在程序执行的时候，在 Cmder 中另开一个标签页或窗口（用鼠标右键单击 Cmder 窗口的下横条后选择 New console 并确定，或者直接在 Cmder 中按 Ctrl+N 快捷键），进入到程序运行的目录，然后执行 touch save.txt 命令，就可以新建一个 save.txt 文件，比用 Windows 资源管理器新建文件更方便。touch 命令是安装了 Cmder 完整包后附带的从 Linux 移植到 Windows 操作系统的比较有用的命令之一，它的作用是新建一个文件，如果该文件已经存在，就把该文件的文件时间改为最新。在这里，我们只是用它新建文件的功能。

8.5 保存训练过程前征得同意

训练神经网络一般是很漫长的，有时候在训练完毕，我们会发现训练的结果并不尽如人意，希望不要保存这一回训练的结果；而迄今为止，我们都是在训练结束时自动保存训练过程的。那么，如果程序能在保存前询问一下，征得我们的同意后再保存，就能两全其美了。下面我们来看看如何实现这个功能。

代码 8.5 idcard8.py

```
import tensorflow as tf
import random
import os
import sys

ifRestartT = False

argt = sys.argv[1:]

for v in argt:
    if v == "-restart":
        ifRestartT = True

trainResultPath = "./save/idcard2"

random.seed()

x = tf.placeholder(tf.float32)
```

137

```
yTrain = tf.placeholder(tf.float32)

w1 = tf.Variable(tf.random_normal([4, 8], mean=0.5, stddev=0.1), dtype=tf.float32)
b1 = tf.Variable(0, dtype=tf.float32)

xr = tf.reshape(x, [1, 4])

n1 = tf.nn.tanh(tf.matmul(xr, w1) + b1)

w2 = tf.Variable(tf.random_normal([8, 2], mean=0.5, stddev=0.1), dtype=tf.float32)
b2 = tf.Variable(0, dtype=tf.float32)

n2 = tf.matmul(n1, w2) + b2

y = tf.nn.softmax(tf.reshape(n2, [2]))

loss = tf.reduce_mean(tf.square(y - yTrain))

optimizer = tf.train.RMSPropOptimizer(0.01)

train = optimizer.minimize(loss)

sess = tf.Session()

if ifRestartT == True:
    print("force restart...")
    sess.run(tf.global_variables_initializer())
elif os.path.exists(trainResultPath + ".index"):
    print("loading: %s" % trainResultPath)
    tf.train.Saver().restore(sess, save_path=trainResultPath)
else:
    print("train result path not exists: %s" % trainResultPath)
    sess.run(tf.global_variables_initializer())


lossSum = 0.0

for i in range(5):

    xDataRandom = [int(random.random() * 10), int(random.random() * 10), int(random.
random() * 10), int(random.random() * 10)]
    if xDataRandom[2] % 2 == 0:
        yTrainDataRandom = [0, 1]
    else:
        yTrainDataRandom = [1, 0]

    result = sess.run([train, x, yTrain, y, loss], feed_dict={x: xDataRandom, yTrain:
yTrainDataRandom})

    lossSum = lossSum + float(result[len(result) - 1])

    print("i: %d, loss: %10.10f, avgLoss: %10.10f" % (i, float(result[len(result) - 1]),
lossSum / (i + 1)))

    if os.path.exists("save.txt"):
        os.remove("save.txt")
```

```
            print("saving...")
            tf.train.Saver().save(sess, save_path=trainResultPath)

resultT = input('Would you like to save? (y/n)')

if resultT == "y":
    print("saving...")
    tf.train.Saver().save(sess, save_path=trainResultPath)
```

代码 8.5 中，我们在程序的最后训练完毕保存训练过程的语句前，增加了一条要求用户输入信息的语句：

```
resultT = input('Would you like to save? (y/n)')
```

这条语句中调用了 input 函数，这个函数会显示参数中的字符串（注意字符串除了可以使用双引号括起来，也可以使用单引号，这样如果在字符串中含有其中一种引号的时候，可以换用另一种引号括起来以免混淆），然后等待用户输入一段字符，直至按 Enter 键表示输入结束，最后把用户输入的字符串作为函数返回值返回。因此，执行完这条语句后，变量 resultT 中就是用户输入的内容。

其中还用了一个条件判断，如果用户输入的是 "y"（代表 yes），才继续执行保存训练过程的语句，否则不进行保存。程序执行的结果如下：

```
i: 0, loss: 0.4840018749, avgLoss: 0.4840018749
i: 1, loss: 0.4694105089, avgLoss: 0.4767061919
i: 2, loss: 0.1064022481, avgLoss: 0.3532715440
i: 3, loss: 0.1026448309, avgLoss: 0.2906148657
i: 4, loss: 0.4699266255, avgLoss: 0.3264772177
Would you like to save? (y/n)y
saving...
```

这里选择输入 y，因此程序进行了保存。下面例子中输入了 n，所以程序就没有保存。

```
i: 0, loss: 0.4520748258, avgLoss: 0.4520748258
i: 1, loss: 0.4333441556, avgLoss: 0.4427094907
i: 2, loss: 0.4138071239, avgLoss: 0.4330753684
i: 3, loss: 0.1388698518, avgLoss: 0.3595239893
i: 4, loss: 0.1315816343, avgLoss: 0.3139355183
Would you like to save? (y/n)n
```

8.6　本章小结：善于利用保存和载入训练过程

本章介绍的保存和载入训练过程的方法，是在训练神经网络时经常会用到的实用方法，要掌握并善于利用。合理地使用保存和载入训练过程的方法，并结合中断训练的方法（按 Ctrl+C 组合键即可中止 Python 程序的运行），可以避免无效或低效的训练浪费宝贵时间。

8.7　练习

1. 在任意 Python 程序中增加一个命令行参数 "-v"，如果出现该参数则输出 TensorFlow 的版本号。

2. 修改代码 8.5，使得发现有已保存的训练过程文件后仍要征得用户同意才进行读取。

第9章　查看图形化的模型

在前面的章节中，我们已经设计并用代码实现了多个神经网络模型，能否看到我们的模型在 TensorFlow 中到底是怎样的呢？TensorFlow 中提供了一个图形化查看模型的工具软件 TensorBoard，本章就将介绍这款工具的使用。

9.1　数据流图的概念

在 TensorFlow 中，我们用程序定义的模型都是用"数据流图"（DataflowGraph）来表示的，也称其为"计算图"，有时直接简称为"图"。数据流图不仅能够表现出数据的流向，也能够表现出在数据流向中对数据的计算操作。如果还记得第 4 章中张量等概念的介绍，应该能够回忆起来，张量（tensor）就代表模型中的数据，占位符（placeholder）也可以算张量的一种，可变参数（variable）也是模型中的一种数据；而对数据的计算叫作操作（operation，简称 op）。TensorFlow 的数据流图中，主要就是由张量、可变参数和操作这些要素组成的。数据流向图虽然与我们的神经网络模型图表达的内容并不完全一致，但是可以起到互相检验、验证的作用。

理论上，用 TensorFlow 程序实现的所有模型都应该是定义在一张数据流图中的。我们至今还没有接触过"图"这个概念，是因为如果在程序中没有定义图，TensorFlow 会生成一张默认的图来承载我们的模型。

自带的一款工具软件 TensorBoard 可以用来查看数据流向图。下面就来看看如何使用 TensorBoard 查看程序实现的数据流向图，进而检验我们的神经网络模型。

9.2　用 TensorBoard 查看数据流图

为了检验 TensorBoard，我们专门准备了下面一段简单的代码。

代码 9.1　graph1.py

```python
import tensorflow as tf

x = tf.placeholder(shape=[1, 3], dtype=tf.float32)

w = tf.Variable(tf.ones([3, 3]), dtype=tf.float32)
b = tf.Variable(1, dtype=tf.float32)

y = tf.matmul(x, w) + b

sess = tf.Session()
sess.run(tf.global_variables_initializer())

sess.run(y, feed_dict={x: [[1, 2, 3]]})

writer = tf.summary.FileWriter("graph", sess.graph)
```

代码 9.1 实现了一个最简单的单层神经网络（单隐藏层），输入层节点 x 是一个形态为[1, 3]的矩阵，隐藏层的可变参数 w 是形态为[3, 3]的矩阵，偏移量 b 是一个标量，输出节点 y=x×w+b（其中"×"表示矩阵乘法）。我们不需要进行训练，直接定义会话对象 sess 并初始化可变参数，运行一次进行 y 的计算后，就生成了数据流图。这时在程序最后一条语句中调用 tf.summary.FileWriter 函数，就把当前的数据流图保存下来了，该函数第一个参数用于指定保存的目录，在这里指定保存到当前目录的 graph 子目录下；第二个参数用于指定保存哪张数据流图，因为在程序中可以定义多张图，我们只使用了默认的图，所以直接传入 sess.graph 表示保存 sess 会话对象默认的图。

程序执行完不会有任何命令行输出，但用"dir"命令列出当前目录下的文件时，会发现多了一个 graph 子目录，里面就是程序保存的与数据流图相关的文件。假设当前所在的目录是"c:\ml"，那么就可以用命令"tensorboard --logdir=c:\ml\graph"来启动 TensorBoard 工具（见图 9.1），注意作为命令的 tensorboard 是全小写。

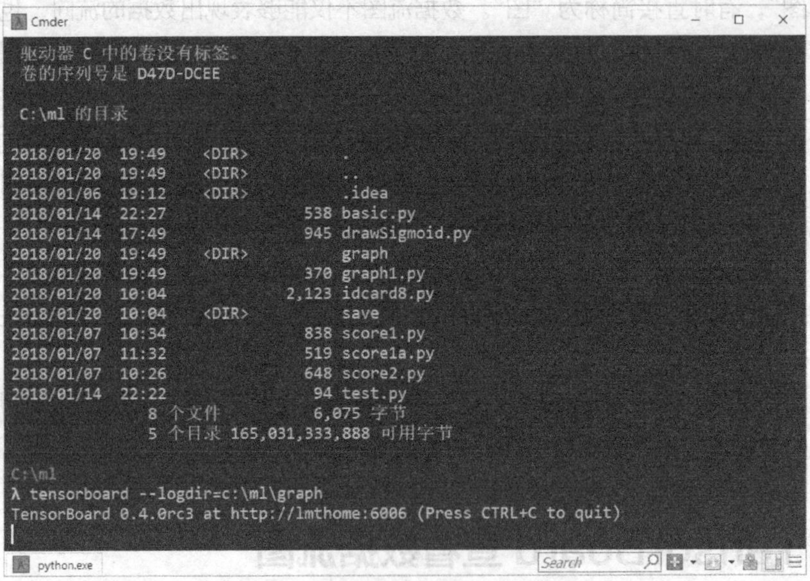

图 9.1 启动 TensorBoard 工具

tensorboard 中的命令行参数"--logdir"是用来指定 TensorBoard 工具从哪个目录加载数据流图的。执行完该命令后，并不会马上显示出数据流图，TensorBoard 工具会启动一个网页服务器，我们需要用任意一个网页浏览器来通过浏览网页的形式查看数据流图。tensorboard 命令执行后会出现一个提示，告诉我们这个网页服务器的网址，以及按 Ctrl+C 快捷键可以终止 tensorboard 命令的执行。

我们要访问这个网页，可以打开网页浏览器，把 TensorBoard 提示的网址输入到网页浏览器的地址栏中进行浏览。由于 TensorBoard 一般都是在本机上运行的，所以一般直接浏览 http://localhost:6006 或 http://127.0.0.1:6006 即可。

图 9.2 是用网页浏览器查看代码 9.1 保存的数据流图的结果。左边有导航栏和图例，右边主要显示数据流图的空间，可以用鼠标滚轮缩放；如果显示不下，还会在右下角出现鹰眼图，可以在鹰眼图中用鼠标直接单击想要查看的位置或者拖曳视图框调整到想看的位置。我们发现，这张图和程序是完全能对应上的。

图 9.2 中，小椭圆形都是代表操作。placeholder 这个操作对应程序中定义占位符 x 的操作，从它出去的箭头上标有"1×3"表示这个操作输出数据的形态，与我们定义给 x 的形态是一致的。同样的，MatMul 操作和 add 操作也可以对应到程序中，其中 add 操作实际上表示的是 y = tf.matmul(x, w) + b 这条语句中的"+"操作。

图 9.2 中的圆角矩形都是代表可变参数。我们可以看出，Variable 明显指的是可变参数 w，因为从它流出数据的箭头上标出的数据形态是"3×3"；而 Variable_1 显然是指可变参数 b，因为它的数据类型是"scalar"，也就是标量。Variable 和 Variable_1 都有一个箭头指向虚线小椭圆形"init"，表示它们都被初始化过。

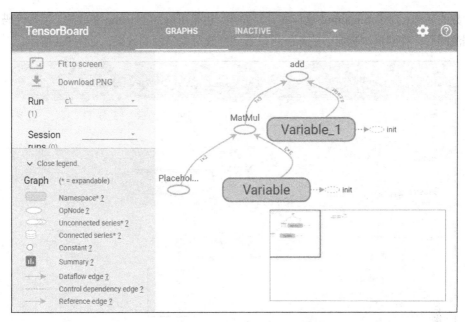

图 9.2　TensorBoard 显示的数据流图

　　至此可以看出，用 TensorBoard 如实反映出了程序中实现的模型，尤其是从数据、数据流向、计算操作的视角上来看会清晰。用鼠标单击图中任何一个对象可以看到进一步的详细信息。

9.3　控制 TensorBoard 图中对象的名称

　　用 TensorBoard 查看数据流图非常方便，但是在上一节的例子中，我们发现，图上所有对象的名称似乎都是系统起的，并不是我们程序中定义的 "x" "y" "w" "b"，看起来容易混乱。这是为什么呢？

　　TensorBoard 工具并不会自动识别用户定义的张量名称，但是可以用 TensorFlow 约定的方式来控制图中显示的这些名称，也包括操作的名称。我们来看下面的代码：

代码 9.2　graph2.py

```python
import tensorflow as tf

x = tf.placeholder(shape=[1, 3], dtype=tf.float32, name="x")

w = tf.Variable(tf.ones([3, 3]), dtype=tf.float32, name="w")
b = tf.Variable(1, dtype=tf.float32, name="b")

y = tf.matmul(x, w, name="MatMul") + b

sess = tf.Session()
sess.run(tf.global_variables_initializer())

sess.run(y, feed_dict={x: [[1, 2, 3]]})

writer = tf.summary.FileWriter("graph", sess.graph)
```

我们只需要在定义张量和可变参数时，在函数中加上命名参数 name，就可以定义在图中该张量或可变参数的名称；对于 tf.matmul 这样的计算操作，也是可以加上 name 参数的。运行代码 9.2 保存新的数据流图后，在网页浏览器中刷新就可以看到修改对象名称的效果，如图 9.3 所示。

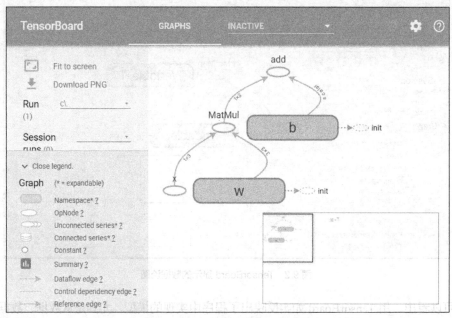

图 9.3　修改了对象名称的数据流图

从图 9.3 中，已经可以清楚地看出张量 x、可变参数 w 和 b，以及计算操作 MatMul 了。但是对于图中的 add 操作，也就是程序中的 "+" 操作，实际上指的是得出张量 y 的操作，能不能改名称呢？答案是肯定的，但是要用 tf.add 函数来代替 "+" 操作。

代码 9.3　graph3.py

```python
import tensorflow as tf

x = tf.placeholder(shape=[1, 3], dtype=tf.float32, name="x")

w = tf.Variable(tf.ones([3, 3]), dtype=tf.float32, name="w")
b = tf.Variable(1, dtype=tf.float32, name="b")

y = tf.add(tf.matmul(x, w, name="MatMul"), b, name="y")

sess = tf.Session()
sess.run(tf.global_variables_initializer())

sess.run(y, feed_dict={x: [[1, 2, 3]]})

writer = tf.summary.FileWriter("graph", sess.graph)
```

代码 9.3 中，用 tf.add 函数取代了原来 "+" 表示的加法操作，其中该函数的第一个、第二个参数就是原来加号左右两侧的表达式，而由于是函数，所以可以加上命名参数 name 来指定名称。图 9.4 是运行完代码 9.3 后，刷新网页看到的新数据流图。

可以看到，图 9.4 中整个数据流图与我们的程序已经完全一致了。需要注意的是，数据流图中张量都是体现某个操作的，可以理解为张量都是某个操作的结果，例如本例中的张量 y，实际上是 y=x×w+b 这个计算操作中最后的加法操作。为了清楚地体现最后这步操作，也可以把 y 的图中名称

改为类似 "y-Add" 这样的文字。

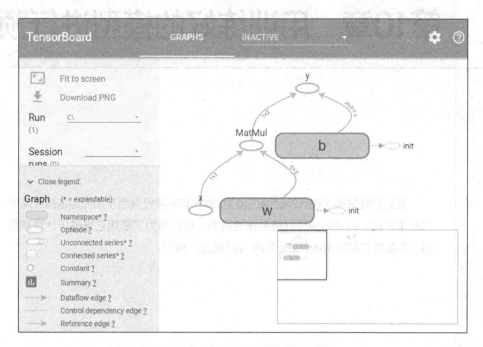

图 9.4　修改了加法操作名称的数据流图

9.4　本章小结：图形化的模型

本章介绍了 TensorBoard 工具，其最主要的用途是帮助我们检查自己用代码实现的模型是否与最初设计的相吻合，也可以在查看别人的代码时用于帮助理解。

9.5　练习

1. 将代码 9.1 中的矩阵乘法换成点乘后，用 TensorBoard 查看对应的数据流图。
2. 修改上一题中代码，使点乘操作在图中能够显示自定义的名称。

10

第10章　用训练好的模型进行预测

　　我们已经掌握了设计神经网络模型、编程实现神经网络及如何训练神经网络的基本方法，而使用神经网络最终的目的一般均是为了要用它来进行计算或预测。本章将介绍如何用训练好的神经网络进行预测。

10.1　从命令行参数读取需要预测的数据

训练神经网络是让神经网络具备可用性，而真正使用神经网络时需要对新的输入数据进行预测。这些输入数据不像训练数据那样是有目标值（标准答案）的，而是确实需要通过神经网络计算来获得预测结果。有很多方法可以向神经网络输入数据以便进行预测，我们先介绍通过命令行参数来输入数据的方法。

代码 10.1　predict1.py

```
import numpy as np
import sys

predictData = None

argt = sys.argv[1:]

for v in argt:
    if v.startswith("-predict="):
        tmpStr = v[len("-predict="):]
        print("tmpStr: %s" % tmpStr)
        predictData = np.fromstring(tmpStr, dtype=np.float32, sep=",")

print("predictData: %s" % predictData)
```

代码 10.1 中定义了变量 predictData，并给它赋初值为 None；获取命令行参数后循环判断每一个参数，并寻找是否有以"-predict="为开始的字符串，我们用字符串的成员函数 startswith 来判断这个字符串是否以另一个指定的字符串开头。如果以"-predict="开头，要去掉"-predict="这个前缀，只取后面剩余的字符串，所以采用 tmpStr = v[len("-predict="):]语句（len 函数的功能是获得任意字符串的长度），这条语句的作用是让 tmpStr 等于命令行参数 v 去掉开头"-predict="后的字符。再用 numpy 包中的 fromstring 函数，把 tmpStr 中字符串转换为一个数组。如果用 python predict1.py -predict=1,2,3 来执行代码 10.1（注意 1,2,3 间不能有空格），会得到下面的结果。

```
tmpStr: 1,2,3
predictData: [ 1.  2.  3.]
```

根据输出结果可知，其中"tmpStr:"后面确实是手动输入的"-predict="后的字符串，而"predictData:"后面已经是从 tmpStr 转换出来的一维数组。fromstring 函数中，命名参数 dtype 用于指定转换出来的数组内数据项的数据类型，sep 用于指定字符串中各项之间的分隔符。

有了从命令行参数读取数据的方法，就可以调用训练好的神经网络模型进行预测了。

代码 10.2　predict2.py

```
import tensorflow as tf
import numpy as np
import random
import os
import sys

ifRestartT = False

predictData = None

argt = sys.argv[1:]
```

```
    for v in argt:
        if v == "-restart":
            ifRestartT = True
        if v.startswith("-predict="):
            tmpStr = v[len("-predict="):]
            predictData = np.fromstring(tmpStr, dtype=np.float32, sep=",")

    print("predictData: %s" % predictData)

    trainResultPath = "./save/idcard2"

    random.seed()

    x = tf.placeholder(tf.float32)
    yTrain = tf.placeholder(tf.float32)

    w1 = tf.Variable(tf.random_normal([4, 8], mean=0.5, stddev=0.1), dtype=tf.float32)
    b1 = tf.Variable(0, dtype=tf.float32)

    xr = tf.reshape(x, [1, 4])

    n1 = tf.nn.tanh(tf.matmul(xr, w1) + b1)

    w2 = tf.Variable(tf.random_normal([8, 2], mean=0.5, stddev=0.1), dtype=tf.float32)
    b2 = tf.Variable(0, dtype=tf.float32)

    n2 = tf.matmul(n1, w2) + b2

    y = tf.nn.softmax(tf.reshape(n2, [2]))

    loss = tf.reduce_mean(tf.square(y - yTrain))

    optimizer = tf.train.RMSPropOptimizer(0.01)

    train = optimizer.minimize(loss)

    sess = tf.Session()

    if ifRestartT:
        print("force restart...")
        sess.run(tf.global_variables_initializer())
    elif os.path.exists(trainResultPath + ".index"):
        print("loading: %s" % trainResultPath)
        tf.train.Saver().restore(sess, save_path=trainResultPath)
    else:
        print("train result path not exists: %s" % trainResultPath)
        sess.run(tf.global_variables_initializer())

    if predictData is not None:
        result = sess.run([x, y], feed_dict={x: predictData})
        print(result[1])
        print(y.eval(session=sess, feed_dict={x: predictData}))
        sys.exit(0)

    lossSum = 0.0

    for i in range(5):

        xDataRandom = [int(random.random() * 10), int(random.random() * 10), int(random.
random() * 10), int(random.random() * 10)]
```

```
        if xDataRandom[2] % 2 == 0:
            yTrainDataRandom = [0, 1]
        else:
            yTrainDataRandom = [1, 0]

        result = sess.run([train, x, yTrain, y, loss], feed_dict={x: xDataRandom, yTrain:
yTrainDataRandom})

        lossSum = lossSum + float(result[len(result) - 1])

        print("i: %d, loss: %10.10f, avgLoss: %10.10f" % (i, float(result[len(result) - 1]),
lossSum / (i + 1)))

        if os.path.exists("save.txt"):
            os.remove("save.txt")
            print("saving...")
            tf.train.Saver().save(sess, save_path=trainResultPath)

resultT = input('Would you like to save? (y/n)')

if resultT == "y":
    print("saving...")
    tf.train.Saver().save(sess, save_path=trainResultPath)
```

代码 10.2 是基于身份证问题中的代码 8.5 的，仅仅加入了预测数据变量 predictData 的处理，其余部分都一样。在程序一开始处理命令行时，获取了命令行参数 "-predict=" 后面的字符串，并转换为一维数组。在开始训练神经网络前，先判断 predictData 是否为 None，如果为 None 则继续往下正常训练；如果不为 None，说明从命令行参数中读取了需要预测的数据，那么就调用神经网络进行计算，获得预测结果并输出。假设执行程序的命令为 python predict2.py -predict=1,2,3,4，则程序执行结果如下：

```
predictData: [ 1.  2.  3.  4.]
loading: ./save/idcard2
[ 0.32767302  0.67232698]
[ 0.32767302  0.67232698]
```

可以发现，程序顺利获取了命令行参数并进行了预测，预测后直接调用 sys.exit 函数终止程序的运行且不再进行训练。程序输出了两遍预测结果，这是因为除了用前面介绍过的输出神经网络计算结果的方法外，还用了另一种新的方法：

```
print(y.eval(session=sess, feed_dict={x: predictData}))
```

这种方法是直接调用张量的 eval 函数，并在命名参数 session 中传入会话对象 sess，在命名参数 feed_dict 中传入需要预测的输入数据，就可以得到 y 的计算结果。eval 是 evaluate 的简称，是"计算"、"估算"的意思。

注意，用神经网络计算，不需要传入目标值 yTrain，也不需要在 sess.run 函数的结果数组中指定训练变量 train。

10.2　从文件中读取数据进行预测

从文件中读取数据进行预测，与用命令行的方法类似，再结合前面介绍过的从文件中读取训练数据的方法即可。假设在程序执行目录下有一个文本文件 data2.txt，其中存储的内容如下：

```
1,2,3,4
2,4,6,8
5,6,1,2
```

7,9,0,3

用下面的代码可以控制是否从文件中读取数据。

代码 10.3　predict3.py

```python
import tensorflow as tf
import numpy as np
import random
import os
import sys

ifRestartT = False

predictData = None

argt = sys.argv[1:]

for v in argt:
    if v == "-restart":
        ifRestartT = True
    if v.startswith("-file="):
        tmpStr = v[len("-file="):]
        print(tmpStr)
        predictData = np.loadtxt(tmpStr, dtype=np.float32, delimiter=",")
        predictRowCount = predictData.shape[0]
        print("predictRowCount: %s" % predictRowCount)
    if v.startswith("-predict="):
        tmpStr = v[len("-predict="):]
        predictData = [np.fromstring(tmpStr, dtype=np.float32, sep=",")]

print("predictData: %s" % predictData)

trainResultPath = "./save/idcard2"

random.seed()

x = tf.placeholder(tf.float32)
yTrain = tf.placeholder(tf.float32)

w1 = tf.Variable(tf.random_normal([4, 8], mean=0.5, stddev=0.1), dtype=tf.float32)
b1 = tf.Variable(0, dtype=tf.float32)

xr = tf.reshape(x, [1, 4])

n1 = tf.nn.tanh(tf.matmul(xr, w1) + b1)

w2 = tf.Variable(tf.random_normal([8, 2], mean=0.5, stddev=0.1), dtype=tf.float32)
b2 = tf.Variable(0, dtype=tf.float32)

n2 = tf.matmul(n1, w2) + b2

y = tf.nn.softmax(tf.reshape(n2, [2]))

loss = tf.reduce_mean(tf.square(y - yTrain))

optimizer = tf.train.RMSPropOptimizer(0.01)

train = optimizer.minimize(loss)

sess = tf.Session()
```

```
        if ifRestartT:
            print("force restart...")
            sess.run(tf.global_variables_initializer())
        elif os.path.exists(trainResultPath + ".index"):
            print("loading: %s" % trainResultPath)
            tf.train.Saver().restore(sess, save_path=trainResultPath)
        else:
            print("train result path not exists: %s" % trainResultPath)
            sess.run(tf.global_variables_initializer())

        if predictData is not None:
            for i in range(predictRowCount):
                print(y.eval(session=sess, feed_dict={x: predictData[i]}))

            sys.exit(0)

    lossSum = 0.0

    for i in range(500000):

        xDataRandom = [int(random.random() * 10), int(random.random() * 10), int(random.
random() * 10), int(random.random() * 10)]
        if xDataRandom[2] % 2 == 0:
            yTrainDataRandom = [0, 1]
        else:
            yTrainDataRandom = [1, 0]

        result = sess.run([train, x, yTrain, y, loss], feed_dict={x: xDataRandom, yTrain:
yTrainDataRandom})

        lossSum = lossSum + float(result[len(result) - 1])

        print("i: %d, loss: %10.10f, avgLoss: %10.10f" % (i, float(result[len(result) - 1]),
lossSum / (i + 1)))

        if os.path.exists("save.txt"):
            os.remove("save.txt")
            print("saving...")
            tf.train.Saver().save(sess, save_path=trainResultPath)

    resultT = input('Would you like to save? (y/n)')

    if resultT == "y":
        print("saving...")
        tf.train.Saver().save(sess, save_path=trainResultPath)
```

代码 10.3 在判断命令行参数的部分增加了判断是否有以 "-file=" 开头的命令行参数，如果发现有，会从该参数指定的文件中读取数据。读取后的数据会放进 predictData 中，但此时 pedictData 会是一个二维数组，其中每行代表文件中的一行数据。为了保持一致，我们把用命令行参数 "-predict" 指定的预测输入数据也套上了一个方括号变成二维数组（虽然只有一行）。

要注意的是，我们获取 predictData 这个二维数组的行数 predictRowCount 的时候，没有用以前那种比较烦琐的方法，而是用了较为简单的 predictData.shape[0]。因为数组的形态本身也是一个数组，其中下标为 0 的数字代表了它的行数，在学习数组（矩阵）的形态后可以使用这种表达方式，会比以前的方法更简单一些。

用一个循环把 predictData 中所有行的数据都输入神经网络计算一遍，最后输出结果（第一行以 "λ" 开头的是代表执行程序的命令行，"λ" 是命令行提示符，不是命令行的一部分）如下：

```
λ python predict3.py -file=data2.txt
data2.txt
predictRowCount: 4
predictData: [[ 1.  2.  3.  4.]
 [ 2.  4.  6.  8.]
 [ 5.  6.  1.  2.]
 [ 7.  9.  0.  3.]]
loading: ./save/idcard2
[ 0.58810145  0.41189852]
[ 0.58810204  0.41189799]
[ 0.99652088  0.00347912]
[ 0.00437112  0.99562883]
```

可以看出，程序从 data2.txt 中读取了数据并转换成为一个二维数组，神经网络载入训练过程数据后，根据当时的可变参数取值对每一行数据进行了预测。

10.3　从任意字符串中读取数据进行预测

如果我们有一个类似下面的字符串：

```
[[1,2,3,4], [2,4,6,8], [5,6,1,2], [7,9,0,3]]
```

这是 Python 中定义数组的写法，那么可以用 Python 提供的 eval 函数把这个字符串转换为想要的数组类型。假设有一个文本文件 data3.txt，其中有且仅有上述字符串作为文件内容，编程实现从 data3.txt 文件中读取数据进行预测。

代码 10.4　predict4.py

```python
import tensorflow as tf
import numpy as np
import random
import os
import sys

ifRestartT = False

predictData = None

argt = sys.argv[1:]

for v in argt:
    if v == "-restart":
        ifRestartT = True
    if v.startswith("-file="):
        tmpStr = v[len("-file="):]
        predictData = np.loadtxt(tmpStr, dtype=np.float32, delimiter=",")
        predictRowCount = predictData.shape[0]
        print("predictRowCount: %s" % predictRowCount)
    if v.startswith("-dataFile="):
        tmpStr = v[len("-dataFile="):]
        fileStr = open(tmpStr).read()
        predictData = np.array(eval(fileStr))
        predictRowCount = predictData.shape[0]
        print("predictRowCount: %s" % predictRowCount)
    if v.startswith("-predict="):
        tmpStr = v[len("-predict="):]
        predictData = [np.fromstring(tmpStr, dtype=np.float32, sep=",")]
```

```
    print("predictData: %s" % predictData)

    trainResultPath = "./save/idcard2"

    random.seed()

    x = tf.placeholder(tf.float32)
    yTrain = tf.placeholder(tf.float32)

    w1 = tf.Variable(tf.random_normal([4, 8], mean=0.5, stddev=0.1), dtype=tf.float32)
    b1 = tf.Variable(0, dtype=tf.float32)

    xr = tf.reshape(x, [1, 4])

    n1 = tf.nn.tanh(tf.matmul(xr, w1) + b1)

    w2 = tf.Variable(tf.random_normal([8, 2], mean=0.5, stddev=0.1), dtype=tf.float32)
    b2 = tf.Variable(0, dtype=tf.float32)

    n2 = tf.matmul(n1, w2) + b2

    y = tf.nn.softmax(tf.reshape(n2, [2]))

    loss = tf.reduce_mean(tf.square(y - yTrain))

    optimizer = tf.train.RMSPropOptimizer(0.01)

    train = optimizer.minimize(loss)

    sess = tf.Session()

    if ifRestartT:
        print("force restart...")
        sess.run(tf.global_variables_initializer())
    elif os.path.exists(trainResultPath + ".index"):
        print("loading: %s" % trainResultPath)
        tf.train.Saver().restore(sess, save_path=trainResultPath)
    else:
        print("train result path not exists: %s" % trainResultPath)
        sess.run(tf.global_variables_initializer())

    if predictData is not None:
        for i in range(predictRowCount):
            print(y.eval(session=sess, feed_dict={x: predictData[i]}))

        sys.exit(0)

    lossSum = 0.0

    for i in range(500000):

        xDataRandom = [int(random.random() * 10), int(random.random() * 10), int(random.
random() * 10), int(random.random() * 10)]
        if xDataRandom[2] % 2 == 0:
            yTrainDataRandom = [0, 1]
        else:
            yTrainDataRandom = [1, 0]

        result = sess.run([train, x, yTrain, y, loss], feed_dict={x: xDataRandom, yTrain:
yTrainDataRandom})
```

```
        lossSum = lossSum + float(result[len(result) - 1])

        print("i: %d, loss: %10.10f, avgLoss: %10.10f" % (i, float(result[len(result) - 1]),
lossSum / (i + 1)))

        if os.path.exists("save.txt"):
            os.remove("save.txt")
            print("saving...")
            tf.train.Saver().save(sess, save_path=trainResultPath)

    resultT = input('Would you like to save? (y/n)')

    if resultT == "y":
        print("saving...")
        tf.train.Saver().save(sess, save_path=trainResultPath)
```

这次在代码 10.4 中又增加了一个命令行参数 "-dataFile="，如果指定了该参数，程序就将从指定的文件中读取文件全部的内容，也就是把整个文本文件中的内容作为一个大字符串整个读进变量 fileStr 中，其中 open 函数是 Python 中用于打开指定位置文件的函数，会返回一个文件对象；调用该文件对象 read 函数，就可以把文本文件的内容都读进来。然后，调用 eval 函数来把这个字符串转换为 Python 的数据对象，这里 Python 会把它转换成一个 Python 中的 list 对象，直接再用 numpy 的 array 函数就可以把它转换成数组了。后面其他的操作都和之前一样。程序执行结果如下：

```
λ python predict4.py -dataFile=data3.txt
predictRowCount: 4
predictData: [[1 2 3 4]
 [2 4 6 8]
 [5 6 1 2]
 [7 9 0 3]]
loading: ./save/idcard2
[ 0.58810145  0.41189852]
[ 0.58810204  0.41189799]
[ 0.99652088  0.00347912]
[ 0.00437112  0.99562883]
```

掌握了这种方法，那么以后无论我们从命令行、文件中还是从数据库中或网络接口上获得了这种格式（用字符串来表达数组）的数据，都可以用 eval 函数直接转换后进行计算，非常方便。实际上，这种格式也符合网络间传递数据的最常用的格式之一：JSON 格式。

10.4　本章小结：预测与训练的区别

本章介绍了几种对神经网络输入数据进行预测的方法，其中，从文件读取预测数据是最常用的一种方法。注意，预测与训练的主要区别是，训练需要给定目标值来与神经网络计算的结果进行对比，并据此调整神经网络可变参数；而预测无需目标值（往往我们也不知道目标值），只需给定输入数据即可预测。

10.5　练习

1. 修改代码 3.3，使其可以用命令行参数来进行预测。
2. 试编写任意一个神经网络的程序，实现在程序运行过程中由用户输入数据后进行预测。

11 第11章 用高级工具简化建模和训练过程

TensorFlow 使用起来已经非常方便，但是还有人觉得可以更加简化，因此出现了一些所谓的"高级"框架。这些高级框架一般均是基于 TensorFlow 或其他深度学习框架（例如 Theano 等），又提供了一些新的对象和方法来帮助人们更加方便地建立神经网络模型、训练神经网络和使用神经网络进行预测。本章我们将介绍其中比较突出的一个高级框架——Keras。

11.1　Keras 框架介绍

Keras 框架是一套神经网络应用接口（API），是用 Python 语言编写的，可以运行在 TensorFlow、CNTK、Theano 等深度学习框架上。它的目标是让人们能够更快地使用神经网络来做研究实验。

Keras 原来是作为一个 Python 的第三方包来提供的，也就是说，我们还要用 pip install keras 命令来单独安装 Keras。但是从 TensorFlow 1.4 版本开始，已经把 Keras 纳入了 TensorFlow 的框架中，因此，如果已经安装了 TensorFlow 1.4 以上的版本，就无须再单独安装 Keras 了。但是，如果要使用 Keras 的保存和载入模型功能，还要安装一个 h5py 的第三方包，这是因为 Keras 使用了一种叫作 HDF5 的特殊格式来保存模型文件。h5py 包直接用 pip install h5py 命令安装即可。

11.2　用 Keras 实现神经网络模型

百闻不如一见，我们马上用实例来尽快了解 Keras 的用法。下面是用 Keras 框架来实现与代码 7.3 中实现的模型一致的代码。

代码 11.1　keras1.py

```python
import tensorflow.contrib.keras as k
import random
import numpy as np


random.seed()

rowSize = 4
rowCount = 8192

xDataRandom = np.full((rowCount, rowSize), 5, dtype=np.float32)
yTrainDataRandom = np.full((rowCount, 2), 0, dtype=np.float32)
for i in range(rowCount):
    for j in range(rowSize):
        xDataRandom[i][j] = np.floor(random.random() * 10)
        if xDataRandom[i][2] % 2 == 0:
            yTrainDataRandom[i][0] = 0
            yTrainDataRandom[i][1] = 1
        else:
            yTrainDataRandom[i][0] = 1
            yTrainDataRandom[i][1] = 0

model = k.models.Sequential()

model.add(k.layers.Dense(32, input_dim=4, activation='tanh'))

model.add(k.layers.Dense(32, input_dim=32, activation='sigmoid'))

model.add(k.layers.Dense(2, input_dim=32, activation='softmax'))

model.compile(loss='mean_squared_error', optimizer="RMSProp", metrics=['accuracy'])

model.fit(xDataRandom, yTrainDataRandom, epochs=10, batch_size=1, verbose=2)
```

在代码 11.1 中，我们要使用 Keras，当然要先导入相关的包，TensorFlow 1.4 版本以上的 Keras 包名是 tensorflow.contrib.keras，直接简称 "k"。然后是一段生成随机训练数据的代码，这与之前的方法是一样的。下面开始 Keras 定义模型和训练神经网络的部分。

```
model = k.models.Sequential()
```

这条语句定义了一个 model 变量，调用 k.models.Sequential 函数生成了一个顺序化的模型。我们的模型至今为止都是顺序化的模型，也就是一层连着一层顺序排列的模型。

```
model.add(k.layers.Dense(32, input_dim=4, activation='tanh'))

model.add(k.layers.Dense(32, input_dim=32, activation='sigmoid'))

model.add(k.layers.Dense(2, input_dim=32, activation='softmax'))
```

上述这 3 条语句分别定义了 3 个全连接层并顺序增加到模型中。定义全连接层是用 k.layers.Dense 函数来实现的，Keras 的 layers 子包中提供了很多种隐藏层的类型，一般仅使用其中的全连接层（Dense Layer）。k.layers.Dense 函数的第一个参数代表该层准备输出的维度，也就代表本层有多少个神经元节点；命名参数 input_dim 用于指定本层输入的维度（也就是上一层输出节点的个数）；命名参数 activation 用于指定本层使用的激活函数。注意，第 3 层中我们把 softmax 作为该层的激活函数，而不是像以前的代码中那样放到输出层，效果是一样的。我们定义的这 3 个层与代码 7.3 中实现的 3 个层是一样的。

```
model.compile(loss='mean_squared_error', optimizer="RMSProp", metrics=['accuracy'])
```

上述这条语句中用 model 的 compile 函数来设置误差函数和优化器等，指定了 loss 函数使用 "mean_squared_error"，也就是均方误差；优化器使用 "RMSProp"；metrics 指定训练的指标，一般我们会指定为 "['accuracy']"，即精确度。

```
model.fit(xDataRandom, yTrainDataRandom, epochs=10, batch_size=1, verbose=2)
```

最后，我们用 Keras 模型的 fit 函数就可以进行训练。fit 函数中，第一个参数是输入的训练数据集，在这里传入 xDataRandom 这个我们生成的一批训练数据，是一个二维数组；第二个参数是输入的目标值，我们传入 yTrainDataRandom 这个与 xDataRandom 中每行数据一一对应的目标值结果，注意为了使用 softmax 和均方误差，所以两者都是二维向量；命名参数 epochs 用于指定训练多少轮次；命名参数 batch_size 用于指定训练多少批次后进行可变参数调节的梯度更新，这主要影响可变参数的调整速度，因此也就会影响整个训练过程的速度，默认值为 32；命名参数 verbose 用于指定 Keras 在训练过程中输出信息的频繁程度，0 代表最少的输出信息，一般用 2 代表尽量多一点输出信息。

执行这段代码 11.1，输出结果如下：

```
Epoch 1/10
8s - loss: 0.2494 - acc: 0.5414
Epoch 2/10
8s - loss: 0.2343 - acc: 0.5537
Epoch 3/10
8s - loss: 0.2117 - acc: 0.6207
Epoch 4/10
8s - loss: 0.2045 - acc: 0.6421
Epoch 5/10
8s - loss: 0.2010 - acc: 0.6404
Epoch 6/10
8s - loss: 0.1960 - acc: 0.6432
Epoch 7/10
8s - loss: 0.1900 - acc: 0.6438
```

```
Epoch 8/10
8s - loss: 0.1822 - acc: 0.6683
Epoch 9/10
8s - loss: 0.1737 - acc: 0.6904
Epoch 10/10
8s - loss: 0.1614 - acc: 0.7195
```

其中，类似 Epoch 1/10 的信息是表示一共要进行 10 轮训练，目前进行到第 1 轮。类似 8s - loss: 0.2494 - acc: 0.5414 的信息是表示本轮训练进行了 8 秒，平均误差是 0.2494，平均准确度是 0.5414。我们可以看到，神经网络的训练已经正常进行，并且误差随着训练轮次的上升逐步减小，而准确度相应不断提高。这说明我们用 Keras 来实现该模型已经成功了。

可以看到，我们使用 Keras 仅仅添加了约 6 行关键代码，就实现了与原来代码 7.3 中相同的功能，确实大幅度简化了实现神经网络的工作量。使用 Keras 后，代码编写也非常方便，很多地方也不用自己操心其中的细节，例如每层中张量的定义与可变参数 w 和 b 的定义等。

11.3　用 Keras 进行预测

由于 Keras 具有高度封装的特性，我们在代码 11.1 的执行训练过程中无法看到更多的信息，因此，在训练完毕后，增加一些实验数据让神经网络进行预测，以检验 Keras 训练的结果。

代码 11.2　keras2.py

```python
import tensorflow.contrib.keras as k
import random
import numpy as np


random.seed()

rowSize = 4
rowCount = 8192

xDataRandom = np.full((rowCount, rowSize), 5, dtype=np.float32)
yTrainDataRandom = np.full((rowCount, 2), 0, dtype=np.float32)
for i in range(rowCount):
    for j in range(rowSize):
        xDataRandom[i][j] = np.floor(random.random() * 10)
        if xDataRandom[i][2] % 2 == 0:
            yTrainDataRandom[i][0] = 0
            yTrainDataRandom[i][1] = 1
        else:
            yTrainDataRandom[i][0] = 1
            yTrainDataRandom[i][1] = 0

model = k.models.Sequential()

model.add(k.layers.Dense(32, input_dim=4, activation='tanh'))

model.add(k.layers.Dense(32, input_dim=32, activation='sigmoid'))

model.add(k.layers.Dense(2, input_dim=32, activation='softmax'))
```

```
model.compile(loss='mean_squared_error', optimizer="RMSProp", metrics=['accuracy'])

model.fit(xDataRandom, yTrainDataRandom, epochs=1000, batch_size=64, verbose=2)

xTestData = np.array([[4, 5, 3, 7], [2, 1, 2, 6], [9, 8, 7, 6], [0, 1, 9, 3], [3, 3, 0,
3]], dtype=np.float32)

for i in range(len(xTestData)):
    resultAry = model.predict(np.reshape(xTestData[i], (1, 4)))
    print("x: %s, y: %s" % (xTestData[i], resultAry))
```

代码 11.2 中从开始到训练完成的代码与代码 11.1 中基本是一样的，我们只是增加了训练轮次（epochs=1000）以便达到一定的训练效果，并且把 batch_size 略微调大（batch_size=64）来让训练速度稍稍加快。主要的不同之处是，在训练完毕后增加了预测的代码。我们用 np.array 生成了一个测试用的二维数组 xTestData，然后用一个循环来把 xTestData 中每行的数据送入神经网络预测，预测是通过调用 Keras 模型的 predict 函数来进行的。由于 predict 函数要求一次传入用二维数组表示的所有的输入数据，按理说我们应该直接传入 xTestData，但为了每次只输入一行数据，以便 print 函数输出时能够把输入数据和计算结果逐行输出比对，我们用了较复杂的方法，把 xTestData 中的每行重新调整为形态为[1, 4]的二维数组来输入，这样等于每一批输入 predict 函数的数据只有一条。程序的输出结果（由于篇幅所限，仅截取最后几段）如下：

```
Epoch 993/1000
0s - loss: 1.2631e-10 - acc: 1.0000
Epoch 994/1000
0s - loss: 1.2609e-10 - acc: 1.0000
Epoch 995/1000
0s - loss: 1.2593e-10 - acc: 1.0000
Epoch 996/1000
0s - loss: 1.2577e-10 - acc: 1.0000
Epoch 997/1000
0s - loss: 1.2564e-10 - acc: 1.0000
Epoch 998/1000
0s - loss: 1.2543e-10 - acc: 1.0000
Epoch 999/1000
0s - loss: 1.2526e-10 - acc: 1.0000
Epoch 1000/1000
0s - loss: 1.2508e-10 - acc: 1.0000
x: [ 4.  5.  3.  7.], y: [[ 9.99983430e-01   1.65717374e-05]]
x: [ 2.  1.  2.  6.], y: [[ 1.13501683e-05   9.99988675e-01]]
x: [ 9.  8.  7.  6.], y: [[ 9.99989152e-01   1.08444883e-05]]
x: [ 0.  1.  9.  3.], y: [[ 9.99993682e-01   6.33447280e-06]]
x: [ 3.  3.  0.  3.], y: [[ 2.54358110e-06   9.99997497e-01]]
```

我们发现，当训练结束时，平均误差已经被减小到几乎可以忽略的程度，1.2508e-10 是科学计数法表示的小数，即 1.2508×10^{-10}，而准确度已经被近似认为是 1。再看最后几条预测的数据，发现基本都是预测正确的，例如第一条预测数据 x 为[4, 5, 3, 7]，其中倒数第二位是奇数，按我们的规则应该得到[1, 0]的结果，实际计算结果是[9.99983430e-01 1.65717374e-05]，非常接近。

我们成功地证明了用 Keras 完全可以更方便地实现神经网络模型、训练神经网络并用神经网络进行预测。

11.4 保存和载入 Keras 模型

与单纯使用 TensorFlow 一样，在使用 Keras 训练神经网络的时候，也会有保存和载入训练过程的需要。这时，需要用到第三方包 h5py。如果还没有安装，可以用 pip install h5py 命令来安装，否则在保存的时候会出现错误。

代码 11.3　keras3.py

```python
import tensorflow.contrib.keras as k
import random
import numpy as np
import sys
import os

ifRestartT = False

argt = sys.argv[1:]

for v in argt:
    if v == "-restart":
        ifRestartT = True

rowSize = 4
rowCount = 8192

xDataRandom = np.full((rowCount, rowSize), 5, dtype=np.float32)
yTrainDataRandom = np.full((rowCount, 2), 0, dtype=np.float32)
for i in range(rowCount):
    for j in range(rowSize):
        xDataRandom[i][j] = np.floor(random.random() * 10)
        if xDataRandom[i][2] % 2 == 0:
            yTrainDataRandom[i][0] = 0
            yTrainDataRandom[i][1] = 1
        else:
            yTrainDataRandom[i][0] = 1
            yTrainDataRandom[i][1] = 0

if (ifRestartT == False) and os.path.exists("model1.h5"):
    print("Loading...")
    model = k.models.load_model("model1.h5")
    model.load_weights('model1Weights.h5')
else:
    model = k.models.Sequential()

    model.add(k.layers.Dense(32, input_dim=4, activation='tanh'))

    model.add(k.layers.Dense(32, input_dim=32, activation='sigmoid'))

    model.add(k.layers.Dense(2, input_dim=32, activation='softmax'))

    model.compile(loss='mean_squared_error', optimizer="RMSProp", metrics=['accuracy'])

model.fit(xDataRandom, yTrainDataRandom, epochs=10, batch_size=64, verbose=2)

print("saving...")
```

```
model.save("model1.h5")
model.save_weights('model1Weights.h5')

xTestData = np.array([[4, 5, 3, 7], [2, 1, 2, 6], [9, 8, 7, 6], [0, 1, 9, 3], [3, 3, 0,
3]], dtype=np.float32)

for i in range(len(xTestData)):
    resultAry = model.predict(np.reshape(xTestData[i], (1, 4)))
    print("x: %s, y: %s" % (xTestData[i], resultAry))
```

代码 11.3 中，增加了保存 Keras 的训练过程及用命令行参数控制是否重新开始训练的代码。其中，保存 Keras 的模型和训练过程主要是下面两条语句。

```
model.save("model1.h5")
model.save_weights('model1Weights.h5')
```

其中，第一条语句是把 Keras 格式的神经网络模型保存到文件 "model1.h5" 中，第二条语句是保存当前时刻神经网络的可变参数取值情况到文件 "model1Weights.h5" 中。对应的载入训练过程的程序语句如下：

```
model = k.models.load_model("model1.h5")
model.load_weights('model1Weights.h5')
```

其中也要先后载入 Keras 模型和可变参数取值。

11.5　本章小结：方便与灵活度的取舍

Keras 这类高级框架确实应用起来非常方便，它把许多在 TensorFlow 中需要手工做的事情用一两条语句就做完了。不过也有人觉得由于 Keras 把很多过程封装起来了，我们看不到其中的细节，反而不利于希望做精细调节的人们。这是见仁见智的事情。就像有了自动挡的汽车后，还是有人喜欢开手动挡的汽车，如果技术娴熟，能够最大限度地发挥汽车的性能。我们的建议是：首先要充分掌握 TensorFlow 的基础知识和具体运用方法；在理解透彻的基础上，在真正应用中可以考虑使用 Keras 这类高级工具实现快速开发与测试。

另外，随着 TensorFlow 版本的逐步升级，TensorFlow 自身也开始提供一些方便的类和包来做类似 Keras 这些高级工具能够做的事。例如，目前 tf.layers 包中就提供了 dense、conv2d 等直接定义隐藏层的函数，tf.losses 包中也提供了很多定义好的误差函数，而 tf.estimator 包中更是提供了一个封装好的 Estimator 对象来更方便地处理训练和预测，这些都为我们直接用 TensorFlow 来简单、快捷地构建模型、训练神经网络和使用神经网提供了可能。

11.6　练习

1. 试用 Keras 来解决三好学生总成绩问题（不用考虑是否全连接）。
2. 用 Keras 实现多层全连接网络来解决第 5 章练习的第 2 题。

12

第12章　在其他语言中调用 TensorFlow模型

我们使用 TensorFlow 时，主要是基于 Python 语言来开发的，在 Python 语言中可以完整地使用定义神经网络模型、训练神经网络、使用神经网络进行预测这些功能。但在我们实际做的项目中，有很多并不是使用 Python 语言作为主要语言的。因此，TensorFlow 也提供一些调用接口（API）来实现在其他语言中调用 TensorFlow 中训练好的模型。TensorFlow 提供的其他语言接口包括 C 语言接口、Java 语言接口、Go 语言接口等。需要注意的是，TensorFlow 提供的这些语言接口还是以调用 TensorFlow 训练好的模型来进行预测计算为主，而定义神经网络模型和训练神经网络还是只能在 Python 语言的版本中进行。

12.1 如何保存模型

在第 8 章中介绍过如何保存训练过程，但要保存 TensorFlow 的模型供其他语言使用，还要用另一种方法。看下面的代码：

代码 12.1 idcard9.py

```python
import tensorflow as tf
import random
import os
import sys
import shutil


ifRestartT = False

argt = sys.argv[1:]

for v in argt:
    if v == "-restart":
        ifRestartT = True

trainResultPath = "./save/idcard9"

random.seed()

x = tf.placeholder(tf.float32, name="x")
yTrain = tf.placeholder(tf.float32)

w1 = tf.Variable(tf.random_normal([4, 32], mean=0.5, stddev=0.1), dtype=tf.float32)
b1 = tf.Variable(0, dtype=tf.float32)

xr = tf.reshape(x, [1, 4])

n1 = tf.nn.tanh(tf.matmul(xr, w1) + b1)

w2 = tf.Variable(tf.random_normal([32, 32], mean=0.5, stddev=0.1), dtype=tf.float32)
b2 = tf.Variable(0, dtype=tf.float32)

n2 = tf.nn.sigmoid(tf.matmul(n1, w2) + b2)

w3 = tf.Variable(tf.random_normal([32, 2], mean=0.5, stddev=0.1), dtype=tf.float32)
b3 = tf.Variable(0, dtype=tf.float32)

n3 = tf.matmul(n2, w3) + b3

y = tf.nn.softmax(tf.reshape(n3, [2]), name="y")

loss = tf.reduce_mean(tf.square(y - yTrain))

optimizer = tf.train.RMSPropOptimizer(0.01)

train = optimizer.minimize(loss)

sess = tf.Session()
```

```
    if ifRestartT:
        print("force restart...")
        sess.run(tf.global_variables_initializer())
    elif os.path.exists(trainResultPath + ".index"):
        print("loading: %s" % trainResultPath)
        tf.train.Saver().restore(sess, save_path=trainResultPath)
    else:
        print("train result path not exists: %s" % trainResultPath)
        sess.run(tf.global_variables_initializer())


    lossSum = 0.0

    for i in range(100000):

        xDataRandom = [int(random.random() * 10), int(random.random() * 10), int(random.
random() * 10), int(random.random() * 10)]
        if xDataRandom[2] % 2 == 0:
            yTrainDataRandom = [0, 1]
        else:
            yTrainDataRandom = [1, 0]

        result = sess.run([train, x, yTrain, y, loss], feed_dict={x: xDataRandom, yTrain:
yTrainDataRandom})

        lossSum = lossSum + float(result[len(result) - 1])

        print("i: %d, loss: %10.10f, avgLoss: %10.10f" % (i, float(result[len(result) - 1]),
lossSum / (i + 1)))

    resultT = input('Would you like to save? (y/n)')

    if resultT == "y":
        print("saving...")
        tf.train.Saver().save(sess, save_path=trainResultPath)

    resultT = input('Would you like to save model? (y/n)')

    if resultT == "y":
        if os.path.exists("export"):
            shutil.rmtree("export")

        print("Saving model...")
        builder = tf.saved_model.builder.SavedModelBuilder("export")
        builder.add_meta_graph_and_variables(sess, ["tag"])
        builder.save()
```

在代码 12.1 中，我们还是用处理身份证问题的神经网络来做示例。模型中使用了 3 个隐藏层的多层全连接神经网络，其中，前两个层的神经元节点个数是 32 个，最后一层是 2 个，以便 softmax 函数做二分类。其他代码与之前的代码基本类似，仅在定义输入占位符 x 和输出张量 y 的时候，使用命名参数做了命名，这是为了在其他语言中调用本模型时会引用到；另外，在最后保存训练过程后，又增加了一个命令行提问"Would you like to save model? (y/n)"，如果用户选择"y"，则执行下面几个步骤。

- 判断程序执行目录下是否有 export 子目录，如果有的话，调用 shutil 包中的 rmtree 函数将其完全删除，以免冲突。

- 调用 tf.saved_model.builder.SavedModelBuilder("export")函数来生成用于保存神经网络模型的对象 builder，并指定保存位置为程序执行目录下的 export 子目录。
- 调用 builder.add_meta_graph_and_variables(sess, ["tag"])来指定保存会话对象 sess 中的默认数据流图和可变参数（这就是要保存模型的主要内容），并给它起一个标记名"tag"，这个标记名以后将在其他语言调用时会被引用到。
- 调用 builder.save 函数来执行保存操作。

执行代码并选择保存模型后，会在当前目录下生成一个 export 子目录，其中包含了需要传递给其他语言程序的神经网络模型的相关文件。以后在其他语言中调用时，要把这个文件夹整个复制到需要使用的计算机上。

12.2　在 Java 语言中载入 TensorFlow 模型并进行预测计算

本书中不会详细介绍如何安装 Java 语言的开发环境，因为如果使用 Java 开发，应该已经有了合适的开发环境。对于本节中的例子，只需要保证在命令行环境中可以访问到 Java 语言的编译器 javac 和 Java 的主运行程序 java。本书中也不会介绍 Java 语言本身，需要读者自己具备一定的 Java 开发知识。

目前，TensorFlow 的 Java 版本支持 Windows、Mac OS、Linux、Android 这几个操作系统。本节主要以 Windows 操作系统为例来介绍。

在 Windows 操作系统中，如果要在 Java 语言中调用 TensorFlow 的模型，需要到 TensorFlow 官网的安装页面中下载一个 TensorFlow 的工具类包 libtensorflow-1.5.0.jar，还有一个包含 JNI 接口的动态链接库文件压缩包 libtensorflow_jni-cpu-windows-x86_64-1.5.0.zip，该压缩包展开后会得到 tensorflow_jni.dll 动态链接库文件。注意，文件名中的版本号部分可能随着 TensorFlow 的升级而有所变化。在使用 Java 程序调用神经网络模型的时候，这两个文件都会用到。

下面是调用代码 12.1 保存的模型文件来进行预测的示例代码。

代码 12.2　TestTF.java

```
import org.tensorflow.Graph;
import org.tensorflow.Session;
import org.tensorflow.Tensor;
import org.tensorflow.TensorFlow;
import org.tensorflow.SavedModelBundle;
import java.nio.FloatBuffer;
import java.util.Arrays;


public class TestTF {

public static void main(String[] args) {
    SavedModelBundle smb = SavedModelBundle.load("export", "tag");

    Session s = smb.session();

    float[][] matrix = {{1.0F, 2.0F, 3.0F, 4.0F}};
    System.out.println(Arrays.deepToString(matrix));

    Tensor xFeed = Tensor.create(matrix);
```

```
      Tensor result = s.runner().feed("x", xFeed).fetch("y").run().get(0);

      FloatBuffer buf = FloatBuffer.allocate(2);

      result.writeTo(buf);

      System.out.println(result.toString());

      System.out.println(buf.get(0));
      System.out.println(buf.get(1));
   }
}
```

代码 12.2 中，主要需要说明的是以下几点。

● 模型的载入是通过 SavedModelBundle smb = SavedModelBundle.load("export", "tag");这条语句来实现的。其中第一个参数指定了读取模型目录的位置，我们需要把代码 12.1 生成的 export 文件夹复制到运行 Java 程序的目录下；第二个参数要与保存模型时指定的标记名一致才能正确读取。

● 在 Java 中也要创建一个会话对象，程序中是用 Session s = smb.session();这一条语句来实现的。

● matrix 变量是我们准备进行预测的数据，float[][]matrix={{1.0F, 2.0F, 3.0F, 4.0F}};是代表一个二维数组，相当于 Python 中的[[1, 2, 3, 4]]，数字后面加 "F" 在 Java 中表示该数字是浮点数。

● Tensor xFeed = Tensor.create(matrix);这条语句调用了 Tensor 对象的 create 函数来根据 matrix 生成一个 Tensor 类型的变量 xFeed，准备作为输入数据。只有 Tensor 类型的变量才能作为神经网络的输入。

● Tensor result = s.runner().feed("x", xFeed).fetch("y").run().get(0);这条语句是调用神经网络进行计算的最主要函数，其中 feed 函数中对命名过的张量 x 用 xFeed 作为输入数据 "喂" 了进去；fetch 函数则把命名过的输出张量 y 取了出来。

● 由于该神经网络的输出是一个浮点数类型的二维向量，我们还需要把它写到一个浮点数缓冲区内，这是由 FloatBuffer buf = FloatBuffer.allocate(2);和 result.writeTo(buf);这两条语句实现的。

● 最后，输出 result.toString()可以看出神经网络输出张量 y 的类型；输出 buf.get(0)和 buf.get(1)可以看出 y 中两个浮点数的计算值。

对这个 Java 程序，要用以下命令进行编译：

```
javac -cp libtensorflow-1.5.0.jar -encoding utf-8 TestTF.java
```

注意 libtensorflow-1.5.0.jar 文件要在当前目录下或者在 Java 的 CLASSPATH 环境变量中能够找到的目录下；然后用下面的命令来执行该程序。

```
java-cp libtensorflow-1.5.0.jar;. -Djava.library.path=. TestTF
```

这里注意 tensorflow_jni.dll 文件也要在当前目录下。程序的执行结果如下：

```
2018-01-23 15:10:58.764484: I tensorflow/cc/saved_model/loader.cc:236] Loading
SavedModel from: export
2018-01-23 15:10:58.780109: I tensorflow/cc/saved_model/loader.cc:155] Restoring
SavedModel bundle.
2018-01-23 15:10:58.795734: I tensorflow/cc/saved_model/loader.cc:190] Running
LegacyInitOp on SavedModel bundle.
2018-01-23 15:10:58.795734: I tensorflow/cc/saved_model/loader.cc:284] Loading
SavedModel: success. Took 31250 microseconds.
[[1.0, 2.0, 3.0, 4.0]]
FLOAT tensor with shape [2]
0.9999999
1.7696418E-7
```

前面几行提示信息表示程序正常载入了神经网络模型，后面的信息分别显示了输入数据为[[1.0, 2.0, 3.0, 4.0]]，输出张量 y 是形态为[2]的浮点数类型张量，y 中的第一个数字非常接近于 1、第二个数字非常接近于 0，表明身份证号后四位为数字 1234 时神经网络会认为是男性，这与我们预期的计算结果是一致的。

如果在 Mac OS X 或 Linux 操作系统下，注意执行 Java 程序的命令应为：

```
java-cp libtensorflow-1.5.0.jar:. -Djava.library.path=. TestTF
```

主要是把目录间的分隔符从 “;” 改为 “:”。

12.3　在 Go 语言中载入 TensorFlow 模型并进行预测计算

同 Java 一样，本书中不会详细介绍如何安装 Go 语言（又称 Golang）的开发环境。对于本节中的例子，需要保证在命令行中可以访问到 Go 语言的主程序。本书中也不会介绍 Go 语言本身，需要读者自己具备一定的 Go 语言的开发知识。

目前，TensorFlow 的 Go 语言版本仅支持 Mac OS X 和 Linux 操作系统。本节主要以 Linux 操作系统为例来介绍，Mac OS X 操作系统中是类似的。

在 Linux 操作系统中要使用 TensorFlow 的 Go 语言版本，首先要保证 Go 语言的开发环境是可用的，然后要保证 Python 版的 TensorFlow 已经正常安装（与 Windows 操作系统中类似，也是先安装 Python 3.x 版本，再用 pip 或 pip3 install tensorflow 安装即可）。用下面的命令来下载安装 TensorFlow 的 C 语言库，注意是逐行输入下面的命令。

```
TF_TYPE="cpu"
TARGET_DIRECTORY='/usr/local'
curl -L \
"https://storage.googleapis.com/tensorflow/libtensorflow/libtensorflow-${TF_TYPE}-
$(go env GOOS)-x86_64-1.4.1.tar.gz" |
sudo tar -C $TARGET_DIRECTORY -xz
sudo ldconfig
```

用下面的命令安装 Go 语言中相关的包。

```
go get github.com/tensorflow/tensorflow/tensorflow/go
```

用下面的命令检查 Go 语言中相关包的安装情况。

```
go test github.com/tensorflow/tensorflow/tensorflow/go
```

在此过程中，如果没有出现错误提示信息，则表明安装 Go 语言下的 TensorFlow 环境已经成功了。此时，可以输入下面的代码来尝试调用 TensorFlow 模型。

代码 12.3　testtf.go

```go
package main

import (
 "fmt"

 tg "github.com/galeone/tfgo"
 tf "github.com/tensorflow/tensorflow/tensorflow/go"
)

func main() {
```

```
model := tg.LoadModel("export", []string{"tag"}, nil)

inputArray := [][]float32{{1, 2, 3, 4}}

fmt.Printf("input: %v\n", inputArray)

fakeInput, _ := tf.NewTensor(inputArray)
results := model.Exec([]tf.Output{
    model.Op("y", 0),
}, map[tf.Output]*tf.Tensor{
    model.Op("x", 0): fakeInput,
})

predictions := results[0].Value().([]float32)
fmt.Printf("predict: %v\n", predictions)

}
```

代码 12.3 中，首先要导入 "github.com/galeone/tfgo" 和 "github.com/tensorflow/tensorflow/tensorflow/go" 这两个包，并分别给以简称 tg 和 tf。如果编译时发现导入错误，要用 "go get" 的方式重新安装该包。然后与 Java 类似，用 model := tg.LoadModel("export", []string{"tag"}, nil)这条语句来载入 export 文件夹下的模型文件，注意标记名 "tag" 与保存模型时要一致。inputArray 中放置了我们准备进行预测的输入数据[1, 2, 3, 4]，通过调用 model 的 Exec 函数来执行神经网络的计算过程，注意其中对应输入占位符 x 和输出张量 y 的写法。最后，变量 predict 的取值是从执行结果 result 中获取一个数值类型为浮点数的一维数组。程序执行结果如下：

```
2018-01-23 15:11:43.031445: W tensorflow/core/platform/cpu_feature_guard.cc:45] The
TensorFlow library wasn't compiled to use SSE4.2 instructions, but these are available on your
machine and could speed up CPU computations.
2018-01-23 15:11:43.032206: W tensorflow/core/platform/cpu_feature_guard.cc:45] The
TensorFlow library wasn't compiled to use AVX instructions, but these are available on your
machine and could speed up CPU computations.
2018-01-23  15:11:43.032461:  I  tensorflow/cc/saved_model/loader.cc:236]  Loading
SavedModel from: export
2018-01-23  15:11:43.042518:  I  tensorflow/cc/saved_model/loader.cc:155]  Restoring
SavedModel bundle.
2018-01-23  15:11:43.053532:  I  tensorflow/cc/saved_model/loader.cc:190]  Running
LegacyInitOp on SavedModel bundle.
2018-01-23  15:11:43.054776:  I  tensorflow/cc/saved_model/loader.cc:284]  Loading
SavedModel: success. Took 22321 microseconds.
input: [[1 2 3 4]]
predict: [0.9999999 1.7696418e-07]
```

与 Java 版类似，Go 语言版本的程序执行后，前面几行提示信息表示程序正常载入了神经网络模型。后面的信息分别显示了输入数据为[[1 2 3 4]]，输出张量 y 中的第一个数字非常接近于 1，第二个数字非常接近于 0，表明身份证号后四位为数字 1234 时神经网络会认为是男性，与我们预期的计算结果一致。

12.4 本章小结：仅能预测

本章介绍了保存神经网络模型后供 Java 语言和 Go 语言使用的样例。再次强调，目前训练神经网络模型还是只能在 Python 语言中进行，在其他语言中一般只能调用训练好的神经网络模型进行计算预测。当然，这已经是非常有帮助的了，因为 Java 和 Go 语言都是现在后台应用中使用非常广泛的语言。

13 第13章 用卷积神经网络进行图像识别

卷积神经网络（Convolutional Neural Network，CNN）是神经网络领域近些年来最重要的研究成果之一，也是深度学习理论和方法中的重要组成部分。本章将用一个最简单的实例来讲解如何通过卷积神经网络来进行图像识别。

13.1 情凭谁来定错对—— 一首歌引出的对错问题

"情凭谁来定错对"是中国香港歌星谭咏麟演唱过的一首很好听的歌曲，笔者很喜欢。但在这里想起这首歌曲，主要是因为本章将引入一个"对错"问题来设计神经网络所需要解决的问题。

我们在学生时代都会做作业、参加考试答题，老师会在作业和试卷上打钩或者画叉来分别表示"对"与"错"。另外，现在很多考试都是机考机评，答题卡上除了选择题，有时候也会有判断题，考试者也会打钩或者打叉来表示对判断题的解答。计算机做机评的时候，就要进行图像识别，判断考试者在答题卡上画的究竟是"钩"还是"叉"。当然，我们也可以自己开发一款识别软件，来判断老师给我们作业和试卷上判的是"钩"还是"叉"。因此，我们的问题就浮现出来了：假设我们已经将试卷上的"钩"或"叉"用摄像头、手机或扫描仪摄录扫描后保存成为一幅幅的图像，如何用神经网络的方式来从图像中识别出钩与叉。我们后面将把这个问题简称为"钩叉问题"，本章中将使用卷积神经网络来解决这个问题。

13.2 卷积神经网络介绍

13.2.1 卷积神经网络的基本概念

卷积神经网络最主要的特征是在多层神经网络中引入了一种全新的隐藏层——卷积层（Convolutional Layer）。卷积层与全连接层不同，每层中的各个节点与上层的各个节点之间并非是全连接关系，而是仅与一部分节点有连接，如图 13.1 所示。

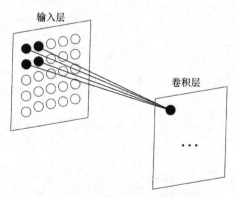

图 13.1 卷积层基本概念示意图

如图 13.1 所示，如果神经网络输入层输入的数据是一张图片，那么可以用一个二维矩阵来表示，矩阵中每一个点就对应图片中的一个像素。卷积层中的每个节点只与上一层中某一部分节点相连接，例如，图 13.1 中卷积层的实心节点只与输入层中左上角 2×2 子矩阵的 4 个节点相连接。这样，卷积层中的每一个节点就体现出了上一层中多个节点的特征，这就是深度学习理论中最主要的概念"特征提取"和"特征抽象"的由来。我们再继续看下面几节中的例子来进一步加深理解。

13.2.2 数字图片在计算机中的表达形式

我们知道，扫描后的图片或者手机拍摄的数码照片等都是所谓的"点阵"图片，也就是可以用一个 h×w 的点阵来表示一张图片，其中 h 为高度，代表点阵中有多少行，也可以理解成每列有多少个点；w 为宽度，代表点阵中每行有多少个点。每个点一般又叫一个"像素"。我们常说数码相机或者手机的摄像头是多少万像素的，其实就是指它们所拍摄的照片保存成点阵后宽度 w 与高度 h 相乘的结果。例如，图 13.2 就表示一个 6×6 的点阵图片，可以说它是 36 像素的，虽然像素值不高，但对于我们解释卷积层的概念已经足够了。点阵图中的每一个点可以是彩色的，这样出来就是彩色的图片。也可以是黑白的，黑白的图片又分成两种，一种是纯黑白两色的，另一种是黑色有深浅之分的，这种叫作灰度图像。我们平时所说的黑白照片，其实大多数是指灰度图像，很少有纯黑白两色的照片。

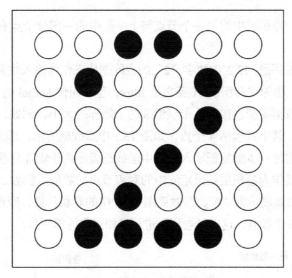

图 13.2　数字 2 的扫描图像

在计算机中一般用矩阵来表示图片，在计算机语言中一张图片可以用一个二维数组来表示，数组的两个维度分别表示点阵中的每行和每列，数组中的每一个数值代表点阵中的一个点，也就是一个像素。每个点的具体数值代表这个点的颜色。如果是纯黑白图片，那么每个点的数值可以用"1"或"0"来表示，1 代表该点是黑色，0 代表该点是白色（实际应用中，也有用 0 和 255 来分别代表黑色和白色的）；如果是灰度图片，一般用[0,255]范围内的一个数字来代表该点黑色的深浅程度；如果是彩色图片，则每个点会用一个向量来表示，例如使用常用的 RGB 方式来表示彩色的图片，这个向量会是一个三维向量，里面的 3 项分别代表红、绿、蓝 3 种颜色的数值，一般把红、绿、蓝这 3 项叫作该点颜色的通道。也就是说，对于用 RGB 三色表示的图片上的彩色像素，它的颜色有 3 个通道，分别是 R 通道、G 通道和 B 通道，通道数是 3 个。注意此时整个图片的数据会是一个三维数组，前两维分别代表行列，最后一维代表通道。

那么，对于黑白图片和灰度图片来说，如果也用三维数组来表示，它的通道数就是 1 个。如果是纯黑白图片，每个通道的取值不是 0，就是 1；如果是灰度图片，每个通道的取值就是范围在[0,255]之间的灰度数值。

本章中，为了简化例子，将使用纯黑白图片来讲解，同时图片的像素数也尽量减小，因为无论图片大小和颜色多少如何变化，基本的原理都是一样的。在理解基本原理后，扩大颜色的通道数和图片的像素数，是很简单理解的。图 13.2 就是一张 6×6 的纯黑白点阵图片，里面表示的图像是一个

数字 "2"。如果用一个二维数组来表示，将是：

```
[[0,0,1,1,0,0], [0,1,0,0,1,0], [0,0,0,0,1,0] , [0,0,0,1,0,0] , [0,0,1,0,0,0] ,
[0,1,1,1,1,0]]
```

如果用一个三维数组来表示，将是：

```
[[[0],[0],[1],[1],[0],[0]], [[0],[1],[0],[0],[1],[0]], [[0],[0],[0],[0],[1],[0]] ,
[[0],[0],[0],[1],[0],[0]] , [[0],[0],[1],[0],[0],[0]] , [[0],[1],[1],[1],[1],[0]]]
```

可以发现，对于纯黑白图片和灰度图片来说，由于通道数只有 1 个，所以无论是用二维数组还是用三维数组来表示，其中的数字项个数都是一样的。

13.2.3 卷积层的具体计算过程

我们在前面介绍过，卷积层中的每一个节点与上一层中的一部分节点有连接，那么，这种连接关系具体是怎样的呢？

如图 13.3 所示，我们用图 13.2 中数字 "2" 的点阵图片来作为输入数据。在做卷积的时候，需要设定另一个数字矩阵，称为 "卷积核"（英文是 filter，也有叫作 kernel 的）。卷积核的大小就是我们每次做卷积时从输入数据中要连接的几个点组成的子矩阵的大小，例如，我们准备从输入图片中连接一个 2×2 的子矩阵，其中共包括 4 个点，如图 13.3 中虚线框所示；那么卷积核也要是一个 2×2 的矩阵。做卷积时，其实每一步就是把输入矩阵中虚线框表示的子矩阵与卷积核矩阵做点乘后求总和的运算，运算的结果就作为卷积层结果矩阵中的对应节点的数值。例如，如果把输入的点阵图片中的黑点表示为 "1"，白点表示为 "0"，则做完图 13.3 中的卷积计算，应该得到数字 4，作为卷积层输出矩阵第一行的第一个数值。这就是卷积层进行卷积操作的第一步。

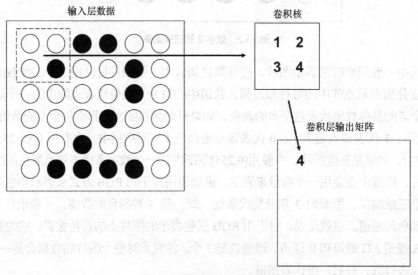

图 13.3 卷积层的计算步骤 1

如图 13.4 所示，卷积层会继续用卷积核与输入矩阵中的第二个子矩阵（即图 13.3 中虚线框向右平移一格后括起来的 4 个点）进行同样的卷积计算后得到结果矩阵的第二个点，在本例中该点的数值计算结果为 5。

下面的代码对这两次卷积运算做了验证。

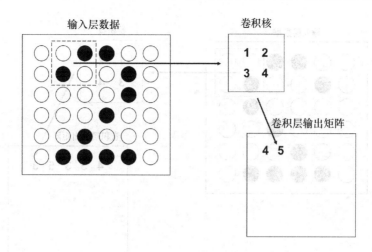

图13.4　卷积层的计算步骤2

代码 13.1　conv1.py

```
import numpy as np


xData1 = np.array([[0, 0], [0, 1]], dtype=np.float32)

xData2 = np.array([[0, 1], [1, 0]], dtype=np.float32)

filterT = np.array([[1, 2], [3, 4]], dtype=np.float32)

y = np.sum(xData1 * filterT)
print(y)


print(np.sum(xData2 * filterT))
```

代码 13.1 中，**xData1** 和 **xData2** 分别代表图 13.3 和图 13.4 中的两个虚框内的子矩阵，**filterT** 代表卷积核。调用点乘和 **np.sum** 函数来进行卷积运算，输出结果如下：

```
4.0
5.0
```

与预期的结果是一致的。

按照上两步卷积的方式类推，如果把图 13.4 中的虚线框看作卷积核的投影，整个卷积运算的过程可以看成是用卷积核在输入矩阵上一格一格的平移并且与它每次所遮住的子矩阵进行卷积运算的过程。卷积核平移"扫"完图中第一行后，会向下移一格并从最左边开始扫遍第二行，直至扫完整个图片就可以得到整个输出矩阵。

不填充 0 节点进行卷积操作的示意图如图 13.5 所示。

如果保持卷积核在移动时不超出图片的范围，从图 13.5 中可以看出，对于一行有 6 个点的图像来说，卷积层的一行将只有 5 个点，列上也是同样的道理，所以可以得出：6×6 的点阵图像，卷积完后的结果矩阵将只有 5×5 的大小。因此，用这种方式卷积出来的矩阵的行和列都会比输入矩阵少 1。有时候也需要结果矩阵保持和原图一样大小，只需把输入的点阵边上填充一行和一列空白节点（数值为 0 的节点）再做卷积，如图 13.6 所示。

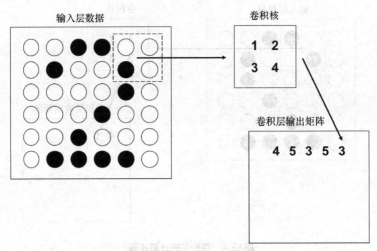

图 13.5　不填充 0 节点进行卷积操作的示意图

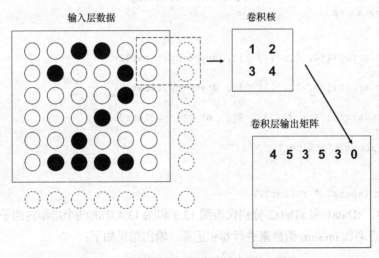

图 13.6　填充 0 节点后进行卷积操作的示意图

13.2.4　卷积层的原理和优点

从上面的例子中可以看出，卷积层的操作其实基本上并没有减少节点个数（不填充 0 节点的情况下少一行一列对于大的图片基本可以忽略不计），但由于卷积是对原图中相邻的几个节点一起进行运算后的结果，所以结果矩阵中的每个点都体现出了原图中几个点综合它们的数值和相对位置信息在内的特征。相较于原图中每个点只有孤立的特征来说，这就是我们所谓的"特征提取"或者叫"特征抽象"。

具体来说，图 13.4 中结果矩阵中的 5 这个数值，就一定程度上代表数字"2"的原图中，"2"字上面"向右上方转折"这一个笔画的特征，而"向右上方转折"的这个特征在原图中各个点包含的信息中，是无法体现的。但对于图像识别来说，这个特征就是识别是不是数字"2"的重要依据之一了。当然，数字"8"也会具有和数字"2"一样的这个"向右上方转折"特征，那么为了进一步区分，我们可以再加一层卷积层，把特征再往高一个层次去提取抽象。这样一层一层地提取抽象后，数字"2"上面为半圆的特征和数字"8"上面为圆圈的特征最终就会被慢慢地提取抽象出来,并成为训练神经网络作为两者之间区别的依据。

　　卷积层这种把低级别的特征逐步提取成为高级别特征的能力,是实现图像识别、语音识别等人工智能应用的基本原理,也是它对人工智能的突出贡献所在。之所以说深度学习技术可以让人工智能系统自主地从原始的数据开始逐步发现特征并最终解决问题,也是由于卷积层这个能力。可以看出,卷积层特别适合处理像图片、视频、音频、语言文字等这些与相互间位置有一定关系的数据。

　　卷积核这个矩阵就相当于全连接层中的可变参数 w,也就是说,卷积层的可变参数 w 是一个"共享"的矩阵,在卷积核扫完一遍全图的过程中,这一套可变参数是不变的。因此,相对于全连接层来说,可以看出虽然节点数基本没有变化,但是可变参数的数量大大减少。可变参数的减少,意味着优化器调节神经网络时的工作量大大减少,因而效率会大大提高。这也是卷积层相比全连接层处理大数据量输入时的主要优势之一。

　　需要说明的是,本例中卷积核在输入矩阵上平移时是一格一格移动的,但实际上这个移动的幅度是可以设定的,例如,可以一次移动两格,一般我们把卷积核每次移动的格数叫作它的"步长"。在步长大于 1 的时候,卷积出来的结果矩阵的大小将小于输入矩阵的大小。有时候也会遇到采用这种方法来卷积的情况,这种方法可以快速缩小数据量,但要注意会冒一些丢失特征的风险。

　　另外,本例中是针对黑白或灰度图片的情况,如果是彩色图片,输入的图片数据将是三维矩阵,3 个维度分别是行、列、通道数。这时,卷积核也要对应地变成一致的三维矩阵,其中行列两维还是小于输入矩阵的行列,第三维通道数一般保持与输入矩阵的通道数一致。

　　有时候,为了增加卷积处理的灵活度,会给卷积核增加一个维度来变"厚",让可调的可变参数数量增多,也就是针对输入矩阵中的每个子矩阵,卷积核都会是用一个三维的矩阵与之相乘,这样卷积出来的结果矩阵也会相应变"厚",节点数会增多,如图 13.7 所示。

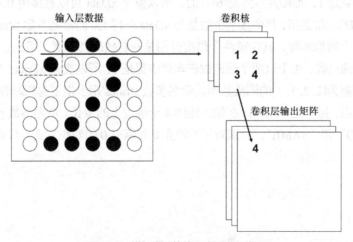

图 13.7　增加卷积核的厚度后进行卷积

　　这时,如果再考虑通道这一维,卷积核就将是一个四维的矩阵。所以实际应用中,卷积核都是四维的一个矩阵,4 个维度分别是高、宽、输入通道数和输出通道数。其中高和宽分别对应每列像素数量和每行像素数量,输入通道数一般与输入矩阵的通道数相等,输出通道数就可以用来控制输出结果矩阵的厚度。本书中为演示简便,一般保持输出通道数与输入通道数相等,由于我们的输入数据是黑白图像,通道数永远是 1,因此输出通道数也是 1,这样,卷积核虽然是一个形态为[h, w, 1, 1] （h 代表高，w 代表宽）的矩阵，但实际上与一个形态为[h, w]的二维矩阵是等价的。

下面的代码是在 TensorFlow 中完成本例完整卷积层计算过程的示例代码。

代码 13.2　conv2.py

```
import tensorflow as tf


xData       =       tf.constant([[[0],[0],[1],[1],[0],[0]],     [[0],[1],[0],[0],[1],[0]],
[[0],[0],[0],[0],[1],[0]]   ,   [[0],[0],[0],[1],[0],[0]]   ,   [[0],[0],[1],[0],[0],[0]]   ,
[[0],[1],[1],[1],[1],[0]]], dtype=tf.float32)

filterT = tf.constant([[1, 2], [3, 4]], dtype=tf.float32)

y = tf.nn.conv2d(tf.reshape(xData, [1, 6, 6, 1]), tf.reshape(filterT, [2, 2, 1, 1]),
strides=[1, 1, 1, 1], padding='VALID')

sess = tf.Session()

result = sess.run(y)

print(result)
```

代码 13.2 中，调用 **tf.constant** 来直接定义输入矩阵 **xData**，**tf.constant** 函数是 TensorFlow 中用来定义一个不会改变的张量的，可以称作"常量张量"。由于我们这时候不需要训练模型，所以也就不用定义占位符，而是直接用定义常量张量的方法来定义输入数据。变量 **filterT** 也是用常量张量的形式定义了卷积核。然后，调用 **tf.nn.conv2d** 函数来具体做卷积的操作。**conv2d** 函数要求输入数据（对应命名参数 **input**）是一个四维的矩阵，其中第一个维度代表一次要处理多少张图片，第二、第三个维度分别代表输入图片点阵的高和宽，第四个维度代表图片彩色的通道数；由于我们一次只处理一张图片，并且通道数是 1，而图片点阵是 6×6 的，所以整个 **xData** 可以直接用 **tf.reshape** 函数整理成为形态为[1, 6, 6, 1]的四维数组，其中数字个数是与 **xData** 一样的。而命名参数 **filter** 用于传入卷积核，卷积核要求也是一个四维矩阵，其中前两个维度分别是卷积核的高和宽，第三、第四个维度分别是输入通道数和输出通道数，由于这两个通道数在本例中都是 1，所以类似 **xData**，也用 **tf.reshape** 函数把 **filterT** 的形态调整为[2, 2, 1, 1]的四维数组。命名参数 **strides** 用于指定卷积时卷积核移动的步长，这也是一个四维数组，每一维分别对应在输入矩阵 4 个维度上的步长。命名参数 **padding** 只有两个可能的取值："VALID" 和 "SAME"，分别对应不填充 0 和填充 0 的卷积方式。代码执行结果如下：

```
[[[[ 4.]
   [ 5.]
   [ 3.]
   [ 5.]
   [ 3.]]

  [[ 2.]
   [ 1.]
   [ 0.]
   [ 6.]
   [ 4.]]

  [[ 0.]
   [ 0.]
   [ 4.]
   [ 5.]
```

```
     [ 1.]]

   [[ 0.]
    [ 4.]
    [ 5.]
    [ 1.]
    [ 0.]]

   [[ 4.]
    [ 9.]
    [ 8.]
    [ 7.]
    [ 3.]]]]
```

可以看到，卷积完毕，确实生成了一个等价于 5×5 的二维矩阵，其中的数值可以验算，与我们预期的一致。

13.2.5　卷积神经网络的典型结构

卷积神经网络的通常结构一般是由一至多层的卷积层加上一至多个全连接层组成的，如图 13.8 所示。

图 13.8 中，首先由连续的 3 个卷积层来把输入层的数据逐步进行特征抽象，再进入两个全连接层进行特征关系和权重值计算，然后将结果输出到输出层。

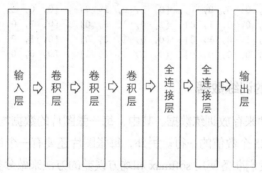

图 13.8　卷积神经网络典型结构

13.3　用卷积网络实现图像识别

了解卷积网络的基本概念和方法后，本节中将介绍如何用卷积网络来解决"钩叉"识别这个实际问题。

13.3.1　钩叉问题的图像数据格式

仿照 13.2 节中的方式，我们可以把一个钩或叉的图片用一个 5×5 的二维点阵来表示，如图 13.9 所示。

例如，图 13.9 中上面的两张图分别代表"钩"的两种画法，下面第一张图代表"叉"的一种画法。至于最后一张图，如果深入考虑一下，钩叉问题并不是一个二分类问题，因为除了"钩"和"叉"两种情况，还有第三种情况"无法识别"，所以钩叉问题是一个三分类问题，最后一张图就代表"无法识别"这种情况的一种画法。

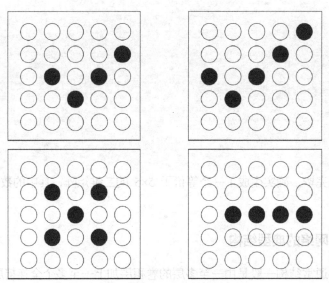

图 13.9 钩叉问题的点阵图形表示

如果用计算机内的数组形式来表达这几张图，用数值"1"和"0"分别代表"黑"与"白"，则 4 张图依次可以表示成如下的 4 个二维数组。

```
[[0, 0, 0, 0, 0], [0, 0, 0, 0, 1], [0, 1, 0, 1, 0] , [0, 0, 1, 0, 0] , [0, 0, 0, 0, 0]]
[[0, 0, 0, 0, 1], [0, 0, 0, 1, 0], [1, 0, 1, 0, 0] , [0, 1, 0, 0, 0] , [0, 0, 0, 0, 0]]
[[0, 0, 0, 0, 0], [0, 1, 0, 1, 0], [0, 0, 1, 0, 0] , [0, 1, 0, 1, 0] , [0, 0, 0, 0, 0]]
[[0, 0, 0, 0, 0], [0, 0, 0, 0, 0], [0, 1, 1, 1, 1] , [0, 0, 0, 0, 0] , [0, 0, 0, 0, 0]]
```

13.3.2 准备钩叉问题的训练数据

本小节还是用文本文件来存放训练数据。其中，每一张图片的数据均是一个 5×5 的矩阵，我们可以把它"拉平"成为有 25 个数值的一行。另外，每张图片还要有一个目标值，我们刚才判断出这是一个三分类的问题，而我们准备使用 softmax 和均方误差的方法来做分类，所以每行最后还要加上 3 个数字来表示 3 种可能性的概率。这 4 张图的数据在文本文件中可以表示为 4 行数据，每行有 28 个数字。

```
0,0,0,0,0,0,0,0,0,1,0,1,0,1,0,0,0,1,0,0,0,0,0,0,0,1,0,0
0,0,0,0,1,0,0,0,1,0,1,0,1,0,0,0,1,0,0,0,0,0,0,0,0,1,0,0
0,0,0,0,0,0,1,0,1,0,0,0,1,0,0,0,1,0,1,0,0,0,0,0,0,0,1,0
0,0,0,0,0,0,0,0,0,0,0,1,1,1,1,0,0,0,0,0,0,0,0,0,0,0,0,1
```

注意，文本文件的数据行内就不要有空格字符了，以免处理麻烦。其中，前两行分别代表是"钩"的图形，因此最后三位数字是"1,0,0"，其中第一位数字代表是"钩"的概率，第二位数字代表是"叉"的概率，第三位数字代表是"识别不出"的概率；依此类推，第三行代表是"叉"的图形，所以后三位数字是"0,1,0"；第四行代表是"识别不出"的图形，因此后三位数字是"0,0,1"。

为了达到一定的训练效果，我们需要多准备一些训练数据。在准备数据时，可以使用 Notepad2-mod，设置自动折行（word wrap），把字体放大后缩小软件窗口，使得每行只显示 5 个数字，这样就能很清晰地看出 5×5 的矩阵了，如图 13.10 所示。

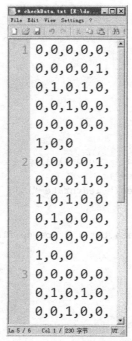

图 13.10　用 Notepad2-mod 准备钩叉问题的训练数据

图 13.10 中，举例来说，由于自动折行，前 6 行实际上是第一个物理行的数据（可以从左边行号中看出来），我们把前 5 行中的"1"串起来看，发现是图 13.9 第一张图中"钩"的图形，第 6 行的 3 个数字"1,0,0"就是目标值。习惯后，我们可以直接在 Notepad2-mod 中输入训练数据。下面是我们准备的一批训练数据，其中包含 3 种分类的多条数据，已保存在 checkData.txt 文件中。

```
0,0,0,0,0,0,0,0,0,1,0,1,0,1,0,0,0,1,0,0,0,0,0,0,0,1,0,0
0,0,0,0,1,0,0,0,1,0,1,0,1,0,0,0,1,0,0,0,0,0,0,0,1,0,0
0,0,0,0,0,0,0,0,0,0,0,1,0,1,0,1,0,0,0,1,0,0,1,0,1,0,0
0,0,0,0,0,0,0,1,0,0,1,0,1,0,0,0,1,0,0,0,1,0,0
0,0,0,1,0,0,0,1,0,1,0,1,0,0,0,1,0,0,0,0,0,1,0,0
0,0,0,0,0,1,0,1,0,0,0,1,0,0,1,0,1,0,0,0,0,0,1,0
1,0,0,0,0,1,0,1,0,0,0,1,0,0,0,1,0,1,0,0,0,0,0,1,0
0,1,0,0,0,0,0,1,0,1,0,0,0,1,0,0,0,1,0,1,0,0,0,0,1,0
0,0,0,0,0,1,0,0,0,1,0,1,0,1,0,0,0,1,0,0,0,1,0,1,0,0,1,0
0,0,0,0,0,0,1,0,1,0,0,0,1,0,0,0,1,0,1,0,0,0,0,0,1,0,1,0
0,0,0,0,0,0,0,0,0,1,1,1,1,0,0,0,0,0,0,0,0,0,0,0,1
0,0,0,0,1,0,0,0,0,1,0,1,1,1,1,0,0,0,0,0,0,0,0,0,0,1
0,0,1,0,0,0,0,1,0,0,0,1,1,1,1,0,0,1,0,0,0,0,0,0,0,1
0,0,0,0,1,0,0,0,1,0,0,0,1,0,0,0,1,0,0,0,1,0,0,0,0,1
1,1,1,1,1,0,0,0,0,0,0,0,0,0,0,0,0,0,0,0,0,0,0,0,0,1
```

13.3.3　设计钩叉问题的神经网络模型并实现

我们准备使用与图 13.8 中多层卷积神经网络完全一样的模型来解决钩叉问题。实现该模型的代码如下：

代码 13.3　conv3.py

```
import tensorflow as tf
import numpy as np
import pandas as pd
```

```
import sys


roundCount = 100
learnRate = 0.01

argt = sys.argv[1:]

for v in argt:
    if v.startswith("-round="):
        roundCount = int(v[len("-round="):])
    if v.startswith("-learnrate="):
        learnRate = float(v[len("-learnrate="):])


fileData = pd.read_csv('checkData.txt', dtype=np.float32, header=None)

wholeData = fileData.as_matrix()

rowCount = wholeData.shape[0]

print("wholeData=%s" % wholeData)
print("rowCount=%d" % rowCount)

x = tf.placeholder(shape=[25], dtype=tf.float32)
yTrain = tf.placeholder(shape=[3], dtype=tf.float32)

filter1T = tf.Variable(tf.ones([2, 2, 1, 1]), dtype=tf.float32)

n1 = tf.nn.conv2d(input=tf.reshape(x, [1, 5, 5, 1]), filter=filter1T, strides=[1, 1, 1,
1], padding='SAME')

filter2T = tf.Variable(tf.ones([2, 2, 1, 1]), dtype=tf.float32)

n2 = tf.nn.conv2d(input=tf.reshape(n1, [1, 5, 5, 1]), filter=filter2T, strides=[1, 1, 1,
1], padding='VALID')

filter3T = tf.Variable(tf.ones([2, 2, 1, 1]), dtype=tf.float32)

n3 = tf.nn.conv2d(input=tf.reshape(n2, [1, 4, 4, 1]), filter=filter3T, strides=[1, 1, 1,
1], padding='VALID')

n3f = tf.reshape(n3, [1, 9])

w4 = tf.Variable(tf.random_normal([9, 16]), dtype=tf.float32)
b4 = tf.Variable(0, dtype=tf.float32)

n4 = tf.nn.tanh(tf.matmul(n3f, w4) + b4)

w5 = tf.Variable(tf.random_normal([16, 3]), dtype=tf.float32)
b5 = tf.Variable(0, dtype=tf.float32)

n5 = tf.reshape(tf.matmul(n4, w5) + b5, [-1])

y = tf.nn.softmax(n5)
```

```
loss = -tf.reduce_mean(yTrain * tf.log(tf.clip_by_value(y, 1e-10, 1.0)))
optimizer = tf.train.RMSPropOptimizer(learnRate)

train = optimizer.minimize(loss)

sess = tf.Session()
sess.run(tf.global_variables_initializer())

for i in range(roundCount):
    lossSum = 0.0

    for j in range(rowCount):
        result = sess.run([train, x, yTrain, y, loss], feed_dict={x: wholeData[j][0:25],
yTrain: wholeData[j][25:28]})

        lossT = float(result[len(result) - 1])

        lossSum = lossSum + lossT

        if j == (rowCount - 1):
            print("i: %d, loss: %10.10f, avgLoss: %10.10f" % (i, lossT, lossSum /
(rowCount + 1)))

    print(sess.run([y, loss], feed_dict={x: [1,0,0,0,1, 0,1,0,1,0, 0,0,1,0,0, 0,0,0,0,0,
0,0,0,0,0], yTrain: [1,0,0]}))
    print(sess.run([y, loss], feed_dict={x: [1,0,0,0,1, 0,1,0,1,0, 0,0,1,0,0, 0,1,0,1,0,
1,0,0,0,1], yTrain: [0,1,0]}))
    print(sess.run([y, loss], feed_dict={x: [0,0,0,0,0, 0,0,0,0,0, 0,0,0,0,0, 1,1,1,1,1,
0,0,0,0,0], yTrain: [0,0,1]}))
```

在代码 13.3 中，增加了几个新的命令行参数，其中 round 用于控制训练的轮数，默认值为 100 轮；learnrate 用于设置学习率，默认值为 0.001。然后，用 pandas 包的 read_csv 函数将我们准备的训练数据读取进来，转换成矩阵后放入变量 wholeData 中，有效数据条数放入变量 rowCount 中。

按照图 13.8 中的模型实现神经网络的过程中，需要说明的是以下几点。

- x 对应输入层节点，由于我们的图片数据是 5×5 的，所以定义 x 是形态为[25]的一维数组。

- yTrain 照例是代表目标值，是一个形态为[3]的一维数组，其中 3 项分别对应结果是"钩"、"叉"、"无法识别"的概率。

- filter1T、filter2T、filter3T 分别是 3 个卷积层用到的卷积核，我们用 tf.Variable 函数把它们定义成正常的可变参数类型，形态为[2, 2, 1, 1]，表示是一个高与宽都是 2、输入通道和输出通道数都是 1 的卷积核。

- n1、n2、n3 分别对应前三层卷积层，因为卷积层要求输入是一个四维的矩阵，而我们输入数据 x 是一维数组，所以为统一起见，我们每次都把输入数据用 tf.reshape 函数调整成四维的形态。因为第一维图片数和第四维通道数在本例中始终是 1，所以和只有高和宽的二维矩阵是等价的。例如，在本例中输入数据 x 是一个形态为[25]的一维数组，调整为[1, 5, 5, 1]形态的四维数组后，内部的数据项数还是一样的。

- 把第一个卷积层 n1 设置为填充 0 的卷积层，也就是在 tf.nn.conv2d 函数的命名参数 padding 中传入值"SAME"；这样 n1 输出的数据就将还是和输入数据一样的形态[1, 5, 5, 1]；而后两个卷积层会把 padding 设置为"VALID"，就是指定该层为不填充 0 的卷积层，这样这两层中每一层的输出都会减少一行一列，也就是说，n2 的输出形态为[1, 4, 4, 1]，n3 的形态为[1, 3, 3, 1]。

- 在神经网络中，数据从卷积层进入全连接层前，我们一般都要做一个"拉平"的操作，把卷积层输出的四维矩阵调整成为一个仅有一行的二维矩阵，以便进行全连接计算。在画模型图的时候，有时人们会专门在卷积层与全连接层之间画一个"flatten"层，就是指进行"拉平"操作的层。在这里，使用张量 n3f 来保存把 n3 层的输出拉平成为[1, 9]形态的一行 9 项的二维数组，因为 n3 的形态为[1, 3, 3, 1]，所以 n3f 与 n3 的输出是等价的。

- n4 与 n5 分别对应模型中后面的两个全连接层，其中 n4 包含 16 个神经元节点来处理 9 个输入；n5 中则把 n4 来的这 16 个输入再转换为 3 个输出，以便用 softmax 操作来进行三分类；n5 的输出也用 tf.reshape 函数来进行拉平，此处 reshape 函数指定的目标形态设置为[-1]，这是 TensorFlow 的特殊表示方式，表示把要进行处理的矩阵拉平成一行（有多少项数据都拉平到一行内）。

- 误差（损失）函数使用了一个新的定义方法，叫作"交叉熵"（Cross Entropy），这在神经网络的训练中也是非常常用的一种误差函数定义的方法。其中 tf.clip_by_value 函数的作用是把计算结果值 y 限制在[1e-10, 1.0]范围内，主要是避免 y 值为 0 时可能会引起 log 等运算出现错误。

- 在训练过程中，为避免输出信息太多，我们设置每一轮训练的最后一次才输出误差和平均误差，这是用以条件判断 if j == (rowCount - 1):开始的一段代码来实现的。

- 训练完毕后，使用了 3 个不同的测试数据来测试最后神经网络的训练成果；3 个测试数据都没有和训练数据重复，并且"钩"、"叉"、"无法识别"3 种情况各占一个。

我们用下面的命令行来让该代码执行，并指定训练次数为 10000 轮、学习率为 0.0001。

```
python conv3.py -round=10000 -learnrate=0.0001
```

程序的最后几段执行结果如下：

```
i: 9987, loss: 0.0000081858, avgLoss: 0.0001962497
i: 9988, loss: 0.0000081858, avgLoss: 0.0001960918
i: 9989, loss: 0.0000081858, avgLoss: 0.0001959476
i: 9990, loss: 0.0000081858, avgLoss: 0.0001957859
i: 9991, loss: 0.0000081858, avgLoss: 0.0001956367
i: 9992, loss: 0.0000081461, avgLoss: 0.0001954825
i: 9993, loss: 0.0000081461, avgLoss: 0.0001953383
i: 9994, loss: 0.0000081461, avgLoss: 0.0001951742
i: 9995, loss: 0.0000081461, avgLoss: 0.0001950300
i: 9996, loss: 0.0000081461, avgLoss: 0.0001948658
i: 9997, loss: 0.0000081461, avgLoss: 0.0001947204
i: 9998, loss: 0.0000081461, avgLoss: 0.0001945687
i: 9999, loss: 0.0000081063, avgLoss: 0.0001944282
[array([  4.22057019e-06,   3.06251750e-04,   9.99689579e-01], dtype=float32), 4.1251802]
[array([  4.85618439e-05,   9.99951482e-01,   5.94472311e-08], dtype=float32), 1.617312e-05]
[array([  2.79637682e-03,   9.97203469e-01,   1.90413445e-07], dtype=float32), 5.1580224]
```

可以看出，训练到最后，平均误差已经被缩小到了小数点后四位以后，已经非常小了。而对 3 条测试数据进行的计算中，第二条对"叉"的判断还比较准确，其他两条都有比较大的误差。这说明，虽然训练的结果比较理想，误差缩小到了极小的范围，但这是对该批训练数据而言的；对新数据计算的误差较大，证明我们训练的数据样本还不足够大，因此特征提取得还不够全面。如果要进一步提高该神经网络的准确性，需要准备更多的训练样本数据。这也是正常的。对于图片识别来说，一般需要有大量的数据来训练系统才能达到较高的准确率。由于本章重点在于讲解方法，因此在此不再对本程序做更多的改进。

13.4　本章小结：进一步优化的方向

本章介绍了使用卷积网络进行图像识别的基本方法和具体实例。

如果需要进一步优化卷积神经网络对图片识别的准确率，一般可以从下面几个方向考虑。

- 增加训练样本数据。
- 增加卷积层的数量，以便进行更高层次的特征抽象与提取。
- 改变各卷积层的卷积核的大小，以便调整特征提取的范围；也可以适当调整卷积的步长。
- 增加卷积层中卷积核的数量。实际应用中，卷积层经常会有不止一个卷积核来进行卷积，多个卷积核意味着可以提取多个特征图（一个卷积核卷积出来的矩阵称为一个特征图），也就意味着可以从不同的角度去提取原图的特征，避免视角单一；卷积出多个特征图后要注意重新组织输出形态以适应下一层的输入要求。
- 改变全连接层的数量与对应的激活函数，以及增加各层的神经元数量等。

无论是用哪一种方式还是结合几种方式一起使用，经常尝试并根据试验结果进行有目的的调整，都是我们应当具备的好习惯。另外，本书最后一章实例代码中，包含了处理 RGB 色彩模式图片的样例，其中如何对三通道的图像数据进行卷积操作可以作为进一步的参考。

13.5　练习

编程实现一个包含 4 个卷积层、两个全连接层的卷积神经网络来处理 8×8 点阵的灰度图像识别。

14

第14章　循环神经网络初探

　　我们经常需要解决的问题中，有一类是与事物随时间的变化有关系的问题。目前，循环神经网络是解决这类问题的首选技术。本章将简要介绍循环神经网络的概念并给出对应的实例。

14.1 循环神经网络简介

到目前为止，本书中的实例介绍都是针对前馈神经网络的。前馈神经网络的特点是信号在其中始终向前传递，每一次神经网络的输入数据与以前输入的数据也没有任何关系，或者说神经网络的计算结果与不同批次输入数据的前后时间顺序没有关系。前馈神经网络已经可以处理很多问题，但是在现实生活和理论研究中，仍然有很多问题会与时间顺序有关。举例来说，在语音识别的过程中，对一个词的识别判断往往可以根据以前已经出现过的词来辅助推断，而且一般来说，与这个词距离较近的词汇和短语对推断该词的帮助作用更大一些，这就是一个时序关系影响神经网络计算结果的典型例子。另外，在证券、货币等交易市场中，当日的证券价格或货币汇率等数据往往也与其在以前一段时间内的对应数据有一定关系。这些时序关系往往没有一个固定的规律，但又是有一定内在联系的，那么这种问题就非常适合用神经网络来处理，由神经网络经过训练后给出对下一步可能情况的推测。这时候，另一种类型的神经网络往往被应用到处理这类问题的场景中来，这就是循环神经网络（Recurrent Neural Network，RNN）。

循环神经网络的基本结构示意图如图 14.1 所示。

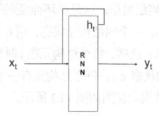

图 14.1 循环神经网络的基本结构示意图

循环神经网络可以理解成为一个"有状态"的神经网络，这个状态随着一次次的数据输入会产生变化，而且这个状态会对下一次神经网络的输出产生影响。换一种说法来说，循环神经网络每次计算的输出（除了受可变参数取值的影响外）是由输入的数据和当前该神经网络的状态两者一起来决定的。如图 14.1 所示，x_t 代表 t 时刻神经网络的输入，y_t 代表 t 时刻神经网络产生的输出，h_t 代表 t 时刻神经网络经计算后输出 y_t 的同时变成的新状态。而在下一个时刻 t+1 时，h_t 会和 x_{t+1} 一起影响神经网络的下一个输出 y_{t+1}，而神经网络的状态会变为 h_{t+1}。第一次计算时，我们会给神经网络设定一个初始状态值 h_0（一般都是全为 0 的数值）。这样，循环神经网络每一次的操作就全是一样的了，因此理论上可以循环往复、无限地进行下去，直到我们希望停止为止，这就是循环神经网络中"循环"两字的含义。从另一个角度来说，其实状态 h_t 也可以被看成输入数据的一部分。我们把图 14.1 按时刻顺序展开来看（见图 14.2），可能会更清楚一些。

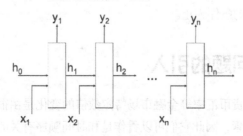

图 14.2 循环神经网络展开结构示意图

图 14.2 中，从左到右的每一个竖长方块代表顺序进行的某一个时刻的循环神经网络。例如对于第一个时刻，x_1 是第一次的输入数据，此时把 RNN 的状态设为初始状态 h_0，然后经过计算，RNN 会产生该时刻的输出 y_1，并且状态变为 h_1；到 RNN 的第二个时刻时，x_2 是这一次的输入数据，RNN 此时的状态是 h_1，又会产生一个输出 y_2，同时状态变为 h_2。这样可以一直循环进行下去，直至 RNN 达到我们设定的某种结束条件（例如循环达到一定次数或者输出值的误差低于一定的水平），此时的输出 y_n 就是我们最后得到的输出。图 14.2 中的每一个方块代表了 RNN 在某一时刻的状态，但其基本结构又是相同的，我们把这种结构叫作循环神经网络的一个结构元（cell），最简单的循环神经网络可以仅由一个结构元组成，图 14.2 中的 RNN 就只有一个结构元，图中的每一个方块只是这个结构元在不同时刻的表现。有时为说起来方便，会把某个时刻的结构元直接叫作结构元，请注意区别。

14.2　长短期记忆模型 LSTM 的作用

有时候，RNN 结构元中不需要记忆很长时间以前的信息，也就是需要"遗忘"掉一些信息，但有时较久远的信息又很重要，为了应对这些不同的可能，人们提出了一种称为长短期记忆网络（Long Short-Term Memory Network）的新网络模型。这是循环神经网络中的一种特殊类型，它的主要特点是：在每个结构元 cell 中有两种状态，一个叫结构元状态，用 c 来表示，另一个则是把上一层的输出也作为一种状态来输入，用 h 来表示；这样，每个结构元在 t 时刻的实际输入其实有 3 个，即输入数据 x_t、上一层的输出 h_{t-1} 和上一层的状态 c_{t-1}，每个结构元有一个遗忘机制来根据这 3 个输入来决定此时应遗忘哪些信息。LSTM 网络结构示意图如图 14.3 所示。

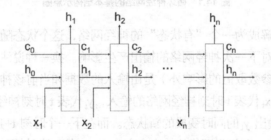

图 14.3　LSTM 网络结构示意图

图 14.3 中的 LSTM 模型与图 14.2 中的类似，但每个结构元的输出输入都变成了 3 个，包括上一层的结构元状态 c_{t-1}，上一层的输出 h_{t-1}，以及输入数据 x_t。经过计算后，会输出新的 h_t，同时会选择性"遗忘"某些信息并有可能根据输入再加入一些新的信息后生成新的结构元状态 c_t，如此循环下去，直到满足终止神经网络运行的条件为止。

14.3　汇率预测问题的引入

我们知道，证券价格、货币汇率等金融市场特定数值的变化是由很多因素决定的。其中，时间和历史交易情况都是重要因素，因此它们可以看作是和时间顺序有关的问题；也就是说，货币在某天的汇率，往往与以前一些天，甚至更长一段时间的汇率存在一定的关系。本节我们就用一个简单的汇率预测的例子来介绍如何应用 LSTM 循环神经网络来解决这类与时序相关的问题。

需要特别强调的是，本例仅仅是用于解释如何运用神经网络的相关技术来解决具体问题，其计算结果并不具有任何实际参考意义，切勿使用该方法去作为任何金融交易的指导或参考。金融问题也绝不只由时间和历史交易情况这些因素来决定，特此提醒。

假设获取了某一种货币一段时间内的每日汇率数据，用纯文本文件按每行为一天汇率值的格式来录入，排列顺序按照越往后日期越新来排列，输入完后如下所示，并将其存入文本文件 **exchangeData.txt** 中。

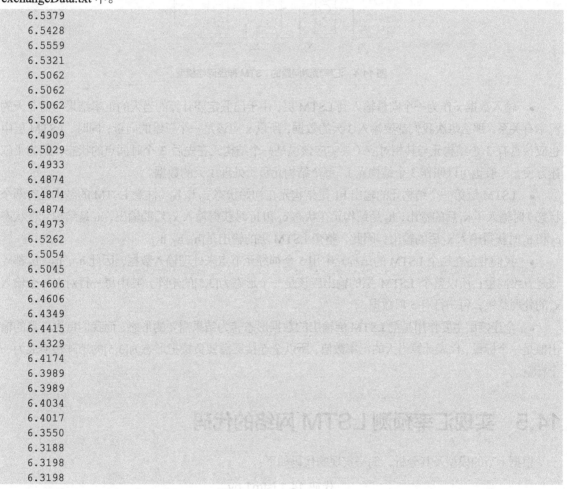

```
6.5379
6.5428
6.5559
6.5321
6.5062
6.5062
6.5062
6.5062
6.4909
6.5029
6.4933
6.4874
6.4874
6.4874
6.4973
6.5262
6.5054
6.5045
6.4606
6.4606
6.4349
6.4415
6.4329
6.4174
6.3989
6.3989
6.4034
6.4017
6.3550
6.3188
6.3198
6.3198
```

14.4　用于汇率预测的 LSTM 神经网络模型

我们可以先假定某一天的汇率可能与前 3 天的汇率有一定关系，那么设计出的 LSTM 神经网络模型如图 14.4 所示。

由于循环神经网络存在一定的特性，所以我们在绘制这个模型时与以前模型的绘制也有所不同。图 14.4 中的模型需要竖着看，并且要自下而上地看。整体来说，该模型需要注意以下几点。

● 整个模型中包括两个大的隐藏层：LSTM 层和全连接层，LSTM 层用于接受输入数据，全连接层用于输出计算结果。此模型中略去了输入层和输出层。

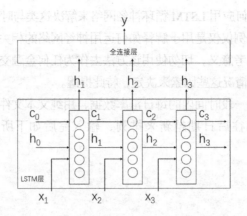

图 14.4　汇率预测问题的 LSTM 神经网络模型

- 输入数据 x 作为一个向量输入到 LSTM 层，由于已假定要计算的当天的汇率结果与前 3 天的汇率有关系，那么每次我们都要输入 3 天的数据，所以 x 应该是一个三维的向量；同时，LSTM 层中也应该具有 3 个结构元与其相对应（其实应该说是一个结构元在先后 3 个时间点的状态，但为了叙述方便，一般也可以叫作 3 个结构元），每个结构元负责处理 1 天的数据。

- LSTM 层第一个结构元的输出 h1 是结构元在初始状态 c_0 和 h_0（注意 LSTM 的结构元有两个状态）时输入了 x_1 后的输出，h_2 是结构元在状态 c_1 和 h_1 时获得输入 x_2 后的输出，h_3 是结构元在状态 c_2 和 h_2 时获得输入 x_3 后的输出；因此，整个 LSTM 层的输出是[h_1, h_2, h_3]。

- 我们准备在每个 LSTM 的结构元中用 5 个神经元节点来处理输入数据，因此 h_1、h_2、h_3 都应该是五维向量；所以整个 LSTM 层的输出应该是一个形态为[3,5]的矩阵，其中每一行对应一个输入 x_n 的处理结果，每一行有 5 项数据。

- 全连接层主要作用是把 LSTM 层输出的数据形态转为结果需要的形态，而我们每次计算的输出值是一个标量，代表计算当天的汇率数值，所以全连接层需要负责把形态为[3,5]的矩阵转换成为一个标量。

14.5　实现汇率预测 LSTM 网络的代码

根据上节的模型及其分析，编写实现的代码如下：

代码 14.1 lstm1.py

```
import tensorflow as tf
import numpy as np
import pandas as pd
import sys


roundT = 100
learnRateT = 0.001


argt = sys.argv[1:]
print("argt: %s" % argt)


for v in argt:
    if v.startswith("-round="):
```

```
                roundT = int(v[len("-round="):])
        if v.startswith("-learnrate="):
            learnRateT = float(v[len("-learnrate="):])

    fileData = pd.read_csv('exchangeData.txt', dtype=np.float32, header=None)
    wholeData = np.reshape(fileData.as_matrix(), (-1))

    print("wholeData: %s" % wholeData)


    cellCount = 3
    unitCount = 5

    testData = wholeData[-cellCount:]
    print("testData: %s\n" % testData)

    rowCount = wholeData.shape[0] - cellCount
    print("rowCount: %d\n" % rowCount)

    xData = [wholeData[i:i + cellCount] for i in range(rowCount)]
    yTrainData = [wholeData[i + cellCount] for i in range(rowCount)]

    print("xData: %s\n" % xData)
    print("yTrainData: %s\n" % yTrainData)

    x = tf.placeholder(shape=[cellCount], dtype=tf.float32)
    yTrain = tf.placeholder(dtype=tf.float32)

    cellT = tf.nn.rnn_cell.BasicLSTMCell(unitCount)

    initState = cellT.zero_state(1, dtype=tf.float32)

    h, finalState = tf.nn.dynamic_rnn(cellT, tf.reshape(x, [1, cellCount, 1]), initial_
state=initState, dtype=tf.float32)
    hr = tf.reshape(h, [cellCount, unitCount])

    w2 = tf.Variable(tf.random_normal([unitCount, 1]), dtype=tf.float32)
    b2 = tf.Variable(0.0, dtype=tf.float32)

    y = tf.reduce_sum(tf.matmul(hr, w2) + b2)

    loss = tf.abs(y - yTrain)

    optimizer = tf.train.RMSPropOptimizer(learnRateT)
    train = optimizer.minimize(loss)

    sess = tf.Session()
    sess.run(tf.global_variables_initializer())

    for i in range(roundT):
        lossSum = 0.0
        for j in range(rowCount):
            result = sess.run([train, x, yTrain, y, h, finalState, loss], feed_dict={x:
xData[j], yTrain: yTrainData[j]})
            lossSum = lossSum + float(result[len(result) - 1])
            if j == (rowCount - 1):
                print("i: %d, x: %s, yTrain: %s, y: %s, h: %s, finalState: %s, loss: %s,
avgLoss: %10.10f\n" % (i, result[1], result[2], result[3], result[4], result[5], result[6],
```

```
(lossSum / rowCount)))

    result = sess.run([x, y], feed_dict={x: testData})
    print("x: %s, y: %s\n" % (result[0], result[1]))
```

代码 14.1 完整地实现了图 14.4 中模型的功能，需要说明的要点如下。

- 为了方便，这次程序中使用了两个命令行参数 round 和 learnrate，分别用于设置训练轮次数和优化器的学习率。

- 数据仍用 pandas 包中的 read_csv 函数来读取，由于 read_csv 函数读取的数据用 as_matrix 函数转换后为二维数组，因此我们还调用了 numpy 的 reshape 函数把它转换为一维数组，具体实现是在下面这一条语句中。其中 reshape 函数最后面一个参数 "(-1)"表示要把以前的二维矩阵"拉平"。

```
    wholeData = np.reshape(fileData.as_matrix(), (-1))
```

- 变量 cellCount 代表 LSTM 层中结构元的数量，由于输入数据准备按 3 天为一批，所以 cellCount 的值为 3；unitCount 代表每个结构元中的神经元节点数量，定义为 5。

- 我们从所有数据中留出最后几个作为最后预测时的输入数据，放入变量 testData 中，因为是 3 天为一批，所以应该取最后 3 行数据。wholeData[-cellCount:]这个数组切片的写法就可以取得 wholeData 中的最后 3 项数据，并形成一个一维数组。

- 如果将每 3 天的数据组成一组输入数据，第 4 天的数据则应该作为输出结果的目标值；最后 3 天的数据是无法使用的，因为没有后面一天的数据作为目标值。因此，训练数据 rowCount 的取值是 wholeData.shape[0] – cellCount，也就是输入数据的总行数减去 cellCount 的值。

- 训练数据中的输入数据 xData 应该是一个二维数组，其中每一行有 3 项，代表 3 天的汇率数值，因此应该是个形态为[n,3]的二维数组，其中 n 为总的训练数据条数（也就是天数）；xData 数组的生成用了一种新的写法，xData = [wholeData[i:i + cellCount] for i in range(rowCount)]是表示重复循环 rowCount 次，每次会把 wholeData[i:i + cellCount]这个切片后的数组作为新生成数组中的一项。看看下面的例子就可以理解这种写法了。

```
>>> a = [1, 2, 3, 4, 5]
>>> b = [a[i:i + 2] for i in range(4)]
>>> print(b)
[[1, 2], [2, 3], [3, 4], [4, 5]]
>>>
```

- 训练数据中的目标值 yTrainData 和 xData 的写法类似。不同的是，结果是一个一维数组，而不是二维数组，因为 yTrainData 中的每一项就是一个数字，代表第 4 天的汇率数值。

- print 语句中都加上了一个 "\n"，代表 "回车换行"的意思，这样可以让输出的信息之间隔开，看起来会清楚一点。

- cellT = tf.nn.rnn_cell.BasicLSTMCell(unitCount)这条语句定义了一个 LSTM 的结构元，并指定其中的神经元节点数量为 unitCount 个。

- initState = cellT.zero_state(1,dtype=tf.float32)这条语句指定了结构元的初始状态为零状态，第一个参数 "1"是代表批次数，本书中的例子都是一批只处理 1 组数据，所以批次数始终是 1。

- h, finalState = tf.nn.dynamic_rnn(cellT, tf.reshape(x, [1, cellCount, 1]), initial_state=initState, dtype=tf.float32)这条语句就是整个 LSTM 层的定义语句，调用了 tf.nn.dynamic_rnn 函数，其中第一个参数传入结构元变量 cellT；第二个参数就是所有结构元的输入数据，要求是一个三维矩阵，第一个维度是批次数，所以还是 1；第二个维度是结构元的数量，在这里是 cellCount；第三个维度是每条输入数据向量的维度，每个输入的 x 都是 1 个数字，代表某一天的汇率数值，所以整个参数传入的是把 x 的形态变为[1,cellCount,1]后的矩阵，它的总项数与 x 是一样的。命名参数 initial_state 用于传入初始状态。另外，tf.nn.dynamic_rnn 函数执行完毕后，会返回两个变量，分别代表 LSTM 最后的输出和最后一次的结构元状态；这种返回多个返回值的情况在本书中是第一次遇到，需要留意。

- 由于 LSTM 层中的结构元中有 unitCount 个神经元节点，所以 LSTM 最后的输出是一个形态为[1, cellCount, unitCount]的矩阵。为了后续全连接层的计算，我们需要把它转换为一个二维矩阵，形态为[cellCount,unitCount]，是用 hr = tf.reshape(h, [cellCount,unitCount])语句实现的。
- 之后就和本书以前的全连接层计算基本一样了，最后的输出放在了张量 y 中，是一个标量。
- 在整个训练过程完毕后，使用当前神经网络状态对 testData 进行预测。

我们用命令行 python lstm1.py -round=2 来让训练暂时只执行两次，程序执行结果如下：

```
argt: ['-round=2']
wholeData: [ 6.53789997  6.54279995  6.5559001   6.5321002   6.50619984  6.50619984
 6.50619984  6.50619984  6.49090004  6.50290012  6.49329996  6.48740005
 6.48740005  6.48740005  6.49730015  6.52619982  6.50540018  6.50449991
 6.4605999   6.4605999   6.43489981  6.44150019  6.43289995  6.41739988
 6.39890003  6.39890003  6.40339994  6.40170002  6.35500002  6.31879997
 6.3197999   6.3197999 ]
testData: [ 6.31879997  6.3197999   6.3197999 ]

rowCount: 29

xData: [array([ 6.53789997, 6.54279995, 6.5559001 ], dtype=float32),
array([ 6.54279995, 6.5559001 , 6.5321002 ], dtype=float32), array([ 6.5559001 ,
6.5321002 , 6.50619984], dtype=float32), array([ 6.5321002 , 6.50619984,
6.50619984], dtype=float32), array([ 6.50619984, 6.50619984, 6.50619984],
dtype=float32), array([ 6.50619984, 6.50619984, 6.50619984], dtype=float32),
array([ 6.50619984, 6.50619984, 6.49090004], dtype=float32),
array([ 6.50619984, 6.49090004, 6.50290012], dtype=float32),
array([ 6.49090004, 6.50290012, 6.49329996], dtype=float32),
array([ 6.50290012, 6.49329996, 6.48740005], dtype=float32),
array([ 6.49329996, 6.48740005, 6.48740005], dtype=float32),
array([ 6.48740005, 6.48740005, 6.48740005], dtype=float32),
array([ 6.48740005, 6.48740005, 6.49730015], dtype=float32),
array([ 6.48740005, 6.49730015, 6.52619982], dtype=float32),
array([ 6.49730015, 6.52619982, 6.50540018], dtype=float32),
array([ 6.52619982, 6.50540018, 6.50449991], dtype=float32),
array([ 6.50540018, 6.50449991, 6.4605999 ], dtype=float32),
array([ 6.50449991, 6.4605999 , 6.4605999 ], dtype=float32), array([ 6.4605999 ,
6.4605999 , 6.43489981], dtype=float32), array([ 6.4605999 , 6.43489981,
6.44150019], dtype=float32), array([ 6.43489981, 6.44150019, 6.43289995],
dtype=float32), array([ 6.44150019, 6.43289995, 6.41739988], dtype=float32),
array([ 6.43289995, 6.41739988, 6.39890003], dtype=float32),
array([ 6.41739988, 6.39890003, 6.39890003], dtype=float32),
array([ 6.39890003, 6.39890003, 6.40339994], dtype=float32),
array([ 6.39890003, 6.40339994,
6.40170002], dtype=float32), array([ 6.40339994, 6.40170002, 6.35500002], dtype=
float32), array([ 6.40170002, 6.35500002, 6.31879997], dtype=float32), array([ 6.35500002,
6.31879997, 6.3197999 ], dtype=float32)]

yTrainData: [6.5321002, 6.5061998, 6.5061998, 6.5061998, 6.5061998, 6.4909, 6.5029001,
6.4933, 6.4874001, 6.4874001, 6.4874001, 6.4973001, 6.5261998, 6.5054002, 6.5044999, 6.4605999,
6.4605999, 6.4348998, 6.4415002, 6.4329, 6.4173999, 6.3989, 6.3989, 6.4033999, 6.4017, 6.355,
```

```
6.3188, 6.3197999, 6.3197999]

    i: 0, x: [ 6.35500002  6.31879997  6.3197999 ], yTrain: 6.319799900054932, y: -4.10034,
h: [[[-0.04173763  0.22603978 -0.56751585 -0.34511864  0.01910279]
    [-0.05188971  0.45997086 -0.73757637 -0.47708324  0.0248819 ]
    [-0.05585345   0.64450878  -0.79903561  -0.53948718    0.02476884]]], finalState:
LSTMStateTuple(c=array([[-0.07550113,  0.80978  , -1.31216502, -0.89332008,  0.06852833]],
dtype=float32), h=array([[-0.05585345,  0.64450878, -0.79903561, -0.53948718,  0.02476884]],
dtype=float32)), loss: 10.4201, avgLoss: 10.8760808419

    i: 1, x: [ 6.35500002  6.31879997  6.3197999 ], yTrain: 6.319799900054932, y: -3.46275,
h: [[[-0.01991458  0.19344939 -0.52852273 -0.28868279  0.02225323]
    [-0.02610514  0.39678505 -0.67883253 -0.39710376  0.02931692]
    [-0.02928983   0.56685472  -0.732292      -0.44787058    0.0295586 ]]], finalState:
LSTMStateTuple(c=array([[-0.04145517,  0.68108892, -1.12814176, -0.73313493,  0.07807539]],
dtype=float32), h=array([[-0.02928983,  0.56685472, -0.732292 , -0.44787058,  0.0295586 ]],
dtype=float32)), loss: 9.78255, avgLoss: 10.2448153989

    x: [ 6.31879997  6.3197999   6.3197999 ], y: -3.4379
```

可以看出：

- wholeData 确实已经被调整为一个一维数组；
- testData 确实已经是最后 3 天的数据；
- 训练数据条数 rowCount 是 29 条，由于从文件 exchangeData.txt 中一共读取了 32 条数据，所以证明确实去掉了最后 3 天无法预测的数据；
- xData 确实被整理为 29 行、3 列的二维数组；
- yTrainData 则是有 29 项的一维数组；
- 两次循环训练的结果也符合预期，特别要注意的是其中 LSTM 层最终的状态 finalState 是一个 tuple 类型的变量，tuple 可以简单看成数值不可改变的数组，称为"元组"；finalState 这个元组中就包含了两项，分别代表结构元的两个状态，我们可以特别注意其中的隐藏状态 h 的数值和 LSTM 总输出中的最后一行（模型图 14.4 中的 h_3）应该是一致的；
- 训练完毕后的预测虽然由于训练次数太少导致结果不准，但执行过程是正常的。

我们把训练轮数改为 1000 轮（命令行为 python lstm1.py -round=1000），再次执行程序后得到输出结果如下：

```
    i: 998, x: [ 6.35500002  6.31879997  6.3197999 ], yTrain: 6.319799900054932, y: 6.32598,
h: [[[-0.00243873 -0.22795348  0.00247233 -0.50558543  0.60078281]
    [-0.0009371  -0.35691601 -0.00181061 -0.73603046  0.86428726]
    [ 0.004907   -0.41939193 -0.00380416 -0.82895321  0.93675256]]], finalState:
LSTMStateTuple(c=array([[ 0.05889653, -1.20196629, -0.00771301, -1.35990262,  2.19117928]],
dtype=float32), h=array([[ 0.004907  , -0.41939193, -0.00380416, -0.82895321,  0.93675256]],
dtype=float32)), loss: 0.00617838, avgLoss: 0.0312212089

    i: 999, x: [ 6.35500002  6.31879997  6.3197999 ], yTrain: 6.319799900054932, y: 6.30094,
h: [[[ -2.44726846e-03 -2.26148024e-01   2.61078472e-03  -5.03193021e-01
      5.98594964e-01]
    [ -8.21190944e-04  -3.53779495e-01  -1.54206832e-03  -7.32760906e-01
      8.62623155e-01]
    [  5.23524033e-03  -4.15831447e-01  -3.48834950e-03  -8.25703681e-01
      9.35788989e-01]]], finalState: LSTMStateTuple(c=array([[ 0.06196335, -1.19044173,
-0.00711252, -1.34729648,  2.18027735]], dtype=float32), h=array([[ 0.00523524, -0.41583145,
-0.00348835, -0.82570368,  0.93578899]], dtype=float32)), loss: 0.0188646, avgLoss:
0.0334577396
```

```
x: [ 6.31879997  6.3197999   6.3197999 ], y: 6.31877
```

可以发现，经过 1000 轮训练，平均误差已经达到了极小的数值，最后预测的结果也基本符合逻辑。

14.6　用循环神经网络来进行自然语言处理

自然语言是指我们人类之间用于沟通的各种语言。很明显，自然语言具有很强的时序相关性，人们在说话或书写时，前后句子之间及同一句话的不同词之间，具有非常大的关联。例如，我们在句子开头说了"今天天气"，一般后面总是跟着"真好""不错""太冷了"等描述天气情况或者自身感受的词语。理论上，人工智能系统在经过足够多的训练后，虽然不能明确预测出后面到底会跟什么词语，但是可以预测出后面可能跟随的各种词语，并给出每种可能的概率。这样，对语音识别、机器翻译等应用系统可以提供很大的帮助。因此，循环神经网络在自然语言处理领域中越来越发挥着重要的作用，LSTM 网络就是其中典型的代表之一。

自然语言中，都是以词、句、文章这些语言元素为单位的，而人工智能系统实际上只能处理数字，那么我们就需要把语言元素转换为数字。目前这种转换方式有很多，应用最多的方法是把语言元素转换成为向量，例如，非常常用的 word2vec 工具就是用来把单词转换成为向量的。单词转换为向量后有两个好处，一是实现了数字化，可以直接送入神经网络进行计算；二是利用了向量的距离概念，使得不同的词之间的关系可以用向量距离来表示。一般来说，两个单词如果经常同时出现或者在句子、文章中离得较近，又或者它们的词义相近，它们的向量距离就会较小。有了这种可以让计算机理解的、数字化可度量的向量距离，给人工智能系统完成进行很多自然语言处理的任务提供了可能。

下面提供一个使用 word2vec 工具来获取单词向量的例子，该例子需要用命令 pip install gensim 安装 Python 的第三方包 gensim。

代码 14.2　lang1.py

```
import gensim

sentences = [['this', 'is', 'a', 'hot', 'pie'], ['this', 'is', 'a', 'cool', 'pie'], ['this',
'is', 'a', 'red', 'pie'], ['this', 'is', 'not', 'a', 'cool', 'pie']]

model = gensim.models.Word2Vec(sentences, min_count=1)

print(model.wv['this'])
print(model.wv['is'])
print('vector size: ', len(model.wv['is']))
print(model.wv.similarity('this', 'is'))
print(model.wv.similarity('this', 'not'))
print(model.wv.similarity('this', 'a'))
print(model.wv.similarity('this', 'hot'))
print(model.wv.similarity('this', 'cool'))
print(model.wv.similarity('this', 'pie'))

print(model.wv.most_similar(positive=['cool', 'red'], negative=['this']))
```

代码 14.2 中，sentences 变量是我们准备好的训练数据，也就是三句话，并且按照全小写、每个词分开的格式组成一个二维数组。调用 gensim.models.Word2Vec 函数并把 sentences 参数传入就可以完成训练，形成一个单词向量模型存储在变量 model 中。训练后，我们就可以调用 model 对应的方法来做一些操作和计算，例如使用单词作为下标，可以获得这套模型中的该词的向量；调用 similarity 函数可以获得两个单词在本模型中的相似度（完全一样时值为 1，越不相似，数值会越小）；调用 most_similar 函数可以获得本模型中与指定的单词最相近的单词（命名参数 positive 用于指定需要寻找相近单词的词，negative 用于指定希望与其相似度较远的单词）。代码执行结果如下：

```
[ -5.02849172e-04   5.68085408e-04  -4.93386015e-03   1.11497892e-03
   2.59921327e-03   3.99467489e-03  -4.01435839e-03  -2.67493981e-03
  -1.32844306e-03   3.98747995e-03  -3.06589762e-03   9.53940675e-04
   2.25967984e-03  -2.71300273e-03   4.05179337e-03   1.57764682e-03
  -1.12283998e-03   1.69878360e-03  -4.93565155e-03  -2.81134830e-03
   4.59776819e-03   9.48590896e-05   2.95079127e-03  -3.86723178e-03
  -4.55389032e-03  -1.83513883e-04   2.70113058e-04  -4.11645835e-03
   1.08418427e-03   7.24191428e-04  -1.88727491e-03  -4.95396415e-03
   2.19745701e-03  -3.70223564e-03   9.24277760e-03  -4.59523359e-03
   9.18938895e-04   1.69975567e-03  -3.09548085e-03   2.11369665e-03
   2.96287099e-03  -9.70632420e-04   2.15807301e-03  -2.78038811e-03
  -1.62823545e-03  -2.13403208e-03   8.45424307e-04  -2.83865677e-03
   1.62668747e-03   2.51759728e-03  -4.71111111e-03   1.89187806e-04
   3.99383774e-04   2.70528696e-03   3.97479720e-03   3.62209231e-03
  -5.41918387e-04  -4.84315009e-04  -7.97799148e-05   2.14778329e-03
   5.42683760e-04  -1.26257335e-04  -3.54609918e-03   2.13390472e-03
   1.59513066e-03   2.96731130e-03  -3.69021483e-03  -2.52992031e-03
  -3.62338987e-03  -2.90570548e-04  -1.05774147e-03   1.30526384e-03
  -1.73161516e-03  -4.23609139e-03   2.87766179e-05  -2.77781184e-03
   1.16941705e-03   2.53184256e-03   4.39379690e-03   2.37919437e-03
   4.27648984e-03   5.84133493e-04   3.05890897e-03   3.07689677e-03
  -2.37806863e-03  -3.21185519e-03   1.25649129e-03   7.89485290e-04
  -2.61675543e-03  -3.50996340e-03  -2.61467998e-03   1.41102311e-04
  -2.26071430e-03  -3.96132562e-03   4.21974435e-03  -2.68024975e-03
   3.51931015e-03  -4.39458527e-03   4.09054384e-03  -4.90875263e-03]
[  3.54617555e-03   3.28950048e-03  -2.99785938e-03   1.54755381e-03
  -6.70658192e-04   2.95367232e-03   2.09735503e-04  -4.38072765e-03
  -1.06668542e-03  -2.53966986e-03  -4.29507811e-03  -3.20723443e-03
   3.14887706e-03   9.00000916e-04  -3.19344574e-03  -1.57619256e-03
   1.32283254e-03  -8.67756433e-04   1.78707589e-03   4.75833332e-03
  -6.71360351e-04  -3.30648152e-03   4.96323640e-03  -1.09542045e-03
   3.58148641e-03   1.04167499e-03   2.01382861e-03   3.98041680e-03
  -2.83709378e-03   4.66651982e-03   4.71348781e-03   4.11893660e-03
   1.27674677e-04  -1.82079326e-03  -2.60744593e-03  -4.63763252e-03
  -8.77314829e-04  -3.64590297e-03  -4.73354990e-03   4.33423230e-03
  -1.95366982e-03   4.20016178e-04  -4.59695281e-03  -3.25511280e-03
   1.39785188e-05  -3.48989014e-03  -4.62176930e-03   9.90926987e-04
   9.32872412e-04   6.21256360e-04   1.45849609e-03  -1.41862349e-03
  -2.57583405e-03   2.52733007e-03   2.02826806e-03   3.91475158e-03
   2.10263635e-04  -2.83251982e-03  -1.28766801e-03   4.99213254e-03
   1.71288580e-03   7.48897321e-04  -3.13736568e-03   7.97208224e-04
   3.56327789e-03   2.41116271e-03  -1.95597322e-03   4.85766795e-04
  -3.90947377e-03  -3.15524195e-03  -2.63301609e-03  -2.66847597e-03
  -2.63387314e-03  -2.41685053e-03  -1.93953002e-03   2.64692237e-03
   3.64304194e-03  -3.02356342e-03   4.87202313e-03   1.36268465e-03
  -3.61796934e-03   1.74847781e-03   3.90930660e-03   3.73194489e-04
  -3.23620392e-03  -2.14084843e-03  -2.76327669e-03  -3.56818014e-03
   3.57303116e-03  -2.64873262e-03   4.71101811e-03   2.97530764e-03
  -3.86811886e-03   1.01329375e-03   3.54053383e-03   1.81685307e-03
```

```
     1.01477280e-03    7.46614460e-05    4.48728353e-03  -5.72341145e-04]
vector size:  100
0.173510548608
-0.0483145527786
-0.0968275109301
0.00747219785566
-0.0286960223639
-0.0253701593157
[('hot', 0.1210998073220253), ('a', 0.10528741776943207), ('is', 0.013674836605787277),
('not', -0.009580425918102264), ('pie', -0.05162280425429344)]
```

注意，每次执行结果生成的模型可能有所不同，所以输出信息也会有所差异，但大体趋势应该相近。我们从结果中可以看出，在本模型中每个单词的向量是由 100 项数字组成的；单词"is"与"this"的相似度与其他单词相比被认为是较高的（0.173510548608）；与"cool"、"red"最相近而与"this"最不相近的单词被认为是"hot"。这些结果基本符合我们的预期。

在网络上，已经有很多训练好的模型（pre-trained models），我们可以直接利用。不同模型一般是基于不同场景下收集到的语料进行的训练，如果觉得该场景不合适，我们就只能自己收集语料重新进行训练，网络上也有一些已经收集好的各种场景的语料集（corpus）。

在获得单词向量后，我们就可以将它送入神经网络进行各种训练和预测，这是用人工智能来进行自然语言处理的重要方法之一。具体如何使用单词向量进行神经网络设计开发的方法是与本书中其他例子类似的，在此不再过多描述。另外，除了单词向量以外，人们还开发出了句子向量，乃至文章向量，有兴趣的读者可以研究一下。

14.7　本章小结：时序有关问题

本章介绍了用循环神经网络模型解决时序相关问题的基本方法。循环神经网络是目前神经网络发展的重要方向之一，也产生了很多变种来适应不同的应用场景。我们在使用神经网络解决实际问题时，很可能遇到需要循环神经网络的情况，建议有机会的话可以对此深入研究。

14.8　练习

在本章汇率预测例子的输入数据中，加上一个"交易量"字段，即每天的数据是一个二维向量，并重新编程实现解决该问题的神经网络。

15 第15章　优化器的选择与设置

迄今为止，我们在训练神经网络时使用的优化器都是 RMSProp 优化器，在解决这些问题时该优化器表现也都不错。但实际上还有很多种优化器可以选择，每种优化器还可以通过参数设置进行更精细的调整。本章就来稍微深入地介绍一些有关的知识。

15.1　优化器的作用

优化器在神经网络的训练中具有相当重要的作用，它的主要作用是根据误差函数的计算结果来调节可变参数。我们介绍过，调节可变参数时是使用的反向传播算法来计算如何调整这些可变参数的。而如何尽快地调节可变参数来让神经网络达到理想的误差范围，是人们一直在努力研究的方向。到目前为止，已经出现了很多种优化器，它们各自有各自的特点，适应于各种不同的情况。本章将在介绍优化器基本概念和知识的过程中逐步讲解主要优化器的这些特点。

15.2　梯度下降算法

我们在进行神经网络的设计时，几乎均会用一个误差函数（又叫损失函数），这个函数会被优化器用于调节可变参数。我们介绍过调节可变参数是依据反向传播算法的，但其实反向传播算法主要是用于将最终计算出来的误差反向依次传递到神经网络的各层，真正控制参数调节原则的应该是所谓的"梯度下降"（Gradient Descent）算法。我们看图 15.1，其中坐标的横轴代表可变参数 w，纵轴代表误差 loss，而误差 loss 应该是 w 的一个函数，这可以从下述推导过程而得知。

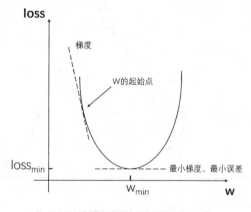

图 15.1　梯度下降算法

①　以我们的例子中随意一个误差函数 loss = tf.abs(y-yTrain)为例，可以看出 loss 是神经网络输出 y 的一个函数，即 loss = f(y)。

②　而 y 又是 w 的一个函数，即 y = f(w)，例如在最简单的线性模型中，y = wx + b。

③　所以显然，loss = f(w)，即误差 loss 是 w 的一个函数。

因此，图 15.1 坐标系中的实线曲线就代表神经网络的误差随着可变参数 w 的变化而变化的曲线。优化器调节可变参数的目标显然就是要尽量求得误差为最小值 $loss_{min}$ 时可变参数的取值 w_{min}。假设一开始 w 的初始值和根据 w 初始值计算出来的 loss 是在如图 15.1 中箭头所示的曲线上的一点，那么我们沿着该点对曲线做一个切线，如图 15.1 中虚线所示，这条切线的斜率就叫作误差函数在该点的梯度，显然，在 w_{min} 处梯度是最小的（斜率是 0，注意 w_{min} 并非指 w 的最小值，而是指 loss 最小值时 w 的取值）。梯度下降算法，就是根据每次调节让误差函数的梯度保持下降直至达到最低为止的规则来调节可变参数的方法，而反向传播算法则是采用误差反向逐层传递的方法来计算误差函数曲线的梯度；梯度下降算法可以说是神经网络进行优化的指导原则，而反向传播算法则为实现该原则提供重要的支持手段。另外注意，图 15.1 中的 w 代指神经网络中所有的可变参数，包括各隐藏层的各个权重值 w 和偏移量 b。为避免画起来太乱，才统一用一个 w 来代表。

15.3　学习率的影响

图 15.1 中的误差函数曲线是非常简单的，实际情况中不会这么理想化。再来看图 15.2，这是一个比较复杂的误差函数曲线，如果用山来比喻的话，那么其中就包含多个山峰和山谷。我们的目标既然是求得最小的误差（也就是误差函数的最优解），就需要求得山谷最低处的 w 值，即图中的 C 点处。我们继续用山峰来比喻，求得误差函数最优解的过程其实就是一个下山到最低处的过程；假设初始值 w 在图 15.2 中所示的山峰上，使用梯度下降算法的过程是这样的：

- 在当前位置上，挑选一个坡度（也就是梯度）最陡的方向，向下走一步；
- 在新的位置上，再次挑选一个梯度最陡的方向，向下走一步；
- 这样反复执行向下走的步骤，整体的梯度变化趋势应该是逐步变小的，直到发现下一步走完后会使得梯度反而变大，则可以返身往回走；当然，我们也可以设置一定的条件让这个过程终止。

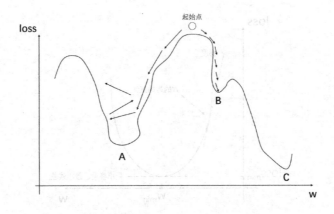

图 15.2　学习率对梯度下降算法的影响

而在下山过程中，每一步的步长（步子大小）就是优化器参数中的学习率，它代表了优化器每次调节可变参数的幅度大小。显然，学习率直接影响下山的速度，步子越大下山越快，所以一般来说，学习率越大，神经网络训练的速度也会越快。但是也有不同的情况，我们来看图 15.2 中的几种特殊情况。

图 15.2 中，从起始点开始往 A 点方向下山时，由于步子过大，在下到接近 A 点山谷谷底的一步时，再迈下一步时跨过了谷底，导致优化器误以为斜率陡然上升，从而只能往回走，错过了这个谷底。这说明学习率设置过大时，反而可能导致找不到最优解。

再看图 15.2 中从起始点到 B 点方向下山时，由于步子过小，导致走到 B 点山谷处时，就停滞了，"翻"不过 B 点和 C 点之间的小山峰，从而达不到更低的山谷 C 点处。这说明如果学习率设置过小，有可能陷入实际位置较高的山谷中而错过了到达更低山谷的机会，我们把这种情况叫作求得了"局部最优解"，而错过了"全局最优解"。

另外，可以看出，可变参数的初始值对于求得全局最优解也可能具有较大的影响，例如图 15.2 中，如果初始值在 B 点右边的山峰或者偏右一些，都会很快地到达最低处并很快求得最优解。所以我们在设置可变参数的初始值时，一般推荐使用随机数的方法，并进行多次尝试，以便神经网络能够有更大的概率获得全局最优解。

15.4　主流优化方法介绍

神经网络的优化虽然主要原则是梯度下降，但在具体实现时还有一些改进的方法，各种优化器就是按照各自的优化算法来调整可变参数的。本节就来简单介绍几种主要的优化方法。

1. 普通梯度下降算法

普通梯度下降（Gradient Descent，GD）算法是最基本的，也是最简单的优化算法，实现方法已经在 15.2 节中介绍，要点就是每一步的步长是一定的（学习率不变），每一步计算梯度并保持下降，使得误差逐步变小，直至梯度变平或再次变大。

2. 随机梯度下降算法

在普通梯度下降算法中，每走一步都是要把所有的训练数据计算完毕，这样计算出来的下降梯度较为准确，但是这样显然也较慢。随机梯度下降（Stochastic Gradient Descent，SGD）算法则是仅随机使用一组数据来进行梯度计算，也就是下山过程中每次走的一步带有一定的随机性，这样可以比普通梯度下降算法节省很多时间，但是带来的问题是有更大的可能陷入局部最优解，因为随机选取的样本训练数据可能不能够代表普遍情况，不够典型。不过，也正由于随机梯度下降算法带来的随机性，有时候反而能够避免步长固定导致的一些局部最优解。

3. 批量梯度下降算法

批量梯度下降（Batch Gradient Descent，BGD）算法是综合普通梯度下降和随机梯度下降算法后折中的一种方法。在这种方法中，每次会从全部训练数据中选取其中的一部分来进行训练后再进行梯度计算。可以看出，批量梯度下降算法理论上应该比随机梯度下降算法准确度稍高，但速度稍慢。注意，有些资料中，把普通梯度下降算法称为批量梯度下降算法，而把我们所说的批量梯度下降算法称为"迷你批量"（Mini-batch Gradient Descent）算法，注意结合上下文理解。

4. 动量优化算法

随机梯度下降算法受到训练数据影响是很大的，每一次都会根据梯度来调整方向，这样有可能波动过大，导致到达终点的过程比较漫长，因此人们研究出了动量（Momentum）算法来对梯度下降算法进行改进。动量算法主要的改进是在进行梯度计算时，增加了一个动量参数来一定程度上保持前一次的方向。动量也可以理解成为"惯性"，就像我们奔跑下山时，虽然随时会调整方向，但受到惯性的影响，还是会保持一定的方向或者说改变方向会较慢。使用动量优化算法，因为可以保持"下山"的大方向不变，理论上可以加快随机梯度下降算法的速度。

5. 内斯特洛夫梯度加速算法

内斯特洛夫梯度加速（Nesterov Accelerated Gradient，NAG）算法是对动量优化算法的进一步改进，它对动量的改变根据下一步的情况做了一定的预测，从而加速了动量算法的梯度下降过程。

6. Adagrad 算法

Adagrad 算法是一种可以自己调节学习率的算法，随着梯度调整的过程，学习率会逐步下降，这样可以避免一些学习率过大导致的跳过最优解的情况。同时，Adagrad 算法与前面的几种算法不同，前面的方法对可变参数的调整幅度都是统一的，而 Adagrad 算法对可变参数会自动根据一定的规则来使用不同的调整幅度，这显然是一种改进，尤其对比较"稀疏"的数据效果较好。动态学习率和对不同参数调整幅度不同这两个特性是 Adagrad 算法的主要贡献，但是它也存在一定不足，例如学习率会很快无限变小，导致陷入局部最优解的概率较大。之后，人们又针对这些缺陷研究出了一些新的算法来进行改进。

7. Adadelta 算法和 RMSProp 算法

Adadelta算法和RMSProp算法非常类似，都是对Adagrad算法的一个改进，它们试图解决 Adagrad 算法中对学习率过于激进而单调的不断减少带来的问题。Adadelta 算法和 RMSProp 算法采用了一些方法来避免学习率无限趋近于 0，由于计算中用到了均方根（Root Mean Squared），所以 RMSProp 算法名称中含有 RMS。

8. 可变动量估算算法

可变动量估算（Adaptive Moment Estimation，Adam）算法则是对每一个可变参数都计算动态学习率的算法。Adam 算法同时使用了动量和学习率自适应，结合了两类算法的优点，是目前较好的优化算法，也是我们在一般情况下不清楚选择哪种优化算法更好时推荐的首选优化算法。

15.5 优化器效率对比

优化器就是依据各自的优化算法来对神经网络进行调整的对象。在 TensorFlow 中，已经内置了很多主流的优化器，我们可以根据需要进行选择。下面用一个简单的实例来对几个主流优化器进行效果对比。

我们先用一个小问题来作为测试优化器的例子：假设一组输入数字是 1、2、3、4、5，它们分别对应输出是 3、5、7、9、11，可以看出输出与输入的规律是 y = 2x + 1，这是一个线性的问题，符合 y = wx + b 的标准函数，其中 w = 2，b = 1。下面我们就用不同的优化器来处理这个问题，看看哪个优化器效率最高。

代码 15.1 optimizer1.py

```
import tensorflow as tf

xData = [1, 2, 3, 4, 5]
yTrainData = [3, 5, 7, 9, 11]

x = tf.placeholder(shape=[], dtype=tf.float32)
yTrain = tf.placeholder(shape=[], dtype=tf.float32)

w = tf.Variable(0, dtype=tf.float32)
b = tf.Variable(0, dtype=tf.float32)

y = w * x + b

loss = tf.abs(yTrain - y)
```

```
optimizer = tf.train.GradientDescentOptimizer(0.001)

train = optimizer.minimize(loss)

sess = tf.Session()

sess.run(tf.global_variables_initializer())


for i in range(1000000):
    lossSum = 0
    for j in range(3):
        result = sess.run([train, x, w, b, y, yTrain, loss], feed_dict={x: xData[j],
yTrain: yTrainData[j]})
        lossSum = lossSum + float(result[len(result) - 1])

    avgLoss = (lossSum / 3)
    print(result)
    print("i: %d, avgLoss: %10.10f" % (i, avgLoss))
    if avgLoss < 0.01:
        break
```

代码 15.1 实现了解决本问题的神经网络，这是一个最简单的线性模型。注意我们这次使用的优化器不再是常用的 RMSPropOptimizer，而是 GradientDescentOptimizer，这就是 TensorFlow 中的普通梯度下降算法的优化器。为了以后对比各种优化器的效率，在循环训练中设置了一个终止条件判断，如果平均误差 avgLoss 小于设置的门槛 0.01，训练就将终止。这样，训练终止时循环次数越少的优化器应该是效率越高的。当然，我们还要把默认循环次数设置得高一些，以免还未达到门槛值就完成了所有轮次的训练。我们把学习率设置成 0.001，然后运行代码得到如下结果（仅取最后几段）。

```
i: 328, avgLoss: 0.0753328800
[None, array(3.0, dtype=float32), 1.9800048, 0.98999083, 6.9200048, array(7.0, dtype=
float32), 0.079995155]
i: 329, avgLoss: 0.0603329341
[None, array(3.0, dtype=float32), 1.9860048, 0.99299079, 6.9410057, array(7.0, dtype=
float32), 0.058994293]
i: 330, avgLoss: 0.0453327497
[None, array(3.0, dtype=float32), 1.9920049, 0.99599075, 6.9620051, array(7.0, dtype=
float32), 0.037994862]
i: 331, avgLoss: 0.0303329627
[None, array(3.0, dtype=float32), 1.9980049, 0.99899071, 6.9830055, array(7.0, dtype=
float32), 0.016994476]
i: 332, avgLoss: 0.0153326988
[None, array(3.0, dtype=float32), 1.9980049, 0.99999076, 7.0040054, array(7.0, dtype=
float32), 0.0040054321]
i: 333, avgLoss: 0.0030030409
```

我们发现，使用 GradientDescentOptimizer，神经网络仅用 333 轮训练就达到了理想的误差值。

依次用 AdagradOptimizer、AdadeltaOptimizer、RMSPropOptimizer、AdamOptimizer 来替换 GradientDescentOptimizer 进行训练，它们达到理想误差值的训练轮次分别如下。

- AdagradOptimizer（学习率 0.13）：126 轮
- AdadeltaOptimizer（学习率 10.0）：262 轮
- RMSPropOptimizer（学习率 0.006）：282 轮
- AdamOptimizer（学习率 0.1）：64 轮

　　这些结果是在我们对不同优化器分别尝试了不同的学习率后得出的一个相对较小的轮次数。实际上，我们对 GradientDescentOptimizer 也如此尝试后，发现如果学习率调整为 0.004，也能达到相对最小轮次值为 85 次。

　　对比这些效率值发现，对于这种极简单的问题，由于梯度可以一直下降，所以普通的梯度下降算法反而是比较快的，Adagrad 优化器反而慢一些，Adadelta 优化器和 RMSProp 优化器成了最慢的，这两者由于方法相近，所费轮次数也接近，而 Adam 优化器表现是最好的。

　　再看一个复杂的例子：还是一串输入数字 1、2、3、4、5，这次它们分别对应的输出是 2、5、10、17、26，规律是 $y = x^2 + 1$，我们用一个包括两个隐藏层的非线性全连接神经网络来实现，具体代码如下：

代码 15.2　optimizer2.py

```python
import tensorflow as tf
import sys


learnRateT = 0.001

argt = sys.argv[1:]
print("argt: %s" % argt)

for v in argt:
    if v.startswith("-learnrate="):
        learnRateT = float(v[11:])

xData = [1, 2, 3, 4, 5]
yTrainData = [2, 5, 10, 17, 26]

x = tf.placeholder(dtype=tf.float32)
yTrain = tf.placeholder(dtype=tf.float32)

w1 = tf.Variable(tf.ones([1, 8]), dtype=tf.float32)
b1 = tf.Variable(0, dtype=tf.float32)

n1 = tf.nn.tanh(tf.matmul(tf.reshape(x, [1, 1]), w1) + b1)

w2 = tf.Variable(tf.ones([8, 1]), dtype=tf.float32)
b2 = tf.Variable(0, dtype=tf.float32)

n2 = tf.matmul(n1, w2) + b2

y = tf.reduce_sum(n2)

loss = tf.abs(yTrain - y)

optimizer = tf.train.GradientDescentOptimizer(learnRateT)

train = optimizer.minimize(loss)

sess = tf.Session()

sess.run(tf.global_variables_initializer())
```

```
for i in range(1000000):
    lossSum = 0
    for j in range(3):
        result = sess.run([train, x, w1, b1, y, yTrain, loss], feed_dict={x: xData[j],
yTrain: yTrainData[j]})
        lossSum = lossSum + float(result[len(result) - 1])

    avgLoss = (lossSum / 3)
    print(result)
    print("i: %d, avgLoss: %10.10f" % (i, avgLoss))
    if avgLoss < 0.01:
        break
```

代码 15.2 中，增加了命令行参数 learnrate 用来方便指定学习率，注意对于动态调整学习率的优化器，函数参数中传入的都是初始学习率。对比几个优化器，在合适学习率的情况下达到较理想的误差所需的训练轮次数如下。

- GradientDescentOptimizer（学习率 0.03）：3197 轮
- AdagradOptimizer（学习率 0.9）：507 轮
- AdadeltaOptimizer（学习率 24）：2498 轮
- RMSPropOptimizer（学习率 0.03）：5573 轮
- AdamOptimizer（学习率 0.007）：1463 轮

对比两个例子的结果，可以看出，普通梯度下降优化器还算稳定，对于简单问题处理是比较快的，对于复杂问题会慢一些。Adam 优化器整体表现最好，以后是我们的首选。其余几个不太稳定，各自有擅长处理的情况，我们可以根据需要选择。最后，列出几个优化器的建议初始学习率，以备无从抉择时作为一个开始值。

- GradientDescentOptimizer：建议学习率 0.001
- AdagradOptimizer：建议学习率 0.01
- AdadeltaOptimizer：建议学习率 1.0
- RMSPropOptimizer：建议学习率 0.001
- AdamOptimizer：建议学习率 0.001

15.6 本章小结：渡河之筏

优化器在训练神经网络时的作用如同"渡河之筏"，虽然不是最后成果中的一部分，但却是获得成果的重要手段。渡河时可以采用各种不同的手段，我们也可以采用不同的优化器来达到调整神经网络参数的目的，其区别则是消耗的时间长短与最后结果的准确程度。这两点很重要，所以选取合适的优化器是我们使用神经网络时应具备的基本技能。

16

第16章　下一步学习方向指南

　　本书中介绍的知识到这里还能够全部理解，那么恭喜你已经掌握了运用神经网络（特别是深度学习技术）来解决问题的基本要诀，继续往下深造也不会有什么太大的障碍，且会随着经验和细节知识的积累越来越熟练、精深。本章再补充几个知识点，并给出一些对下一步学习方向的建议。

16.1　更多的激活函数

本书前面介绍的激活函数主要是 sigmoid 函数和 tanh 函数，如果把 softmax 函数算上也可以，虽然有些人不把 softmax 函数看作激活函数。TensorFlow 还提供了其他的一些激活函数，最常用的激活函数还包括 relu 函数等，我们可以根据需要选择。

如图 16.1 所示，激活函数 relu 的曲线在 x < 0 时值永远为 0，在 x ⩾ 0 时值则为 x，可以用数学函数 y = max(x,0) 来表示，即 y 的取值为 x 与 0 两者之中的最大值。relu 函数的好处在于取值没有极限，不像 sigmoid 函数和 tanh 函数的输出值都被收敛在一个狭窄的范围之内，同时它也提供了非线性化的功能（在输入值小于 0 和大于 0 两种情况下输出值变化的规律完全不同），在计算一些数值范围变化较大的非线性问题时会比较有用。

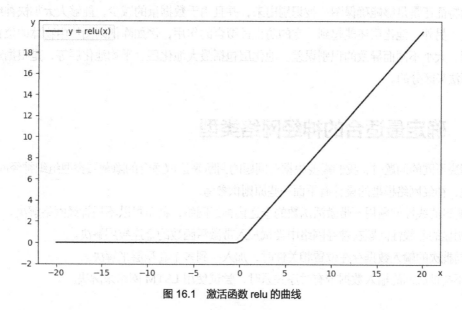

图 16.1　激活函数 relu 的曲线

另外，TensorFlow 提供了一些与 relu 函数功能相似但又有所变化的激活函数，如 relu6、selu、crelu、elu 等，有兴趣的读者可以深入研究它们的异同，也可以再多了解一些 TensorFlow 提供的其他类型激活函数（如 softplus、softsign 等）的作用。

16.2　更多的隐藏层类型

在前面各章的实例中，我们已经接触到的隐藏层类型包括：

- 非全连接的隐藏层；
- 全连接层；
- 卷积层；
- 循环神经网络中的隐藏层（实例中的 LSTM 层）。

另外，在一些框架如 Keras 中，把拉平层（Flatten Layer）、变形层（Reshape Layer）也算成层。实际上，神经网络中还有一些隐藏层的类型被用于针对性地处理其他问题，常见的有以下两个。

- 随机丢弃层（Dropout Layer）：这是为了防止所谓的"过拟合"（Overfitting）问题而使用的隐藏层类型。过拟合是指神经网络训练的结果对训练数据过度依赖而在实际预测计算时反而不够准确。在训练数据收集的范围不足够全、准确度不足够高的情况下，即使将神经网络误差度训练到极小，预测时如果输入数据与训练时的数据差异较大，也可能造成神经网络预测结果偏离很大，这就是过拟合问题的主要原因。为了解决过拟合问题，随机丢弃层采用对上一层输出的结果按一定概率随机丢弃一部分的方法来提高神经网络的容错性和健壮性，丢弃的实际操作是将准备丢弃的节点取值变为 0。随机丢弃层也可以看作是全连接层的一种，只不过某些节点的可变参数 w 值固定为 0，所以该节点的输出值也固定为 0。随机丢弃的概率一般不会设置得很大，通常在 0.1~0.3。

- 池化层（Pooling Layer）：池化层主要是通过一些算法把输入数据的维度或数量变少，形象地理解就是把一张高分辨率的图片转换成为一张较低分辨率的图片，虽然图片看起来不如以前清晰，但其中的特征还是足够能确保图片被识别出来，并且由于数据量的减少，能够大大加快神经网络的处理速度。另外，池化层还能起到一定的防止过拟合的作用，例如降低因图片中物体的位置不同、角度不同、大小不同而导致的识别误差。池化层包括最大池化层、平均池化层等，是根据对输入值的处理算法来区分的。

16.3　确定最适合的神经网络类型

在解决不同的问题时，我们需要根据对问题的判断来选取适合的隐藏层类型组织神经网络模型。一般来说，神经网络模型的设计有下面一些原则供参考。

- 明显的线性问题用不带激活函数的全连接神经网络，甚至可以不用神经网络解决。
- 明显的非线性问题在神经网络中尝试加入带激活函数的全连接层解决。
- 同批次的输入数据存在位置相关性时，加入一到多个卷积层来解决。
- 不同批次间的输入数据带有时序关系时，尝试使用 LSTM 网络来解决。

16.4　GPU 版本

虽然 TensorFlow 提供支持 GPU 的版本，但如果以研究或一般的应用为目的，我们并不建议使用 GPU 来对神经网络的训练和计算加速。因为神经网络的计算对资源的开销极大，会造成支持计算的硬件设备发烫，如果防护措施不当，有可能造成一些设备损坏，甚至其他危险，尤其是对笔记本电脑等散热较为不畅的硬件设备。另外，使用 GPU 版本的 TensorFlow 时，环境准备的过程和开发也要复杂一些，一般来说有下面几步（具体步骤参照 TensorFlow 官网中的安装说明部分）。

- 确定自己的计算机是否支持 GPU 加速：TensorFlow 主要支持带有 CUDA（Compute Unified Device Architecture，通用并行计算架构）功能的显卡来进行 GPU 加速，而目前支持 CUDA 的显卡主要是 NVIDIA 公司的显卡，可以到 NVIDIA 的有关网页查看自己的显卡是否支持 CUDA；另外，TensorFlow 现在已经不支持 Mac OS X 操作系统上的 GPU 加速。
- 安装相关的显卡驱动程序和工具包，例如 CUDA® Toolkit、cuDNN 等。
- 参考 TensorFlow 官方的相关说明在程序中指定使用 1 个或多个 GPU 来加速运算。

16.5 有监督学习与无监督学习

本书中介绍的神经网络运用实例主要是采用有监督学习（Supervised Learning）的方法。有监督学习是指训练神经网络的时候，对每个输入数据都给出了目标值（也就是标准答案，有时候也叫作标签，英语为 label，这一般是针对分类问题来说的）的训练方法。有监督学习可以让神经网络的训练有很强的目标性，因而也速度更快，准确度更高。

无监督学习（Unsupervised Learning）则是不告诉神经网络标准答案的训练方法，例如三好学生成绩问题中，只输入一堆学生的分数信息，让神经网络自己去分类，这时神经网络一般会根据数据的一些共性特征和内在联系把数据进行分类，当然结果就可能是我们无法预测的，例如有可能根据成绩分布把学生分成高分、中等分和低分 3 类，也可能按德育分高、体育分低等不同分类方法分成若干类等，这种无明确答案的分类方式一般叫作聚类（Clustering）。

无监督学习显然比有监督学习适应的情况更多，因为现实中往往受各种条件所限，无法把所有数据都进行标记归类给出目标值；另外有时也希望能用神经网络深度挖掘数据，发现一些难以看出来的规律。但是由于无监督学习的输出结果具有发散性，所以很多应用还难以创造实际价值。但毫无疑问，无监督学习是值得研究的重要方向，也是深度学习最能发挥作用的方向之一。

16.6 深度学习进阶

本书中已经介绍了深度学习所需的基础知识和主要的运用方法，学完后应该已经可以运用深度学习技术来组建解决实际问题的深度学习神经网络了。但要真正发挥深度学习的优势，还需要更进一步钻研有关的知识、理论和最佳实践。下面我们推荐一些具体的学习方法。

• 研究并实际试验一些经典的网络模型，例如用于图像识别的 LeNet5、AlexNet、VGGNet 等模型，思索这些模型设计的目的和优缺点。

• 研究并尝试不同深度与宽度的神经网络结构的效果，其中深度是指神经网络的层数，宽度是指隐藏层中神经元节点的数量。

• 尝试不同的激活函数并思考每一层中激活函数对数据在该层处理结果的影响和对整个网络输出结果的影响。

• 尝试不同结构的神经网络，考察训练过程中出现的各种训练异常并思索其原因，例如多层网络中常出现的所谓的"梯度丢失"造成可变参数无法自动调节的问题。

• 了解一些为解决不同领域、不同类型的问题而产生的新神经网络模型，拓展自己的视野，启发自己的思路。

16.7 升级到最新的 TensorFlow 版本

目前，TensorFlow 1.8 版已经推出了，但相较于 TensorFlow1.4 版本并没有太大的更新。TensorFlow还会继续不断更新，如果要保持使用最新版本，可以用下面的命令来进行升级。

```
pip install -U tensorflow
```

其中的命令行参数 "-U" 代表 "升级"（upgrade）的意思。有时候最新版本刚刚推出时会有一些不稳定的情况，与第三方类包之间也可能会有兼容性不好的情况发生，具体现象可能包括运行程序时会出现一些莫名其妙的提示警告信息等，只要不影响主要代码的执行，我们可以暂时忽略这些提示。最新版本更新的内容，我们可以去 TensorFlow 官网了解。

16.8　本章小结：最后的实例

本章对下一步学习提出了一些方向和建议，下面用一个比较实用的图像识别实例作为本书的结束，希望大家在人工智能的领域中获得巨大的成功。

在这个例子中，我们用代码实现了一个可用于彩色图像识别与分类的神经网络，例如用作人脸表情判断。我们需要指定一个存放训练数据的目录（本例中默认为程序执行目录下的 imagedata 子目录），其中包含多张用于训练的图片和一个存放分类描述信息的文本文件 meta.txt。为方便起见，训练图片的文件名按类似 "02_01.jpg" 的方式命名，其中下画线前的数字代表该图片的分类编号，下画线后的数字代表本分类下的序号。meta.txt 文件中的分类描述信息在后面预测计算结果的显示中会用到，其中具体内容如下：

```
1,微笑
2,大笑
3,哭
4,愤怒
5,平静
```

那么显然，我们收集的训练图片应该包含各种表情的人脸图像，并且按对应分类命名，例如微笑表情的图片可以依次命名为"01_01.jpg" "01_02.jpg"等，平静表情的图片可以命名为"05_01.jpg"、"05_02.jpg"等，并且每种分类至少需要 1 张图片，图片可自行准备。

该执行程序默认进行 20 轮训练，训练后可以使用命令行参数 "predict" 来指定需要预测的新图片文件并进行预测计算，程序将给出对新图片的分类判断，并给出与新图片相似度最高的训练图片。具体代码不再详细讲解，其中已经写有很多必要的注释，大家可以看看是否能够完全理解。当然，该程序也可以经过简单修改，用来做其他类型的图片分类判断。完整代码如下：

代码 16.1　imageclassiffy.py

```python
import os
import sys
from PIL import Image   # 使用第三方包 Pillow 来进行图像处理
import numpy as np
import tensorflow.contrib.keras as k
import scipy.spatial.distance as distance   # 使用第三方包 scipy 来进行向量余弦相似度判断
import pandas as pd


# 这是一个自定义函数，用于把图片按比例缩放到最大宽度为 maxWidth、最大高度为 maxHeight
def resizeImage(inputImage, maxWidth, maxHeight):
    originalWidth, originalHeight = inputImage.size

    f1 = 1.0 * maxWidth / originalWidth
    f2 = 1.0 * maxHeight / originalHeight
    factor = min([f1, f2])
```

```
        width = int(originalWidth * factor)
        height = int(originalHeight * factor)
        return inputImage.resize((width, height), Image.ANTIALIAS)


ifRestartT = False
roundCount = 20
learnRate = 0.01
trainDir = "./imagedata/"    # 用于指定训练数据所在目录
trainResultPath = "./imageClassifySave" # 用于指定训练过程保存目录
optimizerT = "RMSProp"  # 用于指定优化器
lossT = "categorical_crossentropy"  # 用于指定误差函数
predictFile = None  # 用于指定需预测的新图像文件, 如果为 None 则表示不预测

#  读取 meta.txt 文件内容
metaData = pd.read_csv(trainDir + "meta.txt", header=None).as_matrix()

# maxTypes 表示种类个数
maxTypes = len(metaData)
print("maxTypes: %d" % maxTypes)

argt = sys.argv[1:]
print("argt: %s" % argt)

for v in argt:
    if v == "-restart":
        ifRestartT = True
    if v.startswith("-round="):
        roundCount = int(v[len("-round="):])
    if v.startswith("-learnrate="):
        learnRate = float(v[len("-learnrate="):])
    if v.startswith("-dir="):    # 用于指定训练数据所在目录 (不使用默认目录时才需要设置)
        trainDir = v[len("-dir="):]
    if v.startswith("-optimizer="):
        optimizerT = v[len("-optimizer="):]
    if v.startswith("-loss="):
        lossT = v[len("-loss="):]
    if v.startswith("-predict="):
        predictFile = v[len("-predict="):]

print("predict file: %s" % predictFile)

xData = []
yTrainData = []
fnData = []
predictAry = []

listt = os.listdir(trainDir)     # 获取变量 trainDir 指定的目录下所有的文件

lent = len(listt)

# 循环处理训练目录下的图片文件, 统一将分辨率转换为 512×512,
# 再把图片处理成 3 通道 (RGB) 的数据放入 xData, 然后从文件名中提取目标值放入 yTrainData
# 文件名放入 fnData
```

```python
    for i in range(lent):
        v = listt[i]
        if v.endswith(".jpg"):  # 只处理.jpg 为扩展名的文件
                print("processing %s ..." % v)
                img = Image.open(trainDir + v)
                w, h = img.size

                img1 = resizeImage(img, 512, 512)

                img2 = Image.new("RGB", (512, 512), color="white")

                w1, h1 = img1.size

                img2 = Image.new("RGB", (512, 512), color="white")

                img2.paste(img1, box=(int((512 - w1) / 2), int((512 - h1) / 2)))

                xData.append(np.matrix(list(img2.getdata())))

                tmpv = np.full([maxTypes], fill_value=0)
                tmpv[int(v.split(sep="_")[0]) - 1] = 1
                yTrainData.append(tmpv)

                fnData.append(trainDir + v)

rowCount = len(xData)
print("rowCount: %d" % rowCount)

# 转换 xData、yTrainData、fnData 为合适的形态
xData = np.array(xData)
xData = np.reshape(xData, (-1, 512, 512, 3))

yTrainData = np.array(yTrainData)

fnData = np.array(fnData)

# 使用 Keras 来建立模型、训练和预测
if (ifRestartT is False) and os.path.exists(trainResultPath + ".h5"):
    # 载入保存的模型和可变参数
    print("Loading...")
    model = k.models.load_model(trainResultPath + ".h5")
    model.load_weights(trainResultPath + "wb.h5")
else:
    # 新建模型
    model = k.models.Sequential()

    # 使用 4 个卷积核、每个卷积核大小为 3×3 的卷积层
    model.add(k.layers.Conv2D(filters=4, kernel_size=(3, 3), input_shape=(512, 512, 3),
data_format="channels_last", activation="relu"))

    model.add(k.layers.Conv2D(filters=3, kernel_size=(3, 3), data_format="channels_
last", activation="relu"))

    # 使用 2 个卷积核、每个卷积核大小为 2×2 的卷积层
    model.add(k.layers.Conv2D(filters=2, kernel_size=(2, 2), data_format="channels_
last", activation="selu"))
```

```
    model.add(k.layers.Flatten())

    model.add(k.layers.Dense(256, activation='tanh'))

    model.add(k.layers.Dense(64, activation='sigmoid'))

    # 按分类数进行 softmax 分类
    model.add(k.layers.Dense(maxTypes, activation='softmax'))

    model.compile(loss=lossT, optimizer=optimizerT, metrics=['accuracy'])


if predictFile is not None:
    # 先对已有训练数据执行一遍预测，以便后面做图片相似度比对
    print("preparing ...")
    predictAry = model.predict(xData)

    print("processing %s ..." % predictFile)
    img = Image.open(predictFile)

    #  下面是对新输入图片进行预测
    img1 = resizeImage(img, 512, 512)

    w1, h1 = img1.size

    img2 = Image.new("RGB", (512, 512), color="white")

    img2.paste(img1, box=(int((512 - w1) / 2), int((512 - h1) / 2)))

    xi = np.matrix(list(img2.getdata()))
    xi1 = np.array(xi)
    xin = np.reshape(xi1, (-1, 512, 512, 3))

    resultAry = model.predict(xin)
    print("x: %s, y: %s" % (xin, resultAry))

    # 找出预测结果中最大可能的概率及其对应的编号
    maxIdx = -1
    maxPercent = 0

    for i in range(maxTypes):
        if resultAry[0][i] > maxPercent:
            maxPercent = resultAry[0][i]
            maxIdx = i

    # 将新图片的预测结果与训练图片的预测结果逐一比对，找出相似度最高的
    minDistance = 200
    minIdx = -1
    minFile = ""

    for i in range(rowCount):
        dist = distance.cosine(resultAry[0], predictAry[i])          # 用余弦相似度来判断两张
图片预测结果的相近程度
        if dist < minDistance:
```

```
                minDistance = dist
                minIdx = i
                minFile = fnData[i]

    print("推测表情：%s，推断正确概率：%10.6f%%，最相似文件：%s，相似度：%10.6f%%" %
(metaData[maxIdx][1], maxPercent * 100, minFile.split("\\")[-1], (1 - minDistance) * 100))

    sys.exit(0)

model.fit(xData, yTrainData, epochs=roundCount, batch_size=lent, verbose=2)

print("saving...")
model.save(trainResultPath + ".h5")
model.save_weights(trainResultPath + "wb.h5")
```

程序执行预测计算后的输出结果如下：

推测表情：愤怒，推断正确概率：47.560340%，最相似文件：./imagedata/04_01.jpg，相似度：80.116576%